W0268082

Teubner Studienskripten (TSS)

Mit der preiswerten Reihe **Teubner Studienskripten** werden dem Studenten ausgereifte Vorlesungsskripten zur Unterstützung des Studiums zur Verfügung gestellt. Die sorgfältigen Darstellungen, in Vorlesungen erprobt und bewährt, dienen der Einführung in das jeweilige Fachgebiet. Sie fassen das für das Fachstudium notwendige Präsenzwissen zusammen und ermöglichen es dem Studenten, die in den Vorlesungen erworbenen Kenntnisse zu festigen, zu vertiefen und weiterführende Literatur heranzuziehen. Für das fortschreitende Studium können **Teubner Studienskripten** als Repetitorien eingesetzt werden. Die auch zum Selbststudium geeigneten Veröffentlichungen dieser Reihe sollen darüber hinaus den in der Praxis Stehenden über neue Strömungen der einzelnen Fachrichtungen orientieren.

Zu diesem Buch

Dieses Skriptum ist eine erweiterte Fassung der vom Verfasser an der Fachhochschule Darmstadt über dieses Gebiet gehaltenen Vorlesung. Vorausgesetzt werden Grundkenntnisse der elektrischen Meßtechnik. Der Stoff ist so ausführlich dargestellt, daß das Buch von Studenten an Hochschulen und Fachhochschulen neben der Vorlesung als Mitschrift verwendet werden kann, aber auch zum Selbststudium geeignet ist. Das Buch gibt einen umfassenden Überblick über das Gebiet des Elektrischen Messens nichtelektrischer Größen.

Elektrisches Messen nichtelektrischer Größen

Von Dr.-Ing. R. Thiel

Professor an der
Fachhochschule Darmstadt

3., durchgesehene Auflage
Mit 138 Bildern, 20 Tafeln
und 18 Beispielen

B. G. Teubner Stuttgart 1990

Prof. Dr.-Ing. Roman Thiel

1917 in Groß-Olbersdorf bei Wagstadt/Ostsudeten geboren. 1935 bis 1939 Studium der Elektrotechnik an der Deutschen Technischen Hochschule in Brünn. 1940 bis 1947 Entwicklungsarbeiten an Hochspannungs-Elektronenstrahloszillographen in Dresden und Berlin sowie wissenschaftliche Untersuchungen an Kleinwindkraftanlagen, Entwicklungsarbeiten an der Flugkörperfernsteuerung und meßtechnische Untersuchungen in Windkanälen in der Luftfahrtforschung in Rechlin und Braunschweig. Ab 1948 wissenschaftliche Arbeiten auf dem Gebiet der angewandten elektronischen Meßtechnik im Institut für landtechnische Grundlagenforschung der Forschungsanstalt für Landwirtschaft Braunschweig, ab 1959 Abteilungsleiter. 1958 Promotion an der Technischen Hochschule in Braunschweig. Seit 1962 Lehrtätigkeit als Dozent an der Staatlichen Ingenieurschule in Darmstadt. Ab September 1973 Professor an der Fachhochschule Darmstadt mit den Lehrgebieten Elektrische Meßtechnik und Elektrisches Messen nichtelektrischer Größen.

CIP-Titelaufnahme der Deutschen Bibliothek

Thiel, Roman
Elektrisches Messen nichtelektrischer Grössen / von R. Thiel.
-3., durchges. Aufl. - Stuttgart : Teubner, 1990
(Teubner-Studienskripten ; 67 : Elektrotechnik)

NE: GT

ISBN 978-3-519-20067-3 ISBN 978-3-663-01219-1 (eBook)
DOI 10.1007/978-3-663-01219-1

Gesamtherstellung: Druckhaus Beltz, Hemsbach/Bergstraße
Umschlaggestaltung: W. Koch, Sindelfingen

Vorwort

Wegen der großen Bedeutung des elektrischen Messens nichtelektrischer Größen in der modernen Technik gibt es heute für die Lösung von fast allen Meßaufgaben serienmäßige Geräte und Einrichtungen. Da es aber schon aus wirtschaftlichen Gründen keine universale Meßeinrichtung für den gesamten vorkommenden Einsatzbereich geben kann, muß für jede Meßaufgabe aus der Vielfalt der möglichen Meßverfahren und Geräte ein anwendungsspezifisches Meßsystem zusammengestellt werden. So werden z.B. für die Datenverarbeitung der anfallenden Meßwerte in der Praxis keine Universal-Computer, sondern jeweils spezielle Meßwertanalysengeräte eingesetzt.

Voraussetzung für die günstigste Wahl und den optimalen Einsatz der Meßverfahren und -geräte sind Kenntnisse über Aufbau, Wirkungsweise und Eigenschaften der Geräte für die verschiedensten Einsatzbedingungen.

Das vorliegende Skriptum soll sowohl dem Studenten als auch dem Ingenieur im Betrieb die nötigen Kenntnisse vermitteln. Im Vordergrund steht die "Technik des Messens", d.h. die Anwendung der Meßverfahren. Durch eine straffe Gliederung wird die Übersicht erhöht und das umfangreiche Gebiet überschaubar gemacht. Mit Rücksicht auf die Fülle des Stoffes werden Grundlagen der elektrischen Meßtechnik meist vorausgesetzt und nur dann wiederholt und ergänzt, wenn dies der Vollständigkeit wegen notwendig ist.

Am Anfang des Skriptums werden als allgemein gültige Grundlagen für die praktische Anwendung des elektrischen Messens nichtelektrischer Größen die wichtigsten Meßfühlerprinzipien mit ihren Meßschaltungen mit kurzen Hinweisen auf deren spezielle Anwendung behandelt. Es folgen die Meßkettenschaltungen mit Einheitsmeßumformer, Anpaßschaltungen mit den wichtigsten Meßverstärkerarten und eine Übersicht über Registriergeräte.

Für größere Meßanlagen haben die beschriebenen Meßwerterfassungsanlagen mit Fernmessung und Telemetrie eine große Bedeutung. Im Zusammenhang mit der elektronischen Meßdatenverarbeitung wird eine Übersicht über die speziellen elektronischen Meßwertanalysengeräte gegeben. Am Ende der Grundlagen werden die beim Arbeiten mit Meßketten auftretenden Probleme der Zusammenschaltung der Meßkettenglieder, der Störspannungen, Empfindlichkeit, Fehler und Zuverlässigkeit behandelt.

Beschreibungen der Ausführungs- und Anwendungsmöglichkeiten von Meßwertaufnehmern geben schließlich Hinweise für die praktische Anwendung der Meßverfahren zum Messen von verschiedenen nichtelektrischen Größen.

Die für die Meßglieder angegebenen Kenndaten und die Beispiele vermitteln Zahlenwertvorstellungen und geben Unterlagen für quantitative Entwürfe von Aufnehmern und Meßkettenschaltungen für die praktische Anwendung.

Da die große Verbreitung von Systembausteinen, d.h. von Elementen der elektronischen Schaltungs-, Verstärker-, Meß- und Datentechnik, das Denken in Blockschaltungen fördert, wird für die Beschreibung der Wirkungsweise und Anwendung der elektronischen Meßgeräte und Anlagen die Darstellung in Signalflußplänen ohne ausführliche Schaltungseinzelheiten bevorzugt.

Die Bildbeschriftungen und -unterschriften sind so gehalten, daß der Bildinhalt ohne Zurückgreifen auf den Text verständlich ist.

Darmstadt, im Herbst 1976 Roman Thiel

<u>2. und 3. Auflage</u>

Für die zweite Auflage wurde das Buch überarbeitet und um Meßketten-Beispiele und eine Zusammenstellung von DIN-Normen und VDI-Richtlinien für das elektrische Messen nichtelektrischer Größen erweitert.

Für die dritte Auflage wurde neben einigen Änderungen im Text die Normen-Zusammenstellung auf den neuesten Stand gebracht.

Darmstadt, im Frühjahr 1983 und 1990 Roman Thiel

Inhalt Seite

Seite

Anhang

1. Einführung

Die moderne Entwicklung in der Technik und den Naturwissenschaften ist ohne den Einsatz des elektrischen Messens nichtelektrischer Größen nicht denkbar. Diese Meßtechnik wird besonders in Forschung, Entwicklung, Erprobung, Prüfung, Produktionsüberwachung sowie in Steuerungs-, Regelungs- und Automatisierungsanlagen angewendet.

1.1. Meßgrößenübersicht

Das elektrische Messen nichtelektrischer Größen umfaßt alle Vorgänge, bei denen physikalische Meßgrößen durch Anwendung von physikalischen Effekten in elektrische Größen zur Weiterverarbeitung und Auswertung umgeformt werden.

Tafel 1 Bereiche von nichtelektrischen Meßgrößen

		Kleinstwert x_{min}	Größtwert x_{max}	$\frac{x_{max}}{x_{min}}$
Dehnung	ε	10^{-2} µm/m	10^{5} µm/m	10^{7}
Weg	s	1 µm	10 m	10^{7}
Drehwinkel	α	$10^{-6} \cdot 360^{\circ}$	360°	10^{6}
Drehzahl	n	$4 \cdot 10^{-2}$ min^{-1}	$4 \cdot 10^{5}$ min^{-1}	10^{7}
Beschleunigung	a	10^{-6} g	10^{5} g	10^{11}
Zug-u.Druckkraft	F	$2 \cdot 10^{-5}$ N	$2 \cdot 10^{7}$ N	10^{12}
Druck	p	10^{-5} bar	10^{4} bar	10^{9}
Zeit	t	10^{-10} s	10^{9} s	10^{19}
Temperatur	ϑ	10^{-6} K	10^{12} K	10^{18}

In Tafel 1 sind Beispiele für nichtelektrische Meßgrößen zur Demonstration ihrer maximalen und minimalen Meßwerte x_{max} und x_{min} und deren Zahlenverhältnisse x_{max}/x_{min} zusammengestellt. Der maximale Wert entspricht jeweils dem größten meßbaren

Meßwert, der minimale Wert dem kleinsten erfaßbaren Teil der Meßgröße, dem Meßquant (s. Abschn. 6.2).

Die in Tafel 1 angegebenen Zahlenverhältnisse x_{max}/x_{min} liegen im Bereich 10^6 bis 10^{19}. Entsprechend sind die Zahlenverhältnisse in der elektrischen Meßtechnik 10^9 bis 10^{28} und in der Natur bis 10^{42}. Obwohl nicht alle diese Zahlenverhältnisse eine anschauliche Vorstellung von ihren Größenordnungen ermöglichen, zeigen sie jedoch, daß sehr große Anforderungen an die Aufgabengebiete und die Meßbereiche beim elektrischen Messen nichtelektrischer Größen gestellt werden. Eine einzige universale Meßeinrichtung kann also das gesamte Gebiet kaum optimal überstreichen und wäre auch unwirtschaftlich.

Nicht nur für verschiedene Meßgrößen sondern auch für die jeweiligen Meßbereiche sind unterschiedliche Meßsysteme und -verfahren erforderlich. Deshalb sind für optimale Auswahl und richtigen Einsatz der Meßeinrichtungen Kenntnisse des gesamten Gebiets des elektrischen Messens nichtelektrischer Größen notwendig.

1.2. Meßkette

In Bild 1 ist der grundsätzliche Aufbau einer Meßeinrichtung zum elektrischen Messen nichtelektrischer Größen in einem Geräteplan dargestellt. In der Meßkette sind die Meßkettenglieder Aufnehmer AN, Anpaßschaltung AP, Datenerfassung und -verarbeitung DV und Ausgeber AG zusammengeschaltet. Die Bezeichnung für die Meßkettenglieder gilt für eine Gliederung der Meßgeräte nach Aufgaben im Rahmen der Meßeinrichtung. Eine Datenverarbeitung kann entweder während oder erst nach der Messung eingesetzt werden. In Meßgrößenumformern sind die Aufnehmer- und Anpaßschaltungsblöcke zu einem Gerät vereinigt (s. Abschn. 1.3 und 3.2).

Für die Meßverfahren gelten als Vorteile die Anpassungsfähigkeit an Meßgrößen, Meßbereiche und Meßfrequenzen, große Auflösung, vernachlässigbar kleine Meßwertbeeinflussung, analoge und digitale Vielkanalmessung, Meßwertfernübertragung und Telemetrie, automatische Meßdatenverarbeitung, große Genauigkeit und Zuverlässigkeit.

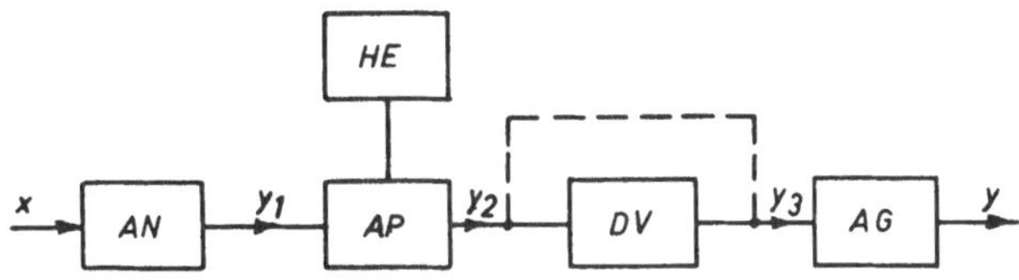

Bild 1 Geräteplan zum elektrischen Messen nichtelektrischer Größen (VDE/VDI-Richtlinie 2600 Bl. 3)
AN Aufnehmer (z.B. Kraft-AN nach Abschn. 7.7),
AP Anpaßschaltung, Anpasser (z.B. Trägerfrequenz-Meßverstärker nach Abschn. 3.3), DV Datenerfassung und -verarbeitung (z.B. Prozessrechner, elektronische Rechengeräte oder Analysatoren nach Abschn. 4),
AG Ausgeber (z.B. Registriergerät nach Abschn. 3.4),
HE Hilfsenergie (z.B. Stromversorgung), x Eingangs-Meßgröße, y Meßsignale und Ausgangsgröße

1.3. Definitionen

Meßfühler (Meßsonde, Meßelement, Sensor; sensing element, gage) stellen das spezielle physikalisch-elektrische Umformungsglied in der Meßkette dar.

Aufnehmer (Meßwertaufnehmer, Meßgeber; transducer, pick-up) fassen alle Bauglieder zur Umformung (Umwandlung) von physikalischen in elektrische Meßgrößen zusammen. Ein Meßfühler kann auch direkt als Aufnehmer wirken, z.B. bei Dehnungsmeßstreifen oder Thermoelementen.

Sensor verwendet man im üblichen Sprachgebrauch als Bezeichnung für Meßfühler und Aufnehmer ohne oder mit integrierter Elektronik zur Signalverarbeitung.

Meßumformer (Signalumformer) sind allgemein Meßgeräte, die

entsprechend der Gerätekennlinie ein analoges Eingangssignal in ein eindeutig mit ihm zusammenhängendes analoges Ausgangssignal umformen (VDI/VDE 2600 Blatt 3).

Meßgrößenumformer sind Meßumformer, bei denen Eingangssignal und Ausgangssignal von verschiedener physikalischer Natur sind. Aufnehmer sind meist Meßgrößenumformer, so z.B. ein Thermoelement als Temperaturaufnehmer mit Temperatur als Eingangssignal und elektrischer Spannung als Ausgangssignal.

Meßwertumformer sind Meßumformer, bei denen Eingangssignal und Ausgangssignal von gleicher physikalischer Art sind.

Einheitsmeßumformer (transmitter) sind Meßumformer mit einem genormten Ausgangssignalbereich (s. Abschn. 3.2) nach Tafel 2.

Tafel 2 Einheitssignale für 0 bis 100 % der Meßgröße

Eingeprägter Gleichstrom I (stromproportionales System)	
0 bis ±5 mA oder 0 bis ±20 mA	toter Nullpunkt (dead zero)
1 mA bis 5 mA oder 4 mA bis 20 mA	lebender " (live zero)
(0 bis 5)mA bis (12 bis 25)mA	einstellbare Grenzen
Eingeprägte Gleichspannung U (spannungsproportionales System)	
0 bis ±10 V (oder 0 bis ±1 V)	
Frequenz f oder Impulsfolge (zeitproportionales System)	
5 Imp/s bis 25 Imp/s	
Pneumatisches Einheitssignal p	
0,2 bar bis 1,0 bar	

In Einheitsmeßumformern, bestehend aus einer Kombination von Aufnehmer und Anpaßschaltung nach Bild 1 wird einer physikalischen Eingangsgröße mit wählbarem Bereich eine elektrische Ausgangsgröße von einheitlichem Bereich zugeordnet. Als Eingangsgrößen gelten die verschiedenen physikalischen Meßgrößen, z.B. Kraft, Temperatur usw. Die Ausgangsgröße ist eine der in Tafel 2 zusammengestellten Einheitssignale (VDI/VDE 2600).

Der Wert eines eingeprägten Stromes für niederohmige Folgegeräte mit Anpassungswiderständen R $\leqq$ 1 kΩ ändert sich bei Belastungsänderung vernachlässigbar wenig. Der Wert einer eingeprägten Spannung für hochohmige Folgegeräte mit Anpassungswiderständen R $\geqq$ 1 kΩ ändert sich bei Änderung des Belastungswiderstands, an dem sie abfällt, vernachlässigbar wenig.

Meßeinrichtungen mit live zero ermöglichen mit einem Ruhestrom von 1 mA bis 4 mA Schutzschaltungen zum Erfassen von Störungen, z.B. durch Geräte- oder Netzausfall oder durch Signalleitungsunterbrechungen.

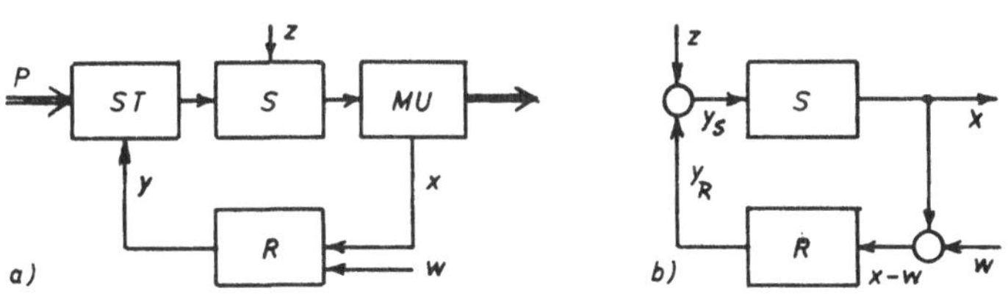

Bild 2 Regelkreis
a) Geräteplan, b) Signalflußplan nach DIN 19226
P technischer Prozeß (Energie- bzw. Material- oder Massefluß), S Regelstrecke, MU Meßgrößenumformer, R Regler, ST Stellglied
x Regelgröße (Meßgröße), w Führungsgröße,
x_w = x - w Regelabweichung, y Stellgröße, z Störgröße

Meßgrößenumformer werden vor allem in Regelkreisen nach Bild 2 in industriellen Regelungsanlagen eingesetzt.

2. Meßfühler

2.1. Übersicht über passive und aktive Meßfühler-Prinzipien

Bei der Umformung von nichtelektrischen in elektrische Meßgrößen werden nach den in Tafel 3 zusammengestellten Zusammenhängen elektrische Größen bei passiven Meßfühlern beeinflußt und bei aktiven Meßfühlern erzeugt.

Tafel 3 Meßfühler-Prinzipien

passive Meßfühler			aktive Meßfühler
Beeinflussung elektrischer Größen durch			Erzeugung elektrischer Größen durch
mechanischen Eingriff	Ausnutzung physikalischer Zusammenhänge	Weg- oder Kraft-Kompensation	Energieumformung aus mechanischer, thermischer, optischer oder chemischer Energie
beeinflußte Größen			erzeugte Größen
Widerstand R Induktivität L Kapazität C	Widerstand Spannung Strahlungsintensität	Strom I	Spannung U Strom I Ladung Q

2.2. Ohmsche Widerstands-Meßfühler

2.2.1. Prinzip

Der Meßfühler-Widerstand kann als Widerstand

$$R = \rho\, l/A = l/(\gamma\, A) \qquad (1)$$

eines gestreckten Leiters mit der Länge l, der Querschnittsfläche A und dem spezifischen Widerstand ρ oder der Leitfähigkeit γ berechnet werden.

Für von dem Widerstand R_{20} bei der Temperatur $\vartheta_k = 20\ ^\circ C$ abweichende Temperaturen ϑ ist mit dem Temperaturbeiwert α_{20} der Widerstand

$$R_\vartheta = R_{20}\left[1 + \alpha_{20}(\vartheta - 20\ ^\circ C)\right] \qquad (2)$$

Bei direkter Beeinflussung des Meßfühlerwiderstands durch physikalische Einflüsse kann der Widerstand R verändert werden mechanisch über die Länge l und den Querschnitt A, thermisch über die Temperatur ϑ und optisch über die Leitfähigkeit γ.

Die entstehenden Widerstandsänderungen ΔR von ohmschen Meßfühlern werden in verschiedenen Meßschaltungen erfaßt.

2.2.2. Anwendungsbeispiele

Die in Bild 3 zusammengestellten Schaltzeichen geben Hinweise auf Anwendungsmöglichkeiten von ohmschen Widerstands-Meßfühlern.

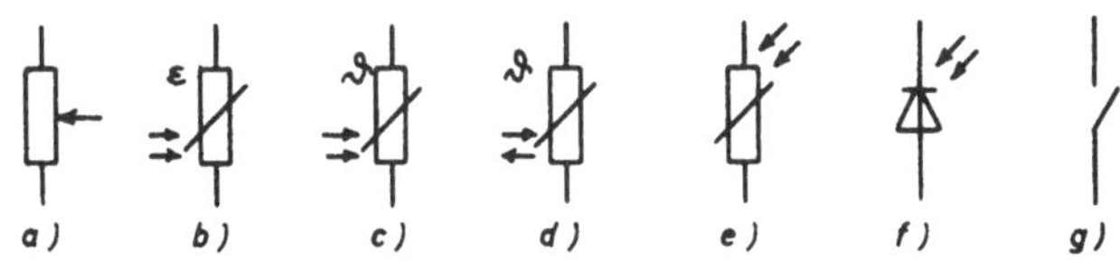

Bild 3 Schaltzeichen für Widerstands-Meßfühler (DIN 40900, Teil 2, 4, 5, 8)

a) Feindrahtwiderstands-Längs- oder Dreh-Meßfühler

b) Metall- oder Halbleiter-Dehnungsmeßstreifen

c) Widerstandsthermometer, Kaltleiter, PTC-Widerstand (mit gleichsinniger) und d) Widerstandsthermometer, Heißleiter, NTC-Widerstand mit negativem Temperaturkoeffizienten (mit gegensinniger Änderung des Widerstands R mit der Einflußgröße ϑ)

e) Photowiderstand (stromrichtungsunabhängig)

f) Photodiode, g) Schaltelement (digital)

Analoge Widerstands-Meßfühler bestehen aus festen Leitern (Metalldrähte), Halbleitern oder Flüssigkeiten mit $R = 1\,\Omega$ bis $10^6\,\Omega$. Digitale Meßfühler sind Schaltelemente, z.B. mechanisch betätigte Schaltkontakte, elektrisch gesteuerte Schalttransistoren oder durch Licht gesteuerte photoelektrische Schaltkreise, wobei der Widerstand unstetig zwischen extremen Werten von annähernd 0 bis annähernd ∞ geändert wird.

2.2.3. Spannungsteiler-Meßschaltungen

Zählpfeile werden in Schaltungen mit konstanter Quellenspannung U_q und Quellenstrom I_q nach dem in Bild 4 a und b dargestellten Verbraucher-Zählpfeil-System (DIN 5489) eingetragen. Für die Speisung von Meßschaltungen wird im Skriptum die Speisespannung U_o gewählt.

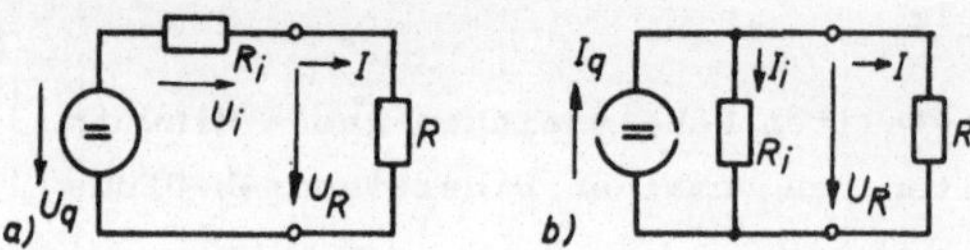

Bild 4 Stromkreis-Ersatzschaltungen mit Innenwiderstand R_i und Teilspannung U_R am Belastungswiderstand R
a) Spannungsquelle mit Quellenspannung U_q
b) Stromquelle mit Quellenstrom I_q

Spannungsteiler. In einer Spannungsteilerschaltung nach Bild 5 verbindet man die Enden des Spannungsteilerwiderstands R_o mit der Speisespannung U_o und greift eine Teilspannung ab zwischen Schleifer und Bezugspunkt. Bei der gebildeten Reihenschaltung von Widerständen verhalten sich die Spannungen wie die zugehörigen Widerstände.

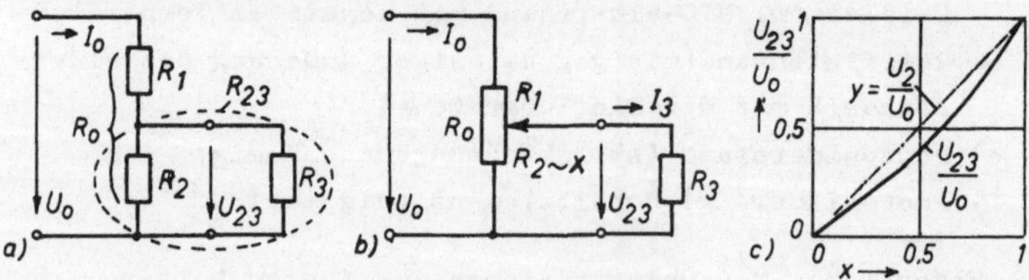

Bild 5 Belasteter Spannungsteiler mit dem Gesamtwiderstand R_o an der Speisespannung U_o und Lastwiderstand R_3
a) feststehender Abgriff mit den Teilwiderständen R_1, R_2
b) veränderbare Schleiferstellung x
c) Belastungskennlinie $U_{23}/U_o = f(x)$ für den Belastungsfaktor $c = R_3/R_o = 1$ und Sollkennlinie $y=f(x)$

Mit den Widerständen R_1 und $R_{23} = R_2R_3/(R_2 + R_3)$ nach Bild 5a gilt für die abgegriffene Spannung

$$U_{23} = U_o\, R_{23}/(R_1 + R_{23}) \qquad (3)$$

Hieraus ergibt sich die auf die Speisespannung U_o bezogene Teilspannung am belasteten Spannungsteiler

$$\frac{U_{23}}{U_o} = \frac{R_2R_3/(R_2 + R_3)}{R_1 + R_2R_3/(R_2 + R_3)} \qquad (4)$$

An einem unbelasteten Spannungsteiler $R_o = R_1 + R_2$ mit dem Lastwiderstand $R_3 = \infty$ ist die auf die konstante Speisespannung U_o bezogene Teilspannung

$$U_2/U_o = R_2/R_o$$

Die Kennlinie $U_2 \sim R_2$ ist hierbei linear.

Kennlinie eines belasteten Spannungsteilers. In einem linearen Spannungsteiler R_o mit der Speisespannung U_o nach Bild 5b wird die Schleiferstellung x von 0 bis 1 verändert. Bestimmt werden soll das Spannungsverhältnis U_{23}/U_o in Abhängigkeit von x.

Eine Erweiterung von Gl. (4) mit $(R_2 + R_3)/R_3$ ergibt

$$\frac{U_{23}}{U_o} = \frac{R_2}{R_1\left[(R_2/R_3) + 1\right] + R_2} \qquad (5)$$

Die Spannung U_{23} ist nicht linear vom Widerstand R_2 abhängig. Mit $R_2 = x\,R_o$ und $R_1 = (1 - x)R_o$ folgt

$$\frac{U_{23}}{U_o} = \frac{x}{1 + (x - x^2)R_o/R_3} \qquad (6)$$

so daß man mit dem Belastungsfaktor $c = R_3/R_o$ findet

$$\frac{U_{23}}{U_o} = \frac{x}{1 + (x - x^2)/c} = \frac{cx}{c + x - x^2} \qquad (7)$$

Ein Beispiel für die nicht-lineare Kennlinie zeigt Bild 5c.

Relativer Spannungsfehler. Die Abweichung der bezogenen Teilspannung U_{23}/U_o des belasteten gegenüber der bezogenen Teilspannung $U_2/U_o = x$ des unbelasteten Spannungsteilers und damit der <u>relative Spannungsfehler</u> (bezogen auf Endlage) ist

$$F_{Ur} = \frac{U_{23}}{U_o} - \frac{U_2}{U_o} = \frac{cx}{c + x - x^2} - x = \frac{x^3 - x^2}{c + x - x^2} \tag{8}$$

Einen kleinen relativen Spannungsfehler und damit eine Linearisierung der Spannungsteiler-Kennlinie erreicht man bei Einhaltung der Bedingung $R_3 \gg R_o$ (bzw. $I_3 \ll I_o$).

Als Faustregel wird für Meßzwecke oft die Bedingung $R_3 \geqq 100\ R_o$ (bzw. $I_o \geqq 100\ I_3$) mit einem maximalen relativen Spannungsfehler $F_U < -0{,}15\ \%$ benutzt. Für die Bemessung eines Spannungsteilers zum Abgreifen von variablen Spannungen für Versuchszwecke genügt oft die Bedingung $R_3 \geqq 10\ R_o$ mit $F_U < -1{,}5\ \%$.

Eine <u>Linearisierung</u> der Spannungsteiler-Kennlinie ergibt sich auch durch Vorschalten eines Vorwiderstands R_v vor den Spannungsteiler R_o. Dann erhält man mit dem Belastungsfaktor $c = R_3/R_o$ und dem Vorwiderstandsfaktor $k = 1 + R_v/R_o$ das Spannungsverhältnis

$$\frac{U_{23}}{U_o} = \frac{cx}{kc + kx - x^2} \tag{9}$$

Eine optimale Linearisierung ergibt sich hierbei mit dem Vorwiderstand $R_v = R_o/2$ bzw. dem Vorwiderstandsfaktor $k = 1{,}5$.

<u>Beispiel 1: Belasteter Spannungsteiler.</u> Man berechne den relativen Spannungsfehler F_U eines nur gering belasteten Spannungsteilers in Mittelstellung bei der Schleiferstellung $x = 0{,}5$, mit dem Teilwiderstand $R_2 = 0{,}5\ R_o$ und einem Belastungsfaktor $c = R_3/R_o = 100$. Nach Gl. (8) erhält man den relativen Spannungsfehler

$$F_{Ur} = \frac{0{,}5^3 - 0{,}5^2}{100 + 0{,}5 - 0{,}5^2} = \frac{-0{,}125}{100{,}25} = -0{,}0012469 \approx -0{,}125\ \%$$

<u>Kleine Widerstands- und Spannungsänderungen.</u> Nachfolgend wird gezeigt, wie sich der Spannungsabfall U_R an einem nach Bild 6

vom Konstantstrom I_o gespeisten Widerstand R ändert, wenn sich dieser um einen kleinen Wert ΔR auf $R' = R + \Delta R$ vergrößert.

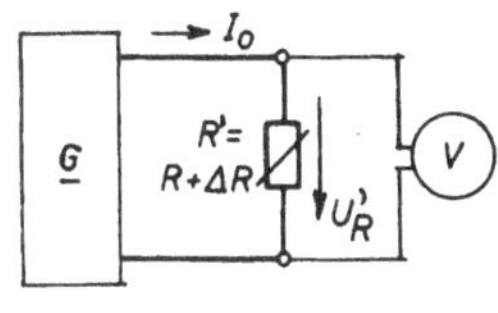

Bild 6 Messung der Spannung U_R' mit dem Spannungsmesser V zur Erfassung von kleinen Widerstandsänderungen ΔR des mit dem Konstantstrom I_o gespeisten Meßwiderstandes R

Bei der Messung ändert sich der Widerstand R auf $R' = R + \Delta R$ und damit die Spannung auf

$$U_R' = R' I_o = U_R + \Delta U_R \tag{10}$$

Es ist $R\,I_o + \Delta R\,I_o = R\,I_o + \Delta U_R$ und somit $\Delta U_R = \Delta R\,I_o$.

Mit dem Konstantstrom $I_o = U_R/R$ ergibt sich für die <u>relative Spannungsänderung</u>

$$\Delta U_R/U_R = \Delta R/R \tag{11}$$

Dies gilt sowohl für <u>statische</u>, d. h. zeitlich konstante, als auch für <u>dynamische</u>, d. h. für zeitlich veränderliche, Vorgänge mit Meßfrequenzen nach Tafel 4.

Tafel 4 Meßfrequenzen bei verschiedenen Meßvorgängen

Meßvorgang	Meßfrequenzen f_M
statisch	= 0
quasi-statisch	≈ 0 bis 1 Hz
nur dynamisch	≈ 1 Hz bis > 1 MHz
statisch-dynamisch	= 0 Hz bis > 1 MHz

<u>Beispiel 2: Meßwiderstand bei Konstantstromspeisung.</u> Für die Meßschaltung nach Bild 6 soll die am Meßwiderstand R = 100 Ω bei einer kleinen Widerstandsänderung $\Delta R = \pm 1\,\Omega$ und dem Konstantstrom I_o = 10 mA entstehende Meßspannung ΔU_R mit der vorhandenen Grundspannung $U_R = R\,I_o$ = 1 V verglichen werden.

Nach Gl. (11) ergibt sich für die absolute Spannungsänderung

$$\Delta U_R = U_R \Delta R/R = 1\ \text{V}\ (\pm\ 1\Omega/100\Omega) = \pm\ 10\ \text{mV}$$

Man erkennt, daß die Spannungsmessung am Meßwiderstand direkt für kleine Widerstandsänderungen $\Delta R \ll R$ praktisch unbrauchbar ist, da sich die Anzeige des Spannungsmessers von der Grundspannung U_R = 1000 mV nur um $\Delta U_R = \pm$ 10 mV im Bereich von 990 mV bis 1010 mV ändern würde. Ohne Nullpunktunterdrückung wäre eine genaue Erfassung des Meßwerts kaum möglich.

Wenn der Spannungsmesser V in Bild 6 an den Meßwiderstand R über einen Kondensator C angeschlossen wird, kann die Grundspannung abgeblockt werden. Diese Meßschaltung hat jedoch den Nachteil, daß sie nur für dynamische Messungen brauchbar ist und daß jede zeitliche Änderung des Speisestroms I_o (bzw. der Speisespannung U_o einer Spannungsteilerschaltung) einen Meßwert vortäuscht.

Mit einer zweiten Spannungsquelle läßt sich die Grundspannung kompensieren. Schaltet man den Meßwiderstand in eine Spannungsteilerschaltung und entnimmt die Kompensationsspannung an einem von der Speisespannung gespeisten zweiten Spannungsteiler, so erhält man die bekannte Meßbrückenschaltung.

2.2.4. Widerstands-Meßbrückenschaltungen

Zur Vereinfachung der Berechnungen von Meßbrückenschaltungen werden folgende Näherungen angenommen. Die Speisespannungsquelle in Bild 7 hat einen vernachlässigbar kleinen Innenwiderstand $R_i \approx 0$ und eine konstante Spannung U_o. Der Diagonalwiderstand R_5 ist gegenüber den Brückenwiderständen hochohmig, d. h. für die Widerstände gilt $R_5 \gg R_1$ bis R_4 bzw. $R_5 \approx \infty$.

Bei diesen Annahmen verhalten sich die beiden Brückenhälften R_1 und R_2 sowie R_3 und R_4 in Bild 7 wie zwei mit der konstanten Speisespannung U_o gespeiste nebeneinander liegende unbelastete Spannungsteiler.

Bild 7 Widerstands-Meßbrückenschaltung
U_o Spannungsquelle mit
R_i Innenwiderstand
R_1 bis R_4 Brückenwiderstände
R_5 Brückendiagonalwiderstand

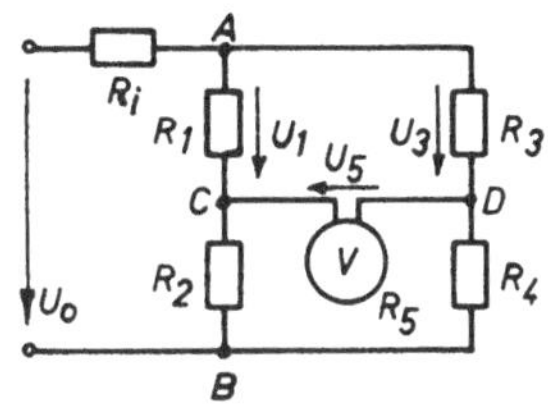

Berechnung der Diagonalspannung U_5. Nachfolgend wird für eine vorgegebene Widerstandsmeßbrücke nach Bild 7 die Diagonalspannung U_5 mit Näherungsrechnung bestimmt.

Aus der Maschenregel $U_3 + U_5 - U_1 = 0$ erhält man die Diagonalspannung $U_5 = U_1 - U_3$. Die beiden unbelasteten Spannungsteiler zeigen die Teilspannungen

$$U_1 = U_o\, R_1/(R_1 + R_2) \quad \text{und} \quad U_3 = U_o\, R_3/(R_3 + R_4) \qquad (12)$$

Damit erhält man die Diagonalspannung

$$U_5 = U_o\left[R_1/(R_1 + R_2) - R_3/(R_3 + R_4)\right] \qquad (13)$$

Nullmethode. Für Brückennullabgleich mit $U_5 = 0$ ergibt sich die bekannte Abgleichbedingung

$$R_1\, R_4 = R_2\, R_3 \quad \text{oder} \quad R_1/R_2 = R_3/R_4 \qquad (14)$$

Für die Abgleichwiderstandswerte $R_3 = 0$ bzw. $R_4 = 0$ gilt theoretisch für R_1 der Meßbereich $0 \leqq R_1 \leqq \infty$.

Meßbrücke mit Einengungswiderstand. Für eine Verkleinerung des Brückenabgleichbereiches schaltet man nach Bild 8 Einengungswiderstände R_{E3} und R_{E4} in Reihe mit dem Abgleichwiderstand R. Zählt man die Schleiferstellung x von der Mittelstellung aus, so ergeben sich die Brückenwiderstände

$$R_3 = R_{E3} + R(1 + x)/2 \quad \text{und} \qquad (15)$$

$$R_4 = R_{E4} + R(1 - x)/2 \qquad (16)$$

Der Meßbereich für den Widerstand R_1 liegt zwischen R_{1min} und R_{1max}. Für die Schleiferstellung gegen R_{E4} ergibt sich mit x = +1 der maximale Wert

$$R_{1max} = R_2(R_{E3} + R)/R_{E4} \tag{17}$$

und für die Schleiferstellung gegen R_{E3} gilt mit x = -1

$$R_{1min} = R_2 R_{E3}/(R_{E4} + R) \tag{18}$$

Für die Annäherung $R_{E3} = R_{E4} = R_E \gg R$ gilt

$$R_{1max} = R_2(1 + R/R_E) \quad \text{und} \tag{19}$$

$$R_{1min} = R_2/(1 + R/R_E) \approx R_2(1 - R/R_E) \tag{20}$$

Diese Nullmethode mit Handabgleich ist nur für statische Messungen brauchbar.

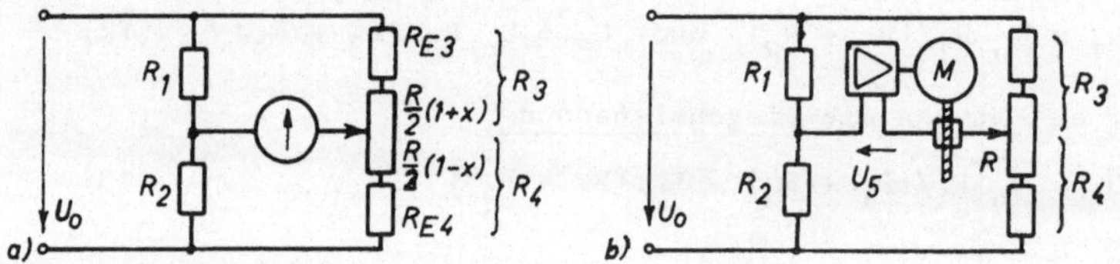

Bild 8 Meßbrücken mit den Brückenwiderständen R_1 bis R_4, den Einengungswiderständen R_{E3} und R_{E4} und dem Abgleichwiderstand R
a) manuell, b) selbstabgleichend

Selbstabgleichende Meßbrücke. Bei Verstimmung der Meßbrücke nach Bild 8b treibt die Diagonalspannung U_5 über den Verstärker V den Nullmotor M so lange, bis dieser durch Verstellen des Abgleichwiderstandes R den Abgleich bei $U_5 = 0$ hergestellt hat. Der Ausschlag des Abgleichwiderstands entspricht der Brückenverstimmung durch den Meßwiderstand.

Im Zusammenhang mit dem Abgleich auf $U_5 = 0$ kann man hier von einer Nullmethode, im Hinblick auf den Abgleichwiderstandsausschlag muß man von einer Ausschlagmethode sprechen.

Diese selbstabgleichende Brücke ist nur für statische oder quasi-statische Meßvorgänge brauchbar.

Brückenschaltung mit Ausschlagmethode. Für die Messung von kleinen Widerstandsänderungen $\Delta R/R$ verwendet man oft die Meßbrückenschaltung nach Bild 9 mit Messung der Diagonalspannung mit dem Ausgabegerät AG. Um für den Nullabgleich, der zu Beginn jeder Messung vorgenommen wird, nicht die Brückenwiderstände R_1 bis R_4 verändern zu müssen, ergänzt man die Meßbrücke mit den Abgleichwiderständen R_a und R_c.

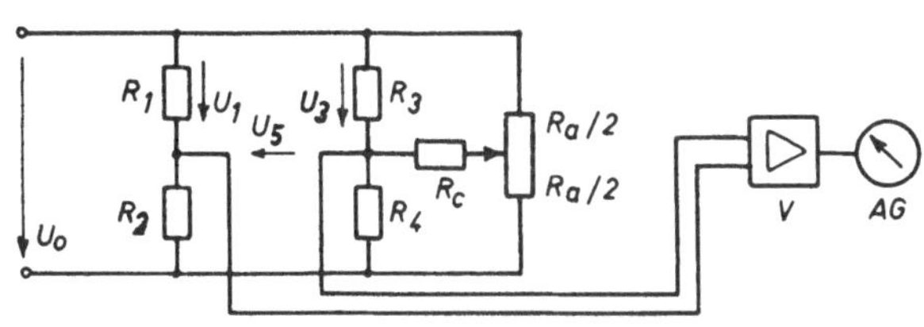

Bild 9 Ausschlag-Meßbrückenschaltung mit Abgleichzweig R_a und R_c, Verstärker V und Ausgabegerät AG

Für einen relativen Abgleichbereich von z. B. $\pm$ 1 % der Brükkenspeisespannung wählt man den Widerstand $R_c \geqq 25$ R, wobei $R = R_3 = R_4$ ist. Für einen linearen Abgleich muß $R_a \ll R_c$ sein. Dieser Abgleichkreis hat den Vorteil, daß veränderliche Kontaktwiderstände der Abgleichwiderstände die Diagonalspannung kaum beeinflussen. Er hat allerdings die Nachteile, daß durch den Nebenschluß zu den Brückenwiderständen R_3 und R_4 die Brückenempfindlichkeit in Abhängigkeit von der Schleiferstellung des Widerstands R_a um einen kleinen Betrag herabgesetzt wird und daß die Widerstände von Leitungen zwischen den Brükken- und den Abgleichwiderständen stören können. Die zusätzliche Belastung der Brückenspannungs-Speisequelle ist meist belanglos.

Viertelbrücke. Nachfolgend wird die Diagonalspannung U_5 einer gegebenen Viertelmeßbrücke (quarter-bridge circuit) nach Bild 10 ohne Berücksichtigung von Abgleichwiderständen berechnet. Bei der Messung entsteht an dem durch eine physikalische Meßgröße veränderten Meßwiderstand $R_1' = R_1 + \Delta R_1$ der

Spannungsabfall U_1' und durch diese Brückenverstimmung die Diagonalspannung U_5.

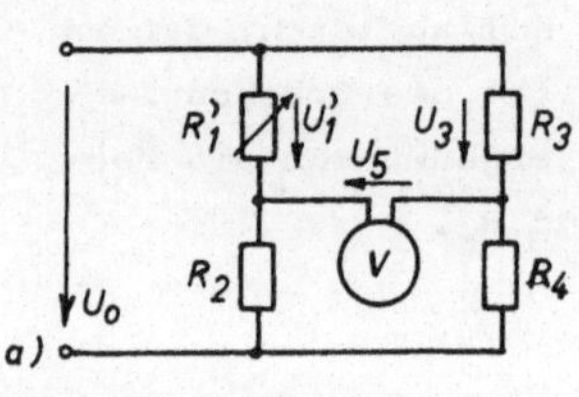

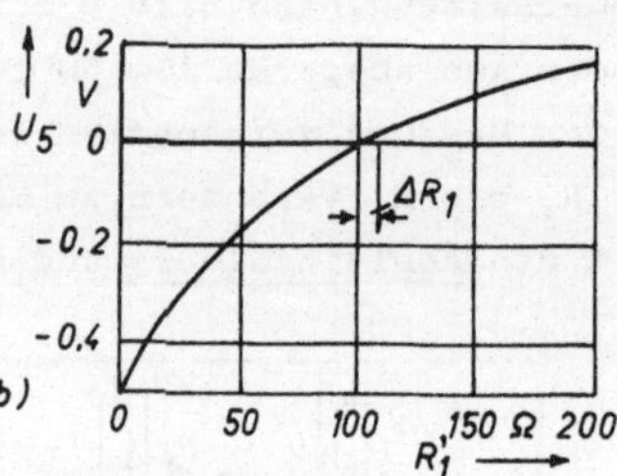

Bild 10 Viertelbrückenschaltung (a) und Kennlinie $U_5 = f(R_1')$ für die Anfangsbrückenwiderstände $R_1=R_2=R_3=R_4= 100\,\Omega$, den Meßwiderstand $R_1' = 0$ bis $200\,\Omega$ und die Speisespannung $U_o = 1$ V (b)

Aus der Maschenregel $U_3 + U_5 - U_1' = 0$ ergibt sich mit den Teilspannungen $U_1' = U_o\, R_1'/(R_1' + R_2)$ und $U_3 = U_o\, R_3/(R_3 + R_4)$ die Diagonalspannung

$$U_5 = U_o\left[R_1'/(R_1' + R_2) - R_3/(R_3 + R_4)\right] \tag{21}$$

und nach Einsetzen von $R_1' = R_1 + \Delta R_1$

$$U_5 = U_o\left[\frac{R_1 + \Delta R_1}{R_1 + \Delta R_1 + R_2} - \frac{R_3}{R_3 + R_4}\right] \tag{22}$$

oder mit relativen Widerstandsänderungen $\Delta R/R$

$$U_5 = U_o\left[\frac{R_1(1 + \Delta R_1/R_1)}{R_1(1 + \Delta R_1/R_1) + R_2} - \frac{R_3}{R_3 + R_4}\right] \tag{23}$$

oder in anderer Schreibweise

$$U_5 = U_o\left[\frac{R_1(1 + \Delta)}{R_1(1 + \Delta) + R_2} - \frac{R_3}{R_3 + R_4}\right] \tag{24}$$

Bei zahlenmäßiger Berechnung wäre hier $\Delta = \Delta R_1/R_1$ einzusetzen.

Zur Vereinfachung der Berechnung wird der Meßpraxis entsprechend zu Beginn der Messung eine abgeglichene symmetrische

Meßbrücke angenommen. Dann gilt für die Widerstände $R_1 = R_2 = R_3 = R_4 = R$ und $R_1' = R + \Delta R$. Damit wird die Diagonalspannung nach Gl.(22)

$$U_5 = U_o \left[\frac{R + \Delta R}{R + \Delta R + R} - \frac{R}{R + R}\right] = U_o \left[\frac{R + \Delta R}{2\,R + \Delta R} - \frac{1}{2}\right] \qquad (25)$$

$$= \frac{2\,R + 2\,\Delta R - 2\,R - \Delta R}{4\,R + 2\,\Delta R}\, U_o = \frac{\Delta R}{4\,R + 2\,\Delta R}\, U_o \qquad (26)$$

Für die Annahme von kleinen Widerstandsänderungen $\Delta R \ll R$ ergibt sich schließlich als Näherungslösung für die Brückendiagonalspannung

$$U_5 \approx \frac{1}{4} \cdot \frac{\Delta R}{R}\, U_o \qquad (27)$$

Bei kleinen Änderungen des Meßwiderstands hängt in der Ausschlagviertelbrücke die Diagonalspannung U_5 annähernd linear von der Widerstandsänderung ΔR ab.

Bei Verkleinerung des Meßwiderstands R_1 ergibt sich mit dem Ansatz $R_1' = R - \Delta R$ eine negative Diagonalspannung.

Große Änderungen des Meßwiderstands R_1 ergeben eine nichtlineare Kennlinie $U_5 = f(R_1')$ gemäß Bild 10b.

Halbbrücke. Nachfolgend wird die Diagonalspannung U_5 für eine gegebene Halbbrücke (half-bridge circuit) nach Bild 11a berechnet, wenn sich in der vor Messungsbeginn symmetrischen Brücke mit $R_1 = R_2 = R_3 = R_4 = R$ bei der Messung zwei nebeneinander liegende Meßwiderstände gegensinnig, z. B. R_1 auf $R_1' = R + \Delta R$ und R_2 auf $R_2' = R - \Delta R$ (oder auch R_3 und R_4, oder R_1 und R_3 oder R_2 und R_4) ändern.

Nach Gl. (13) ist bei Meßwiderstandsänderungen die Diagonalspannung

$$U_5 = U_1' - U_3 = U_o\left[R_1'/(R_1' + R_2') - R_3/(R_3 + R_4)\right] \qquad (28)$$

Für die vor Beginn der Messung symmetrische Brücke ist die Diagonalspannung

Linear

$$U_5 = U_o\left[\frac{R + \Delta R}{R + \Delta R + R - \Delta R} - \frac{R}{2\,R}\right] = U_o\left[\frac{R + \Delta R}{2\,R} - \frac{1}{2}\right] \qquad (29)$$

$$= \frac{R + \Delta R - R}{2\,R}\,U_o = \frac{1}{2}\cdot\frac{\Delta R}{R}\,U_o \qquad (30)$$

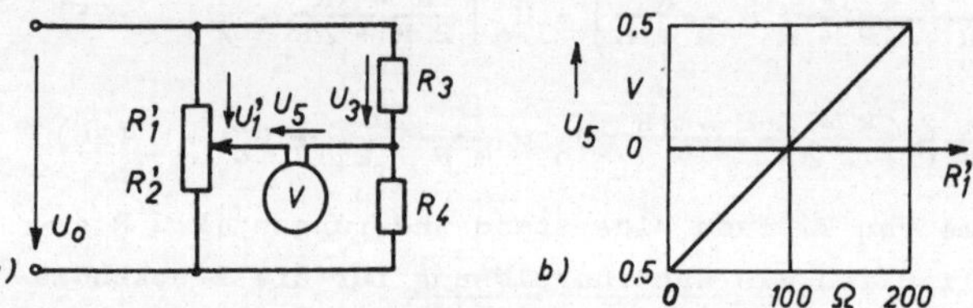

Bild 11 Halbbrückenschaltung (a) und Kennlinie $U_5 = f(R_1')$ für die Anfangsbrückenwiderstände $R_1=R_2=R_3=R_4 = 100\,\Omega$, die Meßwiderstände $R_1' = 0$ bis $200\,\Omega$, $R_2' = 200\,\Omega$ bis 0 und die Speisespannung $U_o = 1$ V (b)

Die Diagonalspannung U_5 ändert sich bei der Halbbrücke nach Bild 11a bei beliebig großen gegensinnigen Meßwiderstandsänderungen gemäß Bild 11b linear mit R_1' und wird bei gleichen kleinen Widerstandsänderungen doppelt so groß wie bei der Viertelbrücke.

Zweiviertelbrücke. Es folgt die Berechnung der Brückendiagonalspannung U_5, wenn sich in der vor Beginn der Messung symmetrischen Brücke mit den Widerständen $R_1 = R_2 = R_3 = R_4 = R$ (gemäß Bild 7) bei der Messung zwei diametral gegenüber liegende Meßwiderstände gleichsinnig, z. B. R_1 auf $R_1' = R + \Delta R$ und R_4 auf $R_4' = R + \Delta R$ (oder auch R_2 und R_3) ändern.

Nach Gl. (13) ist bei Meßwiderstandsänderungen die Diagonalspannung

$$U_5 = U_1' - U_3 = U_o\left[R_1'/(R_1' + R_2) - R_3/(R_3 + R_4')\right] \qquad (31)$$

Für die vor Beginn der Messung symmetrische Brücke ist die Diagonalspannung

$$U_5 = U_o\left[\frac{R + \Delta R}{R + \Delta R + R} - \frac{R}{R + R + \Delta R}\right] = U_o\,\frac{\Delta R}{2\,R + \Delta R} \qquad (32)$$

Mit der Näherungsannahme $\Delta R \ll R$ folgt für <u>kleine</u> ΔR

$$U_5 \approx \frac{1}{2} \cdot \frac{\Delta R}{R} U_o \tag{33}$$

Die Diagonalspannung U_5 ändert sich bei positiven und negativen Werten näherungsweise linear mit den Widerstandsänderungen ΔR.

<u>Beispiel 3: Diagonalspannung in einer Halbbrücke.</u> Zwei in einer vor Beginn der Messung symmetrischen Halbbrücke nebeneinander liegende Meßwiderstände (z.B. Dehnungsmeßstreifen, s. Abschn. 7.1.1.) $R_1 = R_2 = R = 120\ \Omega$ haben einen zulässigen maximalen Belastungsstrom $I_{zul} = 20$ mA und ändern sich gegensinnig um die kleine relative Widerstandsänderung $\Delta = \Delta R/R = 10^{-3}$ des Anfangswerts. Wie groß ist die Diagonalspannung U_5 in der Meßbrücke?

Mit der Speisespannung

$$U_o = 2\ R\ I_{zul} = 2 \cdot 120\ \Omega \cdot 20\ \text{mA} = 4{,}8\ \text{V}$$

folgt nach Gl. (30)

$$U_5 = \frac{1}{2} \cdot \frac{\Delta R}{R} U_o = \frac{1}{2} \cdot 10^{-3} \cdot 4{,}8\ \text{V} = 2{,}4\ \text{mV}$$

<u>Vollbrücke.</u> In einer vor Beginn der Messung symmetrischen Vollbrücke (full-bridge circuit) mit den Meßwiderständen $R_1 = R_2 = R_3 = R_4 = R$ ändern sich bei der Messung die Meßwiderstände z.B. auf $R_1' = R + \Delta R$, $R_2' = R - \Delta R$, $R_3' = R - \Delta R$ und $R_4' = R + \Delta R$. Es ist die Diagonalspannung U_5 mit den für die Widerstands-Meßbrückenschaltungen festgelegten Näherungsannahmen ($R_i \approx 0$, $R_5 \gg R$ und $U_o = \text{const}$) zu berechnen.

Aus der Maschenregel folgt mit den Brückenteilspannungen (ähnlich wie in Bild 10) die Diagonalspannung

$$U_5 = U_1' - U_3' = \left(\frac{R_1'}{R_1' + R_2'} - \frac{R_3'}{R_3' + R_4'}\right) U_o = \tag{34}$$

$$= \left(\frac{R + \Delta R}{R + \Delta R + R - \Delta R} - \frac{R - \Delta R}{R - \Delta R + R + \Delta R}\right) U_o \tag{35}$$

$$U_5 = \frac{R + \Delta R - R + \Delta R}{2\,R}\,U_o = \frac{\Delta R}{R}\,U_o \qquad (36)$$

In einer Vollbrücke ist also die Diagonalspannung U_5 (bei sonst gleichen Werten) doppelt so groß wie bei der Halbbrücke und viermal so groß wie bei der Viertelbrücke und ändert sich linear mit der Widerstandsänderung ΔR.

Für eine nicht voll symmetrische Meßbrücke wird die Diagonalspannung U_5 für kleine Widerstandsänderungen ΔR_n der Meßwiderstände R_n nach der folgenden Ergebnisgleichung berechnet [13]. Für die Annahme $R_1 = R_2$; $R_3 = R_4$ und $\Delta R_n \ll R_n$ gilt

$$U_5/U_o \approx \frac{1}{4}\left(\frac{\Delta R_1}{R_1} + \frac{\Delta R_4}{R_4} - \frac{\Delta R_2}{R_2} - \frac{\Delta R_3}{R_3}\right) - \frac{1}{8}\left[\left(\frac{\Delta R_1}{R_1}\right)^2 + \left(\frac{\Delta R_4}{R_4}\right)^2 - \left(\frac{\Delta R_2}{R_2}\right)^2 - \left(\frac{\Delta R_3}{R_3}\right)^2\right] \qquad (37)$$

Die Widerstandsänderungen $\Delta R_n/R_n$ müssen mit ihren jeweiligen positiven oder negativen Werten in Gl. (37) eingesetzt werden.

Da die Diagonalspannung U_5 in Brückenschaltungen von der Speisespannung U_o abhängig ist, werden bei langen Leitungen zwischen der Brücke und der Anpaßschaltung zur Eliminierung der Leitungswiderstandseinflüsse (s. Abschn. 3.3.9) auch Schaltungen mit Konstantstromspeisung angewendet. Da der Konstantstrom I_o in einem gewissen Bereich des Netzwerkwiderstands, (z.B. 0 bis 1000 Ω) nicht beeinflußt wird, bleibt in einer Halbbrücke die Speisespannung an dem Summenwiderstand ($R_1' + R_2'$) konstant, auch wenn sich zusätzliche Leitungswiderstände ändern. Bei Konstantspannungsspeisung würde sich bei Änderung des Leitungswiderstands auch die Brückenspeisespannung ändern.

Der in der Meßpraxis häufig verwendete Begriff Brückenfaktor wird in Abschn. 7.1.1 behandelt.

<u>Übersicht über die Brückendiagonalspannung bei Variation der Meßwiderstände</u>. In Bild 12 erkennt man in den neben den Brükkenschaltungen stehenden Zeigerdiagrammen, unter welchen Bedingungen eine Diagonalspannung U_5 bei Variation der Meßwiderstände entsteht.

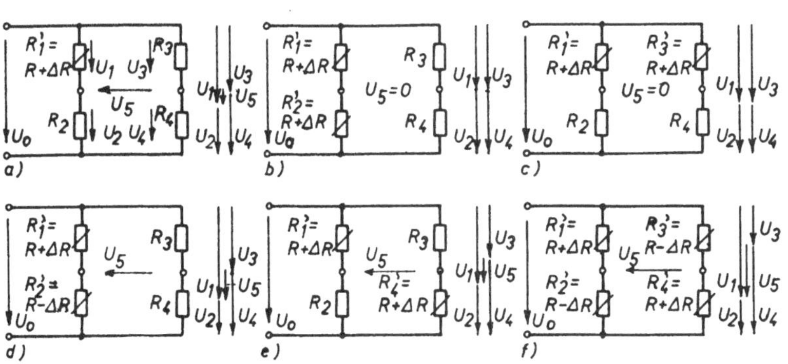

Bild 12 Schaltungen und Zeigerdiagramme bei Variation der Meßwiderstände von anfangs symmetrischen Meßbrücken a) Viertel-, b) bis d) Halb-, e) Zweiviertel- und f) Voll-Brücke

Aus Bild 12 d und e läßt sich für zwei veränderliche Brücken-Meßwiderstände folgende Regel ablesen:

> Für die Entstehung einer Diagonalspannung U_5 müssen sich bei der Messung in einer <u>Halbbrücke</u> zwei nebeneinander liegende Meßwiderstände <u>gegensinnig</u> oder in einer <u>Zweiviertelbrücke</u> zwei diametral gegenüber liegende Meßwiderstände <u>gleichsinnig</u> ändern.

Diese Regel läßt sich auch für die Vollbrücke mit vier veränderlichen Meßwiderständen anwenden.

Bei Änderungen von Meßwiderständen, bedingt durch Meßgrößen sollen Diagonalspannungen, bedingt durch Störeinflüsse sollen jedoch keine Diagonalspannungen entstehen.

2.2.5. Meßschaltungen mit ohmschen Meßfühlern

2.2.5.1. Strommeßmethode. In der Meßschaltung nach Bild 13a gilt mit dem Strom I für die Speisespannung

$$U_o = (R_M + R_A + R_J + 2R_L)\ I \tag{38}$$

Hieraus erhält man für den Meßfühlerwiderstand

$$R_M = \frac{U_o}{I} - (R_A + R_J + 2R_L) \tag{39}$$

Für U_o = const und $R_V = R_A + R_J + R_L$ = const folgt für den Meßweg

$$s \sim R_M \sim (1/I) - \text{const} \tag{40}$$

Dies entspricht einem hyperbolischen Skalenverlauf auf dem Strommesser A gemäß der Kennlinie in Bild 13b.

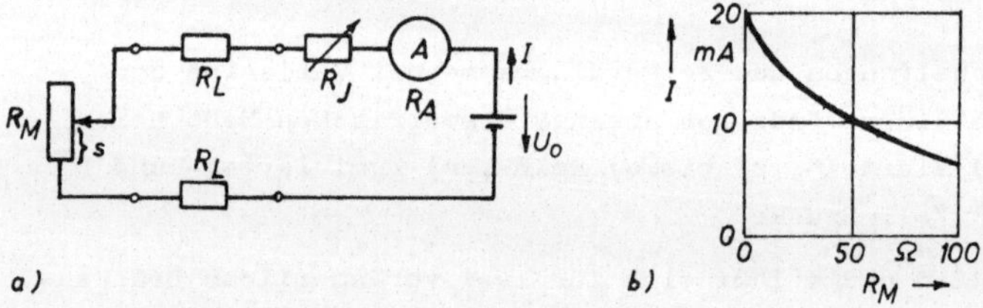

Bild 13 Widerstandsmessung mit der Strommeßmethode zur Fernübertragung von Meßwegen s
a) Prinzipschaltung mit R_M Meßfühler-, R_A Ausgabegerät-, R_J Justier- und R_L Signalleitungs-Widerstand
b) Kennlinie $I = f(R_M)$ für $R_M = 100\ \Omega$; $U_o = 1$ V; $R_V = R_A + R_J + 2R_L = 50\ \Omega$

Die Widerstandsempfindlichkeit (Übertragungsfunktion)

$$S_R = \frac{\Delta I}{\Delta R_M} \neq \text{const} \tag{41}$$

ist für die Kennlinie $I = f(R_M)$ nach Bild 13b nicht konstant. Die Leitungswiderstände können einen Einfluß auf die Anzeige haben. Bei großen relativen Meßwiderstandsänderungen $\Delta R_M/R_M$

stören Signalleitungs-Widerstandsänderungen $\Delta R_L/R_L$ die Anzeige kaum. Für kleine Meßwiderstandsänderungen $\Delta R_M \ll R_M$ ist diese Methode ungünstig, da der vorhandene Grundstrom I die Ablesung erschwert und da außerdem Meßleitungs-Widerstandsänderungen $\Delta R_L/R_L$ nicht vernachlässigbare Meßwegänderungen in der Anzeige vortäuschen.

2.2.5.2. Spannungsteiler mit Spannungsmesser. Für den belasteten Spannungsteiler nach Bild 14 mit dem Verbraucherstrom I_V durch den nicht ausreichend hochohmigen Spannungsmesserwiderstand R_V gilt für den Meßweg

$$s \sim R_2 \nsim U_2 \neq U_V \qquad (42)$$

Bild 14 Spannungsteilerschaltung für Meßwege s mit R_M Meßfühler- und R_V Spannungsmesser-Widerstand

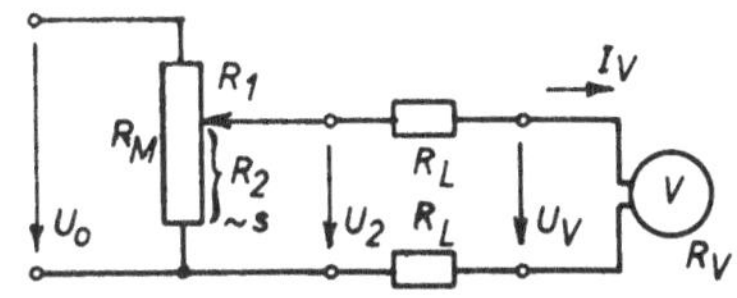

Durch die Belastung des Spannungsteilers ist die Kennlinie nicht linear (s. Bild 5c). Signalleitungs-Widerstandsänderungen $\Delta R_L/R_L$ stören die Anzeige. Für große relative Meßfühler-Widerstandsänderungen $\Delta R_M/R_M$ ist die Widerstandsempfindlichkeit

$$S_R = \Delta U_V / \Delta R_2 \neq \text{const} \qquad (43)$$

Für kleine Meßwiderstandsänderungen $\Delta R_M \ll R_M$ ist diese Methode mit den zugehörigen kleinen Ausgangsspannungsänderungen ungünstig.

Für einen praktisch unbelasteten Spannungsteiler bei ausreichend hochohmigem Spannungsmesser mit $R_V \gg R_M$ bzw. $I_V \approx 0$ gilt ein annähernd linearer Zusammenhang für den Weg

$$s \sim R_2 \sim U_2 \approx U_V \qquad (44)$$

Damit ist die Widerstandsempfindlichkeit

$$S_R = U_V/R_2 \approx \text{const} \qquad (45)$$

2.2.5.3. Kompensationsschaltung. Im manuellen Kompensator nach Bild 15a wird bei einer vorhandenen Meßspannung U_2 mit Hilfe des vom Hilfsstrom I_H gespeisten Kompensationswiderstands R_K auf Spannungsgleichheit $U_2 = U_K$ abgeglichen. Beim Belastungsstrom $I_G = 0$ ist der Spannungsteilerwiderstand R_M unbelastet und es gilt für den Meßweg

$$s \sim R_2 \sim U_2 = U_3 = U_K \sim \beta \qquad (46)$$

Die Kennlinie für die Messung des Weges $s = f(\beta)$ ist mit dem Zeigerausschlag β linear. Für beliebige Meßfühlerwiderstands-Änderungsbereiche $\Delta R_M/R_M$ ist die Widerstandsempfindlichkeit

$$S_R = U_K/R_2 = \text{const} \qquad (47)$$

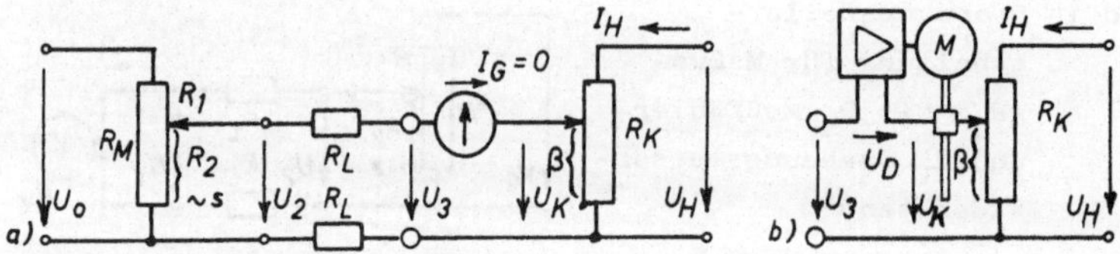

Bild 15 Manueller (a) und selbstabgleichender (b) Kompensator
s Meßweg, R_M Meßfühlerwiderstand, R_K Kompensationswiderstand, I_H Hilfsstrom, M Nullmotor, Ausschlag β

Im selbstabgleichenden Kompensator nach Bild 15b verschiebt der Nullmotor M den Schleifer des Kompensationswiderstands R_K bis bei der Abgleichspannungsdifferenz $U_D = 0$ Spannungsgleichheit $U_2 = U_K$ erreicht ist. Dann gilt für den Meßweg

$$s \sim R_2 \sim U_2 = U_3 = U_K \sim \beta \qquad (48)$$

Die Kennlinie ist linear und zeigt die Widerstandsempfindlichkeit $S_R = \beta/R_2 = \text{const}$. Der Signalleitungswiderstand R_L hat keinen Einfluß auf den Abgleich.

Im Zusammenhang mit dem Abgleich auf $U_D = 0$ kann man von einer Nullmethode, im Hinblick auf den Spannungsteilerausschlag $\beta \sim R_K$ von einer Ausschlagmethode sprechen.

2.2.5.4. Meßbrücken mit Ausschlagmethode

Viertelbrücke. Bei großen Änderungen des Meßfühlerwiderstands $\Delta R_M/R_M$ (z.B. für Wegmessung) in einer Viertelbrücke nach Bild 16a gilt gemäß dem Kennlinienverlauf in Bild 10b für die Widerstandsempfindlichkeit

$$S_R = \Delta U_5/\Delta R_1 \neq \text{const} \tag{49}$$

Bei kleinen Änderungen $\Delta R_M/R_M$ ergibt sich aus der annähernd linearen Kennlinie die Widerstandsempfindlichkeit

$$S_R = \Delta U_5/\Delta R_1 \approx \text{const} \tag{50}$$

In einer Zweileiterschaltung nach Bild 16a gehen die Signalleitungswiderstände R_L und deren Änderungen in die Messung mit ein (s. Abschn. 3.3.9).

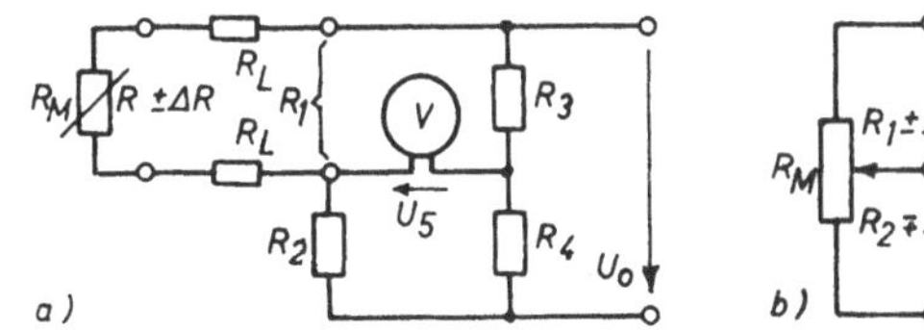

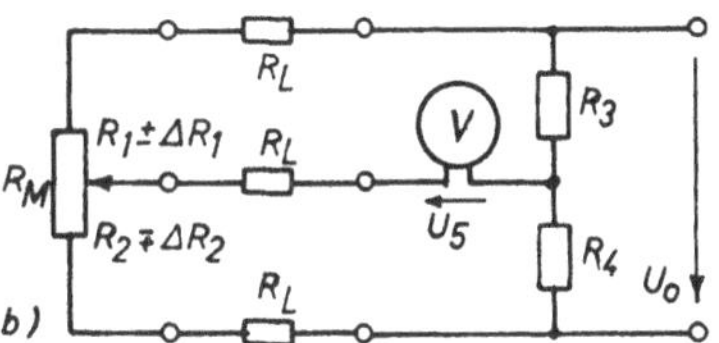

Bild 16 Viertelbrücke (a) und Halbbrücke (b) mit Meßwiderstand R_M und Leitungsaderwiderständen R_L

Halbbrücke. In der Halbbrückenschaltung nach Bild 16b mit beliebig großer gegensinniger Änderung der nebeneinander liegenden Teilwiderstände R_1 und R_2 ergibt sich aus der linearen Kennlinie gemäß Bild 11b die Widerstandsempfindlichkeit

$$S_R = U_5/R_1 = \text{const} \tag{51}$$

Vollbrücke. Die in Bild 17 dargestellten Vollbrückenschaltungen zeigen, wie die Diagonalen von Meßbrücken vertauscht werden können. Für beliebig große Änderungsbereiche $\Delta R/R$ der Brückenwiderstände R_1 bis R_4 ist die Kennlinie linear und für eine konstante Speisespannung U_0 gilt die Widerstandsempfindlichkeit bei anfangs symmetrischer Brücke

$$S_R = U_5/(\Delta R/R) = \text{const} \quad (52)$$

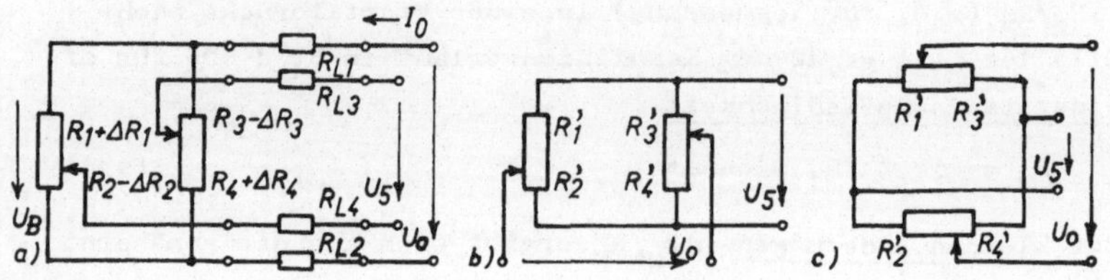

Bild 17 Vollbrücke mit zwei Spannungsteilern in üblicher Schaltung (a) und mit vertauschten Diagonalen (b) und (c); Brückenspannung $U_B = U_o - 2R_L I_o = (R_{12} \| R_{34}) I_o$

Für eine Meßbrücke nach Bild 17 mit verschiedenen Brückenhälften ergibt sich bei gegensinnig gleichen Widerstandsänderungen der Anfangsbrückenwiderstände $R_1 = R_2$ und $R_3 = R_4$ um $+\Delta R_1 = -\Delta R_2$ und $-\Delta R_3 = +\Delta R_4$ für die Annahmen Speisespannung U_o = const, Innenwiderstand $R_i = 0$ und Diagonalwiderstand $R_5 = \infty$ die Diagonalspannung [13]

$$U_5 = \frac{R_1R_4 - R_2R_3 + \Delta R_1 \cdot (R_3 + R_4) - \Delta R_3 \cdot (R_1 + R_2)}{(R_1 + R_2)\ (R_3 + R_4)}\ U_o \quad (53)$$

Die beliebig großen Widerstandsänderungen ΔR_n müssen mit ihrem jeweiligen Vorzeichen in Gl. (53) eingesetzt werden.

Die Meßschaltungen in Bild 17 können sowohl von Konstantspannungsquellen als auch von Konstantstromquellen gespeist werden. Die Eliminierung von Störeinflüssen durch Signalleitungswiderstände mittels Mehrleiterschaltungen wird in Abschn. 3.3.9 behandelt. Meßbrückenschaltungen sind die wichtigsten Schaltungen in Meßketten für die Erfassung von vielen physikalischen Meßgrößen.

Beispiel 4: Kennlinie $U_5 = f(R_1')$ für Viertel- und Halbbrücke.
Ein Meßwiderstand $R_M = 200\ \Omega$ mit Abgriff wird zur Messung von Verschiebungswegen verwendet. Man berechne mit den festgelegten Näherungen (s. Abschn. 2.2.4) drei Punkte der Kennlinie

$U_5 = f(R_1')$ für die Viertelbrücke (a) und die Halbbrücke (b) mit den Brückenanfangswiderständen $R_1 = R_2 = R_3 = R_4 = 100\ \Omega$ und der Speisespannung $U_o = 1$ V für drei Einstellungen des Meßwiderstands auf $R_1' = (0,\ 100,\ 200)\ \Omega$.

a) Viertelbrücke nach Bild 10a. Für die Diagonalspannung $U_5 = U_1' - U_3$ erhält man mit veränderlichen Teilspannungen $U_1' = U_o\ R_1'/(R_1' + R_2)$ und der konstanten Teilspannung $U_3 = U_o\ R_3/(R_3 + R_4) = 1\ V \cdot 100\ \Omega/(100 + 100)\ \Omega = 0{,}5$ V folgende drei Werte des in Bild 10b dargestellten nichtlinearen Kennlinienverlaufs:

Für $U_1' = 1\ V(0\ \Omega/100\ \Omega) = 0$ V ist $U_5 = (0 - 0{,}5)V = -\ 0{,}5$ V

für $U_1' = 1\ V(100\ \Omega/200\ \Omega) = 0{,}5$ V ist $U_5 = (0{,}5 - 0{,}5)V = 0$ V

für $U_1' = 1\ V(200\ \Omega/300\ \Omega) = 0{,}667$ V ist

$U_5 = (0{,}667 - 0{,}5)V = 0{,}167$ V

b) Halbbrücke nach Bild 11a. Mit gegenüber der Viertelbrücke anderen veränderlichen Teilspannungen $U_1' = U_o\ R_1'/(R_1' + R_2')$ erhält man folgende drei Werte der in Bild 11b dargestellten linearen Kennlinie $U_5 = f(R_1')$:

Für $U_1' = 1\ V(0\ \Omega/200\ \Omega) = 0$ V ist $U_5 = (0 - 0{,}5)V = -\ 0{,}5$ V

für $U_1' = 1\ V(100\ \Omega/200\ \Omega) = 0{,}5$ V ist $U_5 = (0{,}5 - 0{,}5)V = 0$ V

für $U_1' = 1\ V(200\ \Omega/200\ \Omega) = 1$ V ist $U_5 = (1 - 0{,}5)V = 0{,}5$ V

2.2.5.5. Quotienten-Meßschaltung. Für den Ausschlag β des Meßwerks AG in Bild 18a gilt mit den Ersatzwiderständen $R_V = R_A + R_J + 2\ R_L$

$$\beta \sim \frac{I_1}{I_2} = \frac{R_2 + R_{V2}}{R_1 + R_{V1}} \qquad (54)$$

Die Kennlinie $\beta = f(R_1)$ ist nach Bild 18b hyperbolisch und somit nicht linear und die Widerstandsempfindlichkeit ist

$$S_R = \Delta\beta / \Delta R_1 \neq \text{const} \qquad (55)$$

Da die Signalleitungswiderstände R_L gemäß Bild 18b einen grossen Einfluß auf den Kennlinienverlauf haben, muß in jeder Meßschaltung der vorhandene Leitungswiderstand R_L mit den

Justierwiderständen R_J auf einen vorgegebenen Ersatzwiderstand R_V ergänzt werden.

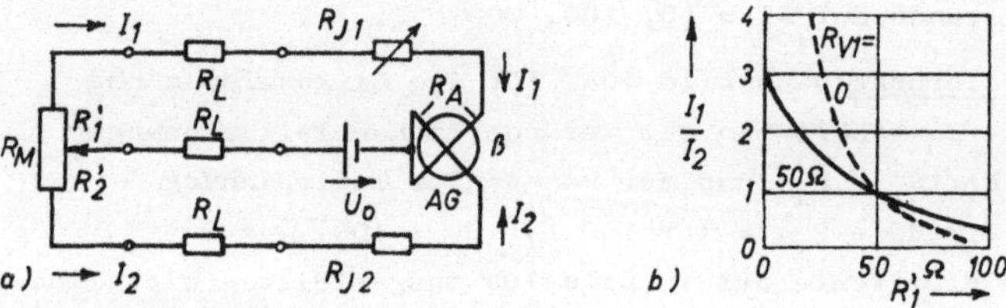

Bild 18 Quotienten-Meßschaltung

a) Meßschaltung

b) Kennlinien für Meßwiderstand R_M = 100 Ω, Speisespannung U_o = 1 V und Ersatzwiderstände R_V = 50 Ω bzw. 0 (theoretischer Wert)

R_A Meßwerk-, R_J Justier- und R_L Signalleitungswiderstände, U_o Quelle (Konstantspannungs- oder Konstantstromspeisung), AG Quotientenmeßwerk (Kreuzspul- oder T-Spul-Meßwerk), β Ausschlag des Meßwerks

Die Quotienten-Meßschaltung wird zur Fernmessung von Weg, Winkel und Temperatur angewendet. Sie hat den Vorteil, daß der Ausschlag β des Ausgabegerätes von Änderungen der Speisespannung U_o z.B. im Bereich von etwa ± 30 % unabhängig ist.

2.2.5.6. Widerstandsmessung mit Operationsverstärker. Für die Meßschaltung nach Bild 19a gilt für den Meßwiderstand R_x mit den Leitungswiderständen R_L

$$R_x + 2\,R_L = U_\beta\,R_{ref}/U_{ref} \qquad (56)$$

Die Referenzspannung U_{ref} gehört zu einer Konstantspannungsquelle von meistens 1 V. Die Spannung U_β wird gemessen und angezeigt.

Die kleinsten Widerstandsmeßwerte R_{xmin} werden begrenzt durch den Ausgangsstrom $I_{\beta\,max}$. Die größten Widerstandsmeßwerte R_{xmax} werden begrenzt durch den maximal zulässigen Gegenkopplungswiderstand. Die Signalleitungswiderstände R_L und deren Änderungen werden bei der Messung mit erfaßt.

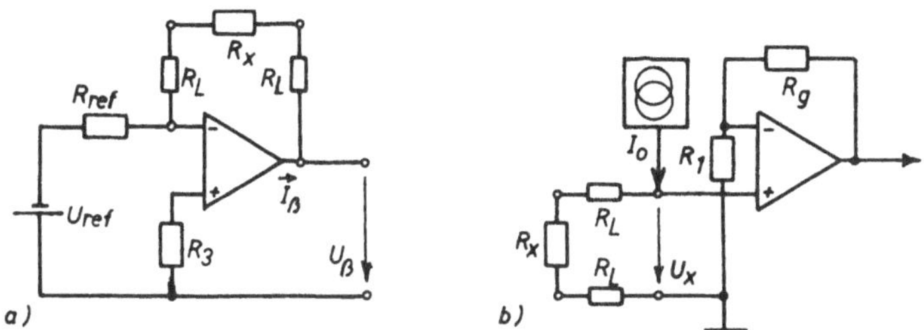

Bild 19 Meßschaltungen mit Operationsverstärker (Rechenverstärker) für die Messung des Widerstands R_x
a) Messung mit Konstantspannungsquelle U_{ref}
b) Messung mit Konstantstromquelle I_o

In der Widerstandsmeßschaltung mit Konstantstromquelle nach Bild 19b wird durch die Konstantstromquelle am Meßwiderstand $R_x + 2\ R_L$ ein proportionaler Spannungsabfall U_x erzeugt, der über einen Operationsverstärker gemessen und angezeigt wird.

Diese Meßschaltungen werden vorwiegend zur Widerstandsmessung in Digitalmultimetern verwendet.

2.2.5.7. Frequenzanaloges Meßbrückenverfahren. In der Meßschaltung nach Bild 20 besteht die Schaltung von Aufnehmer AN und Umsetzer U aus einem Wienbrücken-Oszillator.

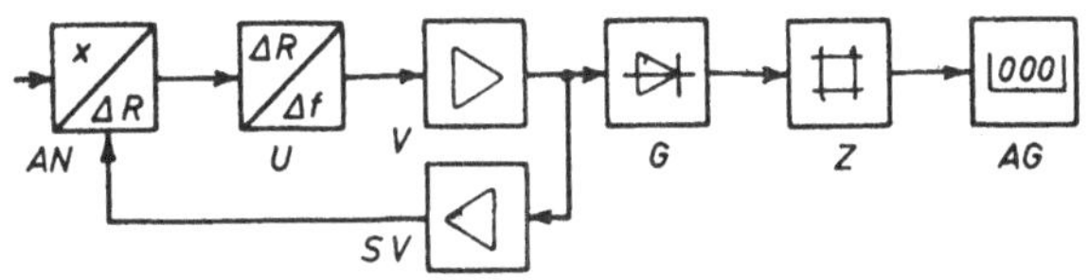

Bild 20 Signalflußplan eines frequenzanalogen Meßbrückenverfahrens

Die Wienbrücken-Schwingschaltung wird über den Speisespannungsverstärker SV erdsymmetrisch gespeist. Eine Brückenverstimmung durch Änderung der Meßfühlerwiderstände wirkt frequenzändernd auf den Oszillator, der entstehende Frequenzhub stellt ein frequenzanaloges Signal dar, das über den Verstärker V und den Gleichrichter G von einem elektronischen Zähler Z und AG als Meßwert angezeigt wird. Die Wienbrücke kann als RC- oder als RL-Generator ausgelegt sein.

Das frequenzanaloge Meßbrückenverfahren hat eine große Stabilität bei großer Auflösung und ist unempfindlich gegen Störeinflüsse bei der Übertragung und während der Digitalisierung. Es wird für statische und quasi-statische Messungen von Dehnungen mittels Dehnungsmeßstreifen angewendet.

2.2.5.8. Digitale Widerstandsmessung mit Stufenumsetzer. Hierbei werden in der Schaltung nach Bild 21 die gestuften Widerstände 8 R bis R nacheinander eingeschaltet, bis durch den Nulldetektor ND bei Stromgleichheit $i_x = i_{ref}$ der Abgleichvorgang beendet wird.

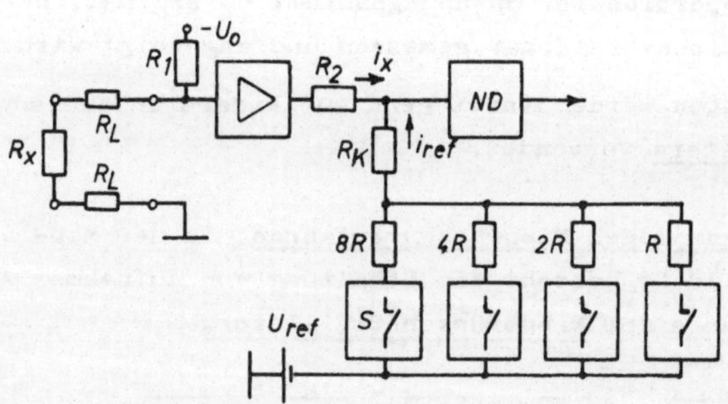

Bild 21 Prinzipschaltung eines Stufenumsetzers für die digitale Messung des Widerstands R_x

Für große Meßwiderstände R_x ergibt sich im Stufenumsetzer nach Bild 21 eine nicht lineare Anzeige. Mit dem Widerstand R_K wird die Linearität verbessert.

2.3. Induktive Meßfühler

2.3.1. Prinzip

Für die Induktivität einer Drossel mit der Windungszahl N, dem magnetischen Leitwert Λ, sowie der Permeabilität μ, dem Querschnitt A und der Länge l des magnetischen Kreises gilt

$$L = N^2 \Lambda = N^2 \frac{\mu_r \mu_o A}{l} \tag{57}$$

Sie kann also beeinflußt werden durch den Querschnitt A, die Länge l des magnetischen Kreises (z.B. bei den nachfolgend aufgeführten induktiven Meßfühlern zur Wegmessung) und die relative Permeabilität μ_r z.B. in magnetoelastischen Meßfühlern zur Kraftmessung; Induktionskonstante $\mu_o = 4\pi$ nH/cm = const.

2.3.2. Ausführungsarten

Drosselanordnungen. In Bild 22 sind gebräuchliche Anordnungen von induktiven Meßfühlern zur Messung von Wegen s mit ihren Kennlinien schematisch dargestellt. Der Nutzbereich ist in den Kennlinien jeweils stark hervorgehoben.

Einfachdrosseln nach Bild 22a haben bei Änderung des Luftspalts l_o hyperbolische Kennlinien mit dem Induktivitätsverlauf $L \sim 1/l_o$. Für den Meßbereich sind zur Linearisierung nur sehr kleine Verschiebungen Δl_o als Meßweg s brauchbar. Als Anker kann eine ferromagnetische oder auch eine nicht magnetische leitende Platte (diese durch Flußverdrängung) wirken.

Wenn für einen magnetischen Kreis einer Einfachdrossel nur die Luftspaltlänge l_o (bei meist zulässiger Vernachlässigung des Eisenweges mit $l_1/\mu_{r1} \ll l_o$) zur Berechnung der Drosselinduktivität $L \approx N^2 \mu_o A/l_o$ berücksichtigt wird, ergibt sich bei einer Luftspaltänderung von l_o auf $l_o' = l_o \mp \Delta l_o$ die veränderte Induktivität (mit Luftspalt- als Magnetkreis-Leitwert)

$$L' = N^2 \mu_o A/(l_o \mp \Delta l_o) = L \pm \Delta L \tag{58}$$

Als Meßschaltungen werden entweder trägerfrequenzgespeiste Meßbrücken oder Hochfrequenz-Oszillatorschaltungen verwendet.

Einfachdrosseln haben für Trägerfrequenzen f_{tr} = 5 kHz bzw. 50 kHz Induktivitäten L = 5 mH bzw. 0,5 mH mit einem Blindwiderstand X_L = 157 Ω und Wirkwiderstände R = 20 Ω bis 200 Ω bzw. 2 Ω bis 20 Ω. Sie werden als berührungslose bzw. tastlose Wegmeßfühler oder Wegaufnehmer verwendet.

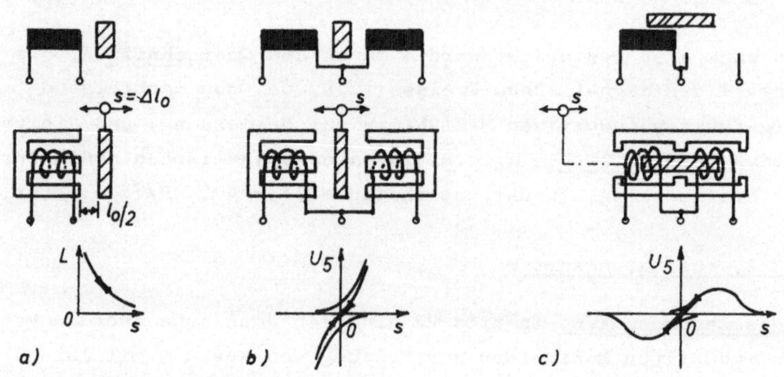

Bild 22 Induktive Drosselmeßfühler mit Lagenänderungen von Eisenkernen. (Von oben nach unten Schaltung, Aufbau und Kennlinie)
a) Einfachdrossel, b) und c) Differentialdrosseln mit Quer- oder Längs- bzw. Tauchanker
s Verschiebungsweg, l_o Luftspaltlänge, L Induktivität, U_5 Meßbrücken-Ausgangsspannung

Differentialdrosseln mit Quer- oder Längsanker nach Bild 22b und c ergeben in Meßbrückenschaltungen bei symmetrischer Mittellage des Ankers vor Beginn der Messung die Abgleichdiagonalspannung U_5 = 0. Bei Verschieben des Ankers in Achsrichtung steigt die Spannung U_5 infolge Unsymmetrie mit positiven bzw. negativen Werten an. Bei der Differentialdrossel mit Längsanker fällt die Spannung nach einem Maximum bei weiterem Herausziehen des Ankers schließlich wieder auf Null ab. Im Nutzbereich besteht eine ungefähr lineare Kennlinie U_5 = f(s). [8]

Differentialdrosseln mit Queranker haben <u>Nennmeßweg-Endwerte</u> s_N = 20 µm bis 1 mm. Differentialdrosseln mit Längsanker mit s_N = 1 mm bis 500 mm haben bei gleicher Spulen- und Ankerlänge $l_S = l_A$ Nennmeßwege von $s_N \approx 0{,}8\ l_A$. So ist z.B. für l_A = 100 mm der Nennmeßweg s_N = 80 mm bzw. ± 40 mm bei einer Meßfühlerlänge von 2 l_S = 200 mm.

Differentialdrosseln werden als mit dem Meßobjekt fest verbundene Wegmeßfühler bzw. Wegaufnehmer, Differentialdrosseln mit gekrümmtem Tauchanker für Drehbewegungen mit Nenndrehwinkeln $\alpha_N \leqq 90^\circ$ verwendet.

2.3.3. Transformatorische Meßfühler

2.3.3.1. Differentialtransformator. Dieser hat nach Bild 23 eine von einer Trägerfrequenz- oder Netzspannung $\underline{U}_1$ gespeiste Primärspule und zwei gegeneinander geschaltete Sekundärspulen, worin je nach Stellung des Eisenkerns zwei entgegengesetzte, gleich oder verschieden große Wechselspannungen $\underline{U}_2'$ und $\underline{U}_2''$ induziert werden. Die Meßfühler-Sekundärspannung $\underline{U}_2 = \underline{U}_2' - \underline{U}_2''$ wird an den Eingang einer Anpaßschaltung gegeben (s. Abschn. 3.3).

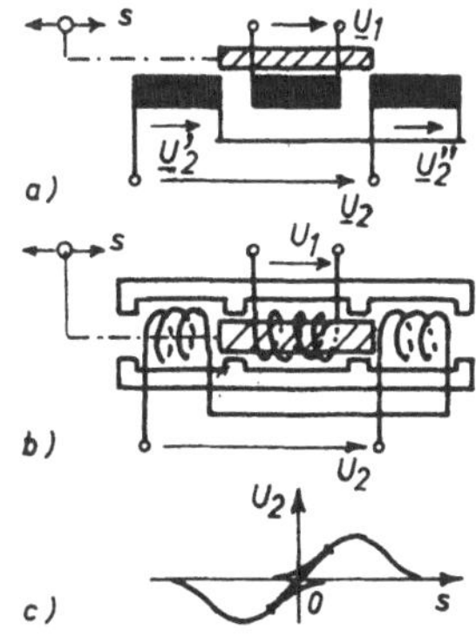

Bild 23 Differentialtransformator als induktiver Meßfühler
a) Schaltung, b) Aufbau
c) Kennlinie
s Verschiebungsweg
U_1 Primär-, U_2 Sekundärspannungen

Die Primär- und Sekundärspulen können nebeneinander oder übereinander angeordnet sein und sind in der Schaltung vertauschbar.

Differentialtransformatoren haben bei geeigneter Auslegung des Kerns und der Primärinduktivität vernachlässigbar kleine Rückwirkungskräfte auf den beweglichen Eisenanker und werden für Wegaufnehmer mit verhältnismäßig einfacher Anpaßschaltung verwendet (s. Abschn. 3.2.2).

2.3.3.2. Drehmelder (Drehfeldsysteme, Synchros). Diese rotatorischen Systeme sind nach Bild 24 Gegeninduktivitäten (Drehtransformator) mit einer drehbaren Rotor(Läufer)-Einphasenwicklung und meist drei zweipoligen Stator(Ständer)-Wicklungen als Mehrphasenwicklung.

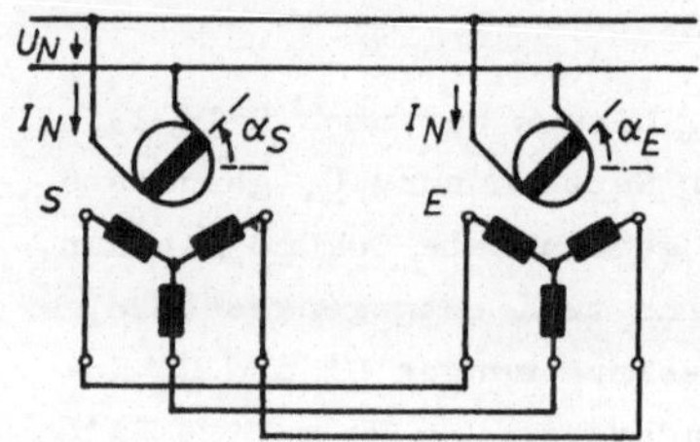

Bild 24 Drehmelder (Drehfeldsysteme, Synchros) als induktive Fernmeßgeber
S Sender (Generator)
E Empfänger (Motor)
U_N Erregerspannung
α_S, α_E Rotordrehwinkel

Die von der Erregerspannung U_N = 24 V bis 50 V mit der Frequenz f_N = 50 Hz bis 400 Hz über Schleifringe mit sinusförmigem Erregerwechselstrom I_N gespeisten Rotorwicklungen im Sender S und im elektrisch gleichen Empfänger E erzeugen magnetische Flüsse, die in den Statorwicklungen sinusförmige gleichphasige Spannungen induzieren, deren Amplituden vom $\sin\alpha$ der Rotorlagen abhängen. Für gleiche Rotordrehwinkel $\alpha_S = \alpha_E$ in Sender S und Empfänger E herrscht Gleichgewicht in den Statorspannungen. Bei Verdrehung des Senderrotors folgt ein (oder auch mehrere) Empfängerrotoren infolge des durch die übertragenen Ausgleichsströme entstehenden Drehmoments.

Die Winkelstellung des Senderrotors läßt sich über 360° drehen und der Empfängerrotor folgt mit einem kleinsten erreichbaren absoluten Anzeigefehler von etwa $\alpha_F = \pm 0{,}1°$. Drehmelder haben Wirkleistungen von P = 10 W bis 50 W und Drehmomente von M = 0,01 Nm bis 0,1 Nm.

<u>Drehmelder</u> werden für die <u>Fernmessung</u> und <u>Fernübertragung</u> von Drehwinkeln $\alpha \lesssim 360^\circ$ bzw. von Drehmomenten, sowie als Steuergeber für die Fernübertragung von Steuerspannungen (mit getrennten Rotornetzen für die Erreger- und Steuerspannung) verwendet.

2.3.4. Wechselstrom-Meßbrücke für Drosselanordnungen

In einer Wechselstrom-Meßbrücke nach Bild 25 mit vorgegebenen Schaltelementen wird näherungsweise die Speisespannung U_o = const, der Spannungsquellen-Innenwiderstand $R_i = 0$ und der Diagonalwiderstand $R_5 = \infty$ angenommen. Es soll die <u>Diagonalspannung</u> U_5 bestimmt werden.

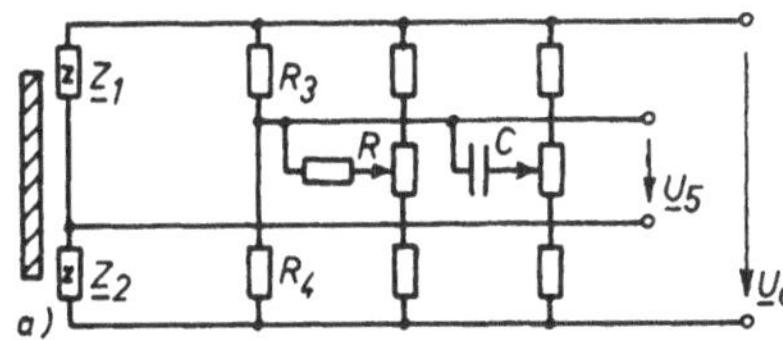

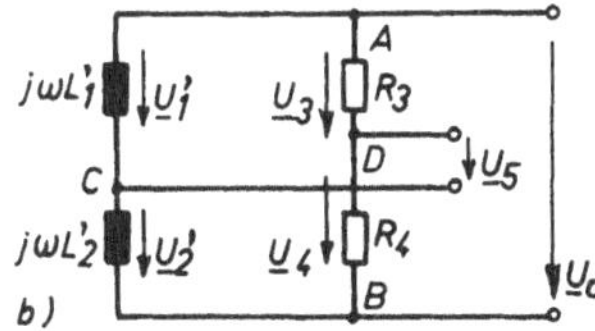

Bild 25 Meßbrücke mit induktiver Differentialdrossel

a) Meßbrücke mit den Spulen Z_1 und Z_2 mit R- und C-Abgleichzweigen

b) idealisierte LLRR-Ausschlagmeßbrücke

Vor Beginn der Messung wird der Anker des Meßfühlers Z_{12} symmetrisch gestellt und die Brücke nach Bild 25a mit dem ohmschen R-Zweig nach Betrag und mit dem kapazitiven C-Zweig nach Phase auf die Abgleichdiagonalspannung $U_5 = 0$ abgeglichen.

Während der Messung ändern sich die Meßfühler-Scheinwiderstände Z_1 und Z_2 gegensinnig, z.B. auf $\underline{Z}_1' = \underline{Z}_1 + \Delta\underline{Z}_1$ und $\underline{Z}_2' = \underline{Z}_2 - \Delta\underline{Z}_2$.

Zur Vereinfachung der nachfolgenden Berechnung werden die nicht idealen Drosseln mit $\underline{Z} = R + j\omega L$ näherungsweise durch ideale Drosseln mit $\underline{Z} \approx jX_L = j\omega L$ nach Bild 25b ersetzt.

Aus der Maschenregel $\underline{U}_5 = \underline{U}_1' - \underline{U}_3$ folgt die Diagonalspannung.

Die Teilspannung U_1' ergibt sich aus der Spannungsteilung

$$\underline{U}_1' = \frac{j\omega L_1'}{j\omega L_1' + j\omega L_2'}\underline{U}_o = \frac{L_1'}{L_1' + L_2'}\underline{U}_o \tag{59}$$

Während der Messung entstehen mit $L_1' = L + \Delta L$ und $L_2' = L - \Delta L$ und $R_3 = R_4 = R$ die Teil- und Diagonalspannungen

$$\underline{U}_1' = \frac{L + \Delta L}{L + \Delta L + L - \Delta L}\underline{U}_o = \frac{L + \Delta L}{2\,L}\underline{U}_o \tag{60}$$

$$\underline{U}_3 = \frac{R_3}{R_3 + R_4}\underline{U}_o = \frac{R}{2\,R}\underline{U}_o = \frac{1}{2}\underline{U}_o \tag{61}$$

$$\underline{U}_5 = \left(\frac{L + \Delta L}{2\,L} - \frac{1}{2}\right)\underline{U}_o = \frac{1}{2}\,\frac{\Delta L}{L}\underline{U}_o \tag{62}$$

Das Ergebnis der <u>Diagonalspannung</u> U_5 ist mit dem der Widerstandshalbbrücke vergleichbar. Die Speisespannung U_o muß bei der Messung konstant sein, da jede Änderung von U_o eine Änderung der Diagonalspannung U_5 ergeben und damit Meßwerte vortäuschen würde.

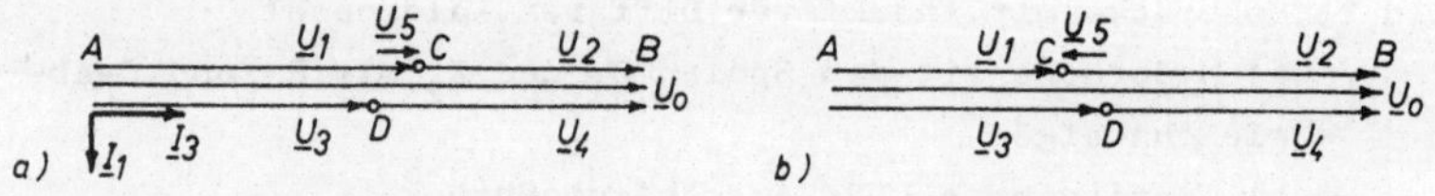

Bild 26 Zeigerdiagramm für eine ideale LLRR-Meßbrücke nach Bild 25b bei verschiedenen Induktivitätsänderungen
a) $L_1' = L + \Delta L$ und $L_2' = L - \Delta L$
b) $L_1' = L - \Delta L$ und $L_2' = L + \Delta L$

In der <u>idealen</u> LLRR-Meßbrücke hat der Zeiger der Diagonalspannung U_5 bei Betragsänderung der Induktivität L_1 auf $L_1' = L + \Delta L$ nach Bild 26a die gleiche Richtung wie der Zeiger $\underline{U}_o$, d.h. den Phasenwinkel $\varphi = 0^o$. Bei Änderung von L_1 auf $L_1' = L - \Delta L$ hat U_5 nach Bild 26b die entgegengesetzte Richtung von der Speisespannung U_o, d.h. einen Phasenwinkel $\varphi = 180^o$. Beim Messen einer <u>nicht</u> <u>idealen</u> Induktivität, d.h. eines Scheinwiderstandes in einer Meßbrücke kann die Diagonalspannung U_5 beliebige Richtungen zwischen 0 und 360° annehmen. Bei Betragsbrückenverstimmung ist ihr Phasenwinkel $\varphi = 0^\circ$ oder 180° und bei Phasenverstimmung ist $\varphi = +90^\circ$ oder -90° in Bezug auf die Speisespannung U_o.

2.4. Kapazitive Meßfühler

2.4.1. Prinzip

Für die Kapazität eines Plattenkondensators mit der Dielektrizitätskonstanten ε des Dielektrikums, der Elektrodenfläche A und dem Elektrodenabstand d gilt

$$C = \varepsilon A/d = \varepsilon_r \varepsilon_o A/d \tag{63}$$

Durch physikalische Größen sind die relative Dielektrizitätskonstante ε_r, die Elektrodenfläche A und der Elektrodenabstand d beeinflußbar. Die Verschiebungskonstante (Influenzkonstante) $\varepsilon_o = 0{,}088542 \cdot 10^{-12}$ F/cm ist als Dielektrizitätskonstante des Vakuums konstant (ε_r Füllstand-, A Winkel-, d Druck-Messung).

2.4.2. Ausführungsarten

In Bild 27 sind Ausführungsarten von kapazitiven Meßfühlern mit ihren Kennlinien dargestellt.

Einfach-Plattenkondensator. In einem Kondensator mit gegebenen Werten nach Bild 27a ändert sich bei der Messung die Kapazität $C = \varepsilon A/d$ auf $C' = \varepsilon A/(d + \Delta d)$. Für die Kapazitätsänderung ΔC gegenüber der Anfangskapazität C gilt

$$\Delta C = C' - C = \frac{\varepsilon A}{d + \Delta d} - \frac{\varepsilon A}{d} = \frac{\varepsilon A}{d}\left(\frac{-\Delta}{1 + \Delta}\right) \tag{64}$$

Daraus folgt die nicht lineare relative Kapazitätsänderung

$$\frac{\Delta C}{C} = - \frac{\Delta}{1 + \Delta} = - \frac{\Delta d}{d + \Delta d} = - \frac{\Delta d/d}{1 + \Delta d/d} \tag{65}$$

Die Abstandsempfindlichkeit ist

$$S_d = \Delta C/\Delta d \neq \text{const} \tag{66}$$

In einem kleinen Änderungsbereich $\Delta d \ll d$ kann die Kennlinie

$$\Delta C/C \approx - \Delta d/d \qquad (67)$$

gemäß Bild 27a als annähernd linear angenommen werden.

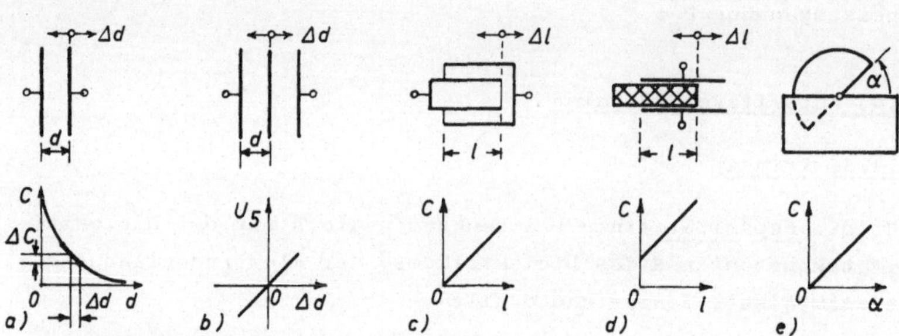

Bild 27 Kapazitive Meßfühler (oben Aufbau, unten Kennlinie) C Kapazität, U_5 Meßbrücken-Ausgangsspannung
a), b) Einfach- und Differentialkondensator mit Plattenverschiebung Δd (Änderung des Plattenabstands d)
c), d) Zylinder(Topf)- und Mehrschichtkondensator mit Längsverschiebung Δl (Änderung der Fläche A oder der relativen Dielektrizitätskonstanten ε_r)
e) Drehkondensator mit Verdrehung α (Änderung der Fläche A), auch als Differential-Drehkondensator

Differentialkondensator. Dieser hat in Wechselstrommeßbrücken (s. Abschn. 2.4.3) eine lineare Kennlinie und wird als Meßfühler in Feindruck-Aufnehmern verwendet.

Veränderbare Elektrodenfläche. Hierbei verwendet man bei Längsbewegung für eine Beeinflussung der Meßfühlerkapazität z. B. Zylinderkondensatoren nach Bild 27c. Die Kennlinie $\Delta C/C = (l + \Delta l)/l$ ist mit der Verschiebung Δl linear. Bei Drehbewegung verwendet man zur Winkelmessung Drehkondensatoren nach Bild 27e, wobei man gemäß $C = C_o + k\alpha$ bei entsprechender Schnittform der drehbaren Platten eine lineare Kennlinie der Kapazität C mit dem Drehwinkel α erreichen kann.

Platten- und Zylinder-Kondensator mit verschiebbarem Dielektrikum. Als Beispiel wird nachfolgend die Berechnung der veränderlichen Kapazität C von Platten- und Zylinderkondensatoren nach Bild 28 gezeigt, die sich z.B. durch Änderung der Füllguthöhe x bei der Füllstandmessung ergibt (Bild 27d).

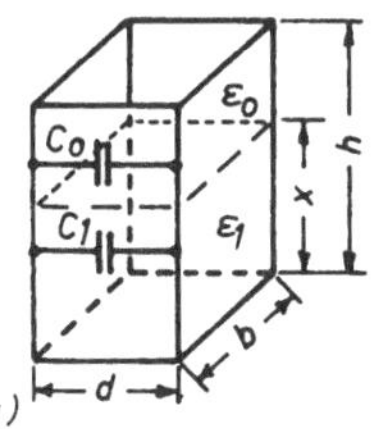

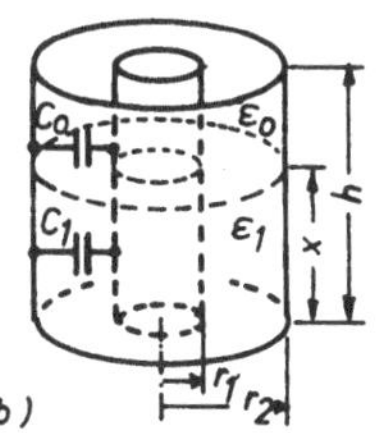

Bild 28 Platten- (a) und Zylinder-Kondensator (b) mit veränderbarer Dielektrikum-Füllhöhe x

Die Gesamtkapazität $C = C_o + C_1$ mit der Luftteilkapazität C_o (mit ε_o) und der Füllgut-Teilkapazität C_1 (mit $\varepsilon_1 = \varepsilon_{r1}\varepsilon_o$) der Behälter (Speichersilos) nach Bild 28a und b wird für den Platten- und Zylinderkondensator in Abhängigkeit von der Füllhöhe x nebeneinander berechnet.

Plattenkondensator		Zylinderkondensator	
$C_o = \frac{\varepsilon_o b(h - x)}{d}$	(68)	$C_o = \frac{2\pi\varepsilon_o}{\ln r_2/r_1}(h - x)$	(69)
$C_1 = \frac{\varepsilon_{r1}\varepsilon_o bx}{d}$	(70)	$C_1 = \frac{2\pi\,\varepsilon_{r1}\varepsilon_o}{\ln r_2/r_1}\,x$	(71)
$C = \frac{\varepsilon_o b}{d}(h-x+\varepsilon_{r1}x)$	(72)	$C = \frac{2\pi\varepsilon_o}{\ln r_2/r_1}(h-x+\varepsilon_{r1}x)$	(73)
$C = \frac{\varepsilon_o bh}{d} + \frac{\varepsilon_o b}{d}(\varepsilon_{r1}-1)x$	(74)	$C = \frac{2\pi\varepsilon_o h}{\ln r_2/r_1} + \frac{2\pi\varepsilon_o}{\ln r_2/r_1}(\varepsilon_{r1}-1)x$	(75)
$C = C_{leer} + C(x)$	(76)	$C = C_{leer} + C(x)$	(77)

Die Kennlinie für die Gesamtkapazität $C = f(x)$ steigt nach Bild 27d für beide Kondensatoren ausgehend von der Kapazität des leeren Behälters C_{leer} linear mit $C(x)$ an.

2.4.3. Meßschaltungen für kapazitive Meßfühler

2.4.3.1. Amplitudenmodulation. Hierbei werden statische und dynamische Meßgrößen durch Messung der Kapazität C und der Kapazitätsänderungen ΔC des Meßfühlers mit Scheinwiderstands-Wechselstrommeßbrücken z.B. nach Bild 29 erfaßt. Die Meßbrücke wird mit einer Wechselspannung U_o (Trägerfrequenz) gespeist, die Brückenausgangsspannung U_5 stellt ein amplitudenmoduliertes Meßsignal dar.

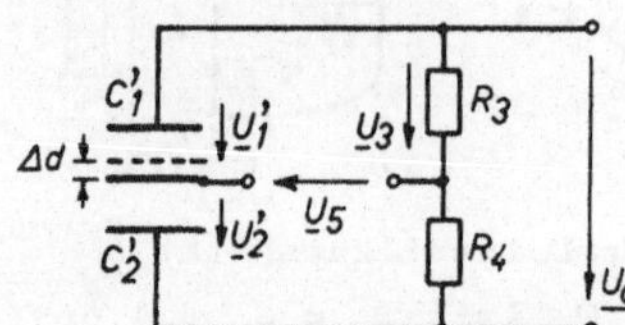

Bild 29 Differentialkondensator $C'_{1,2}$ in einer CCRR-Ausschlagmeßbrücke

Für eine CCRR-Meßbrücke mit gegebenen Werten nach Bild 29 wird nachfolgend die Diagonalspannung $\underline{U}_5$ berechnet.

Vor der Messung gelten für die Brückenschaltelemente bei symmetrischem Brückenabgleich $C_1 = C_2 = C$ und $R_3 = R_4 = R$. Während der Messung ändern sich durch Querverschiebung der Mittelelektrode die Plattenabstände, z.B. d_1 auf $d'_1 = d - \Delta d$ und damit die Halbbrücken-Kapazitäten auf $C'_1 = C + \Delta C$ und $C'_2 = C - \Delta C$.

Mit den Teilspannungen $\underline{U}_3 = \underline{U}_o R/(R + R) = \underline{U}_o/2$ und

$$\underline{U}'_1 = \frac{\dfrac{1}{j\omega C'_1}}{\dfrac{1}{j\omega C'_1} + \dfrac{1}{j\omega C'_2}}\,\underline{U}_o = \frac{\dfrac{1}{C + \Delta C}}{\dfrac{1}{C + \Delta C} + \dfrac{1}{C - \Delta C}}\,\underline{U}_o \tag{78}$$

folgt aus der Maschenregel $\underline{U}_5 = \underline{U}'_1 - \underline{U}_3$ die Diagonalspannung

$$\underline{U}_5 = \left(\frac{C - \Delta C}{2\,C} - \frac{1}{2}\right)\underline{U}_o = -\frac{1}{2}\,\frac{\Delta C}{C}\,\underline{U}_o \tag{79}$$

Die Diagonalspannung U_5 entsteht linear mit der Kapazitätsänderung $\Delta C/C$.

Wird der Elektrodenabstand d_1' für die Teilkapazität C_1' wie vorher angenommen kleiner, wird C_1' größer, der kapazitive Widerstand X_{C1}' kleiner, U_1' kleiner und damit $\underline{U}_5$ negativ, d.h. die Diagonalspannung $\underline{U}_5$ zeigt in entgegengesetzte Richtung der Speisespannung $\underline{U}_o$ ähnlich wie im Zeigerdiagramm nach Bild 26b.

Die Berechnungsgleichungen für die Diagonalspannung U_5 für den ohmschen Meßfühler in Halbbrückenschaltung sowie für die Differential-Induktivität und -Kapazität sind ähnlich.

Die CCRR-Meßbrücke wird immer mit einer Spannung mit großer Trägerfrequenz von f_{tr} = (0,5 bis 1) MHz gespeist, z.B. mit f_{tr} = 465 kHz, damit die Blindwiderstände $X_C = 1/\omega C$ der verhältnismäßig kleinen Fühlerkapazitäten C ausreichend klein werden.

Spannungsteiler, die aus einer Reihenschaltung von Meßfühlerkapazität C und Wirkwiderstand R bestehen und mit Gleichspannung gespeist werden, sind nur zur Messung von schnell veränderlichen Vorgängen brauchbar. Diese Schaltung wird auch beim Kondensatormikrophon angewendet.

2.4.3.2. Frequenzmodulation. In der Schwingkreis-Oszillatormeßschaltung bildet die Meßfühlerkapazität C mit der konstanten Induktivität L einer Spule nach Bild 30 einen elektrischen Schwingkreis in einer Oszillatorschaltung.

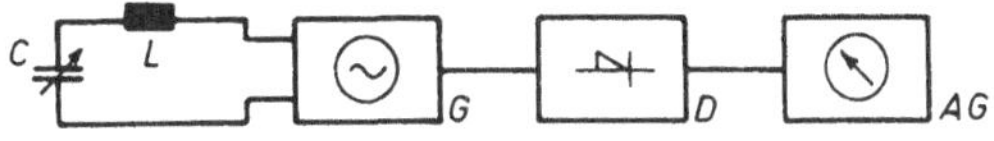

Bild 30 Blockschaltplan für die Messung einer Meßfühlerkapazität C mit Frequenzmodulation
LC Schwingkreis, G Oszillator, D Frequenzdiskriminator
AG Ausgabegerät

Die Oszillatorspannung, deren Amplitude konstant ist und deren Frequenz f sich bei Kapazitätsänderungen verändert, wird in einem Demodulator D in ein analoges Ausgangssignal umgesetzt.

Als Beispiel für einen Demodulator zeigt Bild 31a die Prinzipschaltung eines Gegentakt-Flanken-Demodulators, der zwei gegeneinander verstimmte Schwingkreise S_1 und S_2 enthält.

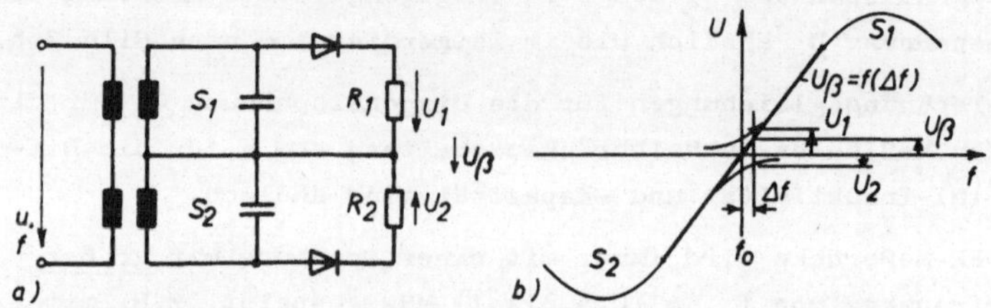

Bild 31 Gegentakt-Flanken-Demodulator
a) Prinzipschaltung mit den Schwingkreisen S_1, S_2, den Teilspannungen U_1, U_2 und der Ausgangsspannung U_β
b) Schwingkreiskennlinien S_1, S_2 und Ausgangskennlinie $U_\beta = f(\Delta f)$ bei Frequenzänderungen Δf

Die gegeneinander verschobenen Schwingkreiskennlinien S_1 und S_2 zeigt Bild 31b. Bei Veränderung der Anfangsfrequenz f_o des Meßsignals u um Δf ergibt sich die Ausgangsspannung $U_\beta = U_1 - U_2$. Die Ausgangskennlinie ist im Arbeitsbereich linear

$$U_\beta \sim \Delta f \tag{80}$$

2.5. Aktive elektrodynamische Meßfühler

2.5.1. Prinzip

Im generatorischen Meßfühler entsteht nach dem Induktionsgesetz in N Leitern, die sich im Magnetfeld mit dem magnetischen Fluß Φ bewegen, die induzierte Spannung $u = N\, d\Phi/dt$ oder umgeformt nach dem Generatorprinzip mit der Leiterlänge l, der Induktion B und der Längsgeschwindigkeit v

$$u = NlBv \tag{81}$$

Für konstante Spulenwindungszahl N, Leiterlänge l und Induktion B gilt lineare Abhängigkeit für Spannung u und Längsgeschwindigkeit v bei Translation sowie für Spannung u und Winkelgeschwindigkeit ω bei Rotation.

2.5.2. Ausführung für Translation

Bild 32 zeigt den Prinzipaufbau von elektrodynamischen (generatorischen) Meßfühlern zur Messung einer translatorischen Geschwindigkeit v bei Längsbewegung mittels induzierter Spannung $u \sim v$ (z.B. bei mechanischen Schwingungen).

Bild 32 Elektrodynamische Meßfühler, a) bewegte Tauchspule S_b b) bewegter Dauermagnet M_b

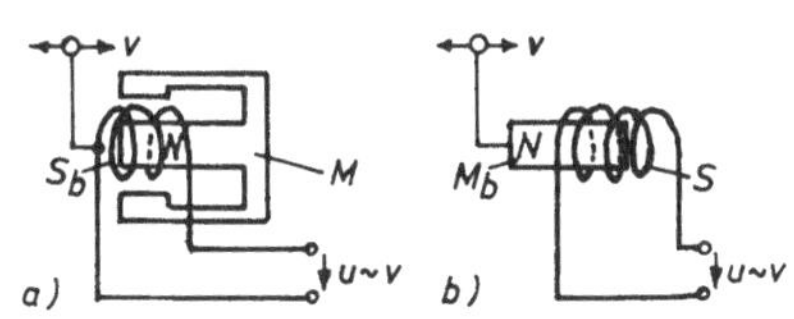

2.5.3. Ausführung für Rotation

Wechselspannungsgeneratoren haben nach Bild 33a im Stator feststehende bewickelte Polkerne und als Rotor umlaufende Dauermagnetanker ohne Schleifringe. Die Spannungskennlinie $u = f(\omega)$ ist gemäß Bild 32c linear.

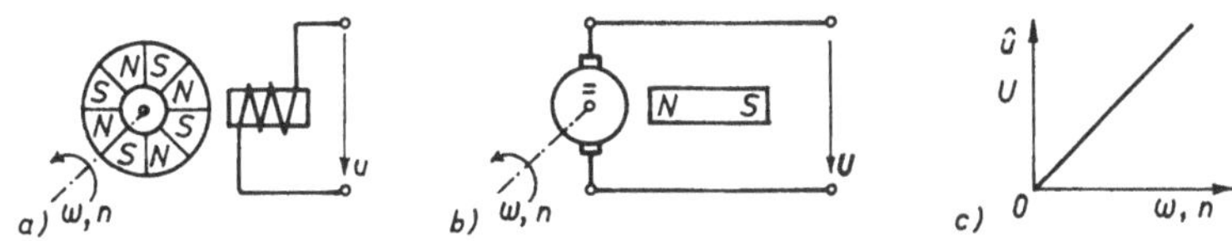

Bild 33 Elektrische Generatoren zur Messung der Drehzahl n bzw. der Winkelgeschwindigkeit ω
a) Wechselspannungsgenerator mit Polrad N-S
b) Gleichspannungsgenerator mit Permanentmagnet-Erregung N-S
c) Spannungskennlinie

Mittelfrequenzgeneratoren (ein- bis vierphasig) erzeugen Spannungen mit $n \leqq 40$ Perioden und Impulsgeneratoren Spannungen mit n $\leqq$ 1000 Perioden je Umlauf.

Bei Wechselspannungsgeneratoren können die Amplitude $\hat{u}$, der Gleichrichtwert $\overline{|u|}$ oder die Frequenz f der erzeugten Spannung u als Maß für die Drehzahl n oder die Winkelgeschwindigkeit ω gelten. Für die Fernübertragung von Drehzahlen n ist die Proportionalität zwischen n und der Frequenz f vorteilhaft, da frequenzanaloge Verfahren weniger störanfällig sind als spannungsanaloge Verfahren.

Wechselspannungsgeneratoren werden als Aufnehmer für die Messung von Drehzahl n, Drehwinkel α oder Winkelgeschwindigkeit ω mit großer Genauigkeit in Regelungsanlagen, bei Werkzeugmaschinen usw. verwendet.

Gleichspannungsgeneratoren mit Kommutator und Permanentmagneterregung erzeugen Spannungen mit drehrichtungsabhängiger Polarität. Die Generatorspannung ist jedoch bei konstanter Winkelgeschwindigkeit ω zeitlich nicht ideal konstant, sondern enthält eine Welligkeit, wodurch bei Differentiation dieser Spannung große Störungen entstehen. Unipolargeneratoren geben eine theoretisch ideale Gleichspannung, jedoch nur von wenigen mV, ab.

Gleichspannungsgeneratoren werden als Drehgeschwindigkeitsaufnehmer in Steuer- und Regelungsanlagen für Wendeantriebe angewendet.

2.6. Piezoelektrische Meßfühler

2.6.1. Wirkungsweise

Bei der mechanischen Beanspruchung einer piezoelektrischen (piezein = drücken, pressen) Kristallscheibe in Richtung einer polaren elektrischen Achse entstehen bei sehr kleinen Verformungen (bei Meßwegen von nur wenigen μm) durch die Verschiebung der Atome elektrische Ladungen.

Direkter longitudinaler Piezoeffekt. Wirkt die Kraft F in Richtung der polaren elektrischen x_1-Achse nach Bild 34a, so entstehen durch Annäherung der positiven Si-Ionen bzw. der negativen O_2-Ionen des Quarzkristalls SiO_2 an die Kraftangriffsflächen als Elektroden auf den Flächen A entgegengesetzte elektrische Ladungen +Q und -Q. Eine unbelastete Kristallscheibe ist elektrisch neutral.

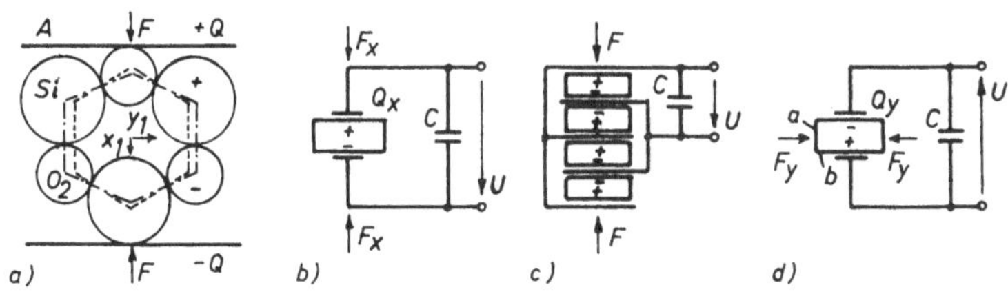

Bild 34 Erklärung des piezoelektrischen Effektes
a) vereinfachte Strukturzelle eines Quarzes SiO_2
b) Prinzipschaltung für den direkten longitudinalen Piezoeffekt mit der Kraft F_x in x_1-Richtung
c) Meßfühlerprinzip mit mechanischer Reihen- und elektrischer Parallelschaltung von mehreren Scheiben
d) Prinzipschaltung für den direkten transversalen Piezoeffekt mit der Kraft F_y in y_1-Richtung

Beim direkten longitudinalen Piezoeffekt nach Bild 34a, b, c entsteht mit der Anzahl n der Quarzscheiben, der piezoelektrischen Zahl (Koeffizient oder Modul) d_{11} und der Kraft F_x in x_1-Richtung die Ladung

$$Q_x = n\ d_{11} F_x \qquad (82)$$

Zur Erhöhung der Ladungsausbeute werden gemäß Bild 34c mehrere Scheiben kraftmäßig in Reihe und elektrisch parallel geschaltet.

Direkter transversaler Piezoeffekt. Hierbei wirkt nach Bild 34d die Kraft F_y in Richtung der y_1-Achse und erzeugt mit den

Kristallabmessungen a und b die Ladung

$$Q_y = - d_{11} F_y b/a \tag{83}$$

Beim reziproken Piezoeffekt wird beim Anlegen einer elektrischen Spannung an die Kristallscheibe eine mechanische Spannung erzeugt, die den Kristall verformt.

Als Material für piezoelektrische Meßfühler eignet sich Quarz mit folgenden Eigenschaften: Druckfestigkeit σ = 400 000 N/cm^2, lineare Kennlinie ohne Hysteresis, sehr große Zeitkonstante bis zu mehreren Stunden, piezoelektrische Empfindlichkeit beim Longitudinaleffekt S = 2,31 pC/N, Temperaturabhängigkeit des piezoelektrischen Koeffizienten etwa $- 2 \cdot 10^{-4}$/K zwischen -200 °C und +200 °C. Außerdem werden Piezokeramiken, Blei-Zirkonat-Titanat und Barium-Titanat verwendet.

2.6.2. Meßschaltung

Die entstehende Ladung Q lädt gemäß Bild 34b die Ersatzkapazität C (gebildet von Meßfühler, Meßkabel und Verstärkereingang) auf eine Spannung

$$U = Q/C \tag{84}$$

auf. Mit Rücksicht auf eine ausreichend große Zeitkonstante τ = RC werden Verstärker mit Feldeffekttransistoren mit sehr großem Eingangswiderstand $R \geq 10^{13}\,\Omega$ und sehr kleinen Eingangskapazitäten $C \geq 20$ pF sowie hauptsächlich Integrationsverstärker als Ladungsverstärker mit $R \approx 10^{14}\,\Omega$ verwendet (s. Abschn. 3.3.7).

2.6.3. Zeitkonstante

Die Meßsignalspannung u sinkt nach einer Exponentialfunktion mit der Zeitkonstanten τ = RC, die durch die Parallelschaltung der Ersatzkapazität C und des Meßverstärker-Eingangswiderstands R entsteht, ab.

Meßverstärker mit MOS-FET im Eingang. Die Parallelschaltung aus der Eingangs-Ersatzkapazität von z.B. C = 100 pF (bestehend aus den Kapazitäten für Meßfühler C_M = 1 pF, Kabel C_K = 75 pF für 1 m Länge und Meßverstärkereingang C_V = 24 pF) mit dem Verstärker-Eingangswiderstand $R = 10^{14}\,\Omega$ ergibt eine Zeitkonstante $\tau = RC = 10^{14}$ (V/A) 10^{-10} As/V = 10^4 s.

Integrationsverstärker als Ladungsverstärker. Hierbei erreicht man je nach Meßbereich Zeitkonstantenwerte von maximal $\tau = 10^5$ s bis 10^6 s entsprechend etwa 1 bis 10 Tagen mit 86 400 s je Tag.

Während der Zeit $t = \tau$ fällt die Ladung nach einer Exponentialfunktion auf $1/e \approx 0{,}368$ ihres Anfangswerts ab. Für kurze Meßzeiten $t \ll \tau$ kann näherungsweise mit linearem Ladungsabfall gerechnet werden. So fällt z.B. die Ladung für $t = 0{,}01\,\tau$ nur um ca. 1 % vom Anfangswert ab. Bei der Zeitkonstanten $\tau = 10^5$ s (etwa 1 Tag) dauert der lineare Abfall der Ladung um 1 % des Anfangswerts die Zeit $t = 10^3$ s entsprechend 16,7 min.

2.6.4. Meßfrequenzbereich

Piezoelektrische Meßfühler sind nur für dynamische Messungen geeignet. Der Meßfrequenzbereich beträgt maximal etwa $f_M = 10^{-5}$ Hz bis 10^5 Hz.

Bei großer Zeitkonstante $\tau \approx 10^5$ s sind statische Kalibrierung und quasistatische Messungen mit einigen Minuten Dauer möglich, bei kleinen Zeitkonstanten für dynamische Messungen müßte dynamisch kalibriert werden.

Die untere Grenzfrequenz ist $f_u = 1/(2\pi\tau)$. Die obere Meßfrequenzgrenze ist meist durch die Anpaßschaltung bestimmt. Für statische Messungen mit der Meßfrequenz f_M = 0 Hz sind piezoelektrische Meßfühler nicht brauchbar.

Aktive piezoelektrische Meßfühler haben große Empfindlichkeit, größte relative Auflösung von mechanisch-elektrischen Meßfühlern mit $Q_Q = 10^{-6}$, kleinste Meßwege $s \approx 1\,\mu$m, große Meßfrequenzen bis $f_M = 10^5$ Hz. Sie werden für Aufnehmer zur Messung von Beschleunigung a, Kraft F und Flüssigkeits- oder Gasdruck p sowie für Kristallmikrophone verwendet.

Bauteile mit dem Piezo-Widerstandseffekt (piezo-resistiver Effekt) gehören zu den passiven Widerstands-Meßfühlern und werden zur Dehnungsmessung verwendet (s. Abschn. 7.1.1).

2.7. Aktive Meßfühler in der Thermodynamik, Optik und Chemie

Thermoelemente. Sie werden als Temperatur-Meßfühler bzw. -Aufnehmer für die Messung von Temperaturen im Bereich von $\vartheta = (-200 \text{ bis } +1600)\ ^{o}C$ verwendet (s. Abschn. 8).

Photoelektrische Meßumformer. Photoelemente, Photodioden, Phototransistoren, Photothyristoren und Photo-FET sind aktive Lichtempfänger auf Halbleiterbasis für Messungen in der Lichttechnik (s. Abschn. 9).

pH-Elektroden. Diese werden zur Messung des pH-Wertes, d.h. der Wasserstoffionen-Konzentration von Flüssigkeiten, z.B. zur Überwachung von Trinkwasser, Kesselspeisewasser, Reinigungswasser, Abwässer usw. eingesetzt (s. Abschn. 10).

3. Meßkettenschaltungen

3.1. Übersicht

Für Meßketten, bestehend aus Aufnehmer, Anpasser und Ausgeber gemäß Bild 1 gibt es viele Kombinationsmöglichkeiten mit verschiedenen Geräten für die einzelnen Meßkettenglieder. Die Zusammenstellung in Bild 35 soll eine Übersicht über die wichtigsten möglichen Meßkettenschaltungen (ohne Berücksichtigung der Datenverarbeitung) geben. Mit weiteren Anpaßgliedern (z.B. Meßstellenumschalter, Summiergeräte, Modulatoren, Operationsverstärker, Analog-Digital- oder Digital-Analog-Umsetzer) sind noch viele andere Zusammenschaltungen möglich. Die gestrichelt eingezeichneten Verbindungen gelten für besondere Bedingungen oder mit Einschränkungen. Starke Linien bedeuten wichtige Verbindungen.

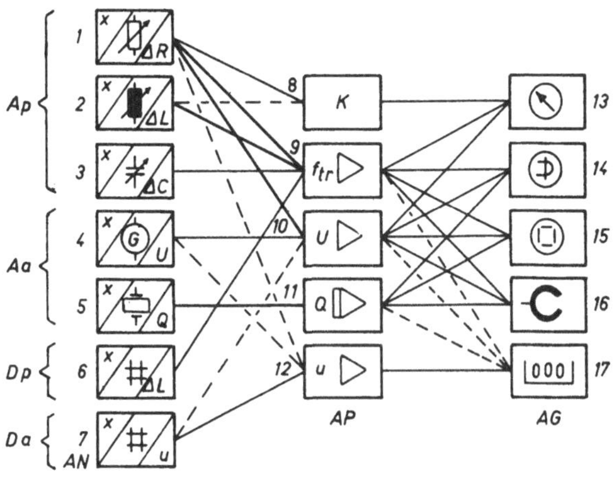

Bild 35 Meßketten-Zusammenschaltungen für Meßeinrichtungen zum elektrischen Messen nichtelektrischer Größen

1 bis 7 Aufnehmer AN: Ap analoge passive Widerstands-, induktive und kapazitive Meßfühler, Aa analoge aktive Generator- und piezoelektrische Meßfühler
Dp digitaler passiver Meßfühler (z.B. durch Zahnrad sequentiell veränderte Induktivität), Da digitaler aktiver Meßfühler (z.B. Induktionsgenerator)

8 bis 12 Anpaßschaltungen AP (Anpasser): K Kompensator (manuell oder selbsttätig), f_{tr} Trägerfrequenz-, U Gleichspannungs-, Q Ladungs- und u Wechselspannungs-Meßverstärker

13 bis 17 Ausgabegeräte AG (Ausgeber): 13 analoges oder digitales Anzeigegerät, 14 Zeitfunktionsschreiber (Zeitdiagramm-Registriergeräte, z.B. Kompensograph, Schnellschreiber oder Lichtstrahloszillograph,
15 Elektronenstrahl-Oszilloskop, 16 Magnetband-Registriergerät, 17 elektronisches Zählgerät mit digitaler Ausgabe

In den in Bild 35 verwendeten (noch nicht genormten) Schaltzeichen für die Aufnehmer AN sind die physikalische Eingangsgröße x und die Ausgangsgrößen, z.B. in AN 1 mit Widerstands-Meßfühler die elektrische Größe ΔR, eingetragen.

Zwischen den Meßkettengliedern müssen die Anpassungsbedingungen in Bezug auf das Meßsignal (Meßbereich und Empfindlichkeit) und in Bezug auf die Impedanzen (Spannungs-, Strom- oder Leistungsanpassung) erfüllt sein (s. Abschn. 5.1.1).

3.2. Einheitsmeßumformer

Einheitsmeßumformer sowie Aufnehmerausführungen in Modulbauweise stellen Kombinationen von Aufnehmer und Anpaßschaltung dar, wobei eine deutliche Abgrenzung, d.h. Trennung zwischen den einzelnen Meßgliedern meist nicht erkennbar ist.

3.2.1. Definition

Einheitsmeßumformer sind Einrichtungen, die unter Verwendung einer Hilfsenergie eine physikalische Eingangsgröße (z.B. Kraft, Druck, Differenzdruck, Flüssigkeitsstand, Temperatur usw.) in eine Ausgangsgröße mit einheitlichem Bereich umformen (DIN IEC 770 , s. Abschn. 1.3). Sie können als feste Kombinationen der beiden ersten Glieder in der Meßkette nach Bild 1 angesehen werden. Meßfühler bzw. Aufnehmer und Anpaßschaltung sind in einem Gerät vereinigt oder voneinander getrennt am Meßort angeordnet. Sie können im allgemeinen nicht so einfach im Meßbereich variiert werden wie Universal-Anpaßschaltungen (Meßverstärker, s. Abschn. 3.3).

In Einheitsmeßumformern werden meistens Meßfühler verwendet, die der Meßgröße proportionale Meßwege oder Meßkräfte verwerten. Als Meßelement für Druckumformer werden je nach Meßbereich und den vorliegenden Betriebsbedingungen Plattenfedern, Balgenfedern oder Rohrfedern verwendet.

Einheitsmeßumformer werden besonders in größeren Anlagen mit zentraler Meßwerterfassung verschiedener Meßgrößen und für Regelung eingesetzt. Für besondere Aufgaben sind sie oft preiswerter als spezielle Aufnehmer und Anpaßschaltungen zusammen.

3.2.2. Weg/Strom-Einheitsmeßumformer

Im Weg/Strom-Einheitsmeßumformer mit der Prinzipschaltung nach Bild 36 kann der Weg s ein Maß für weitere physikalische Grössen sein, z.B. für Kraft und Druck.

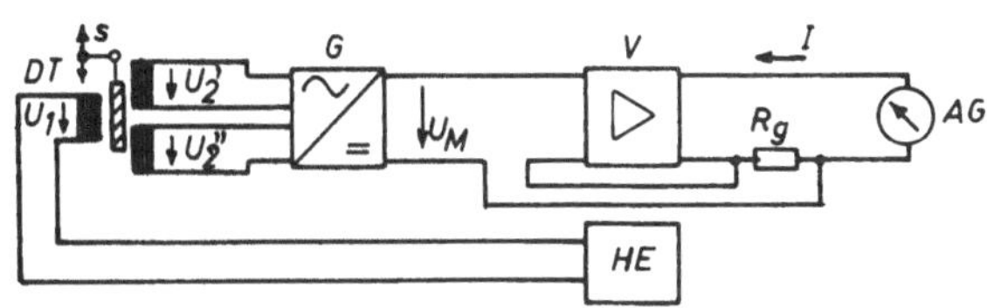

Bild 36 Weg s/Strom I-Einheitsmeßumformer
DT Differentialtransformator mit Primär- und Sekundär-Wechselspannungen U_1, U_2' und U_2'', G Gleichrichter, V Verstärker, R_g Stromgegenkopplungswiderstand bzw. Meßspannen-Einstellwiderstand, AG Ausgabegerät, z.B. Strommesser, Registrier- oder Regelgerät, HE Hilfsenergie

Durch eine Verschiebung s des Ankers im Differentialtransformator DT erzeugt die Primärspannung U_1 zwei Sekundärspannungen U_2' und U_2'', die gleichgerichtet und gegeneinander geschaltet werden. Die erhaltene Gleichspannung U_M wird mit dem stromgegengekoppelten Verstärker V in einen eingeprägten Gleichstrom I für das Ausgabegerät AG umgewandelt. Für den Weg gilt

$$s \sim U_M \sim I \qquad (85)$$

3.2.3. Kraft/Strom-Einheitsmeßumformer

Im Kraft/Strom-Einheitsmeßumformer nach Bild 37, der nach dem Vergleichsverfahren (Kompensationsverfahren) arbeitet, kann die Kraft F_M ein Maß für weitere physikalische Größen sein. Die Kraft F_M bewirkt über den Hebel H im Differentialtransformator DT eine Ankerverschiebung Δs und damit eine Ausgangsspannung U_2, die im Verstärker V in einen Strom I_K umgewandelt wird. Dieser Strom I_K ändert sich so lange, bis Gleichgewicht zwischen Kompensations- und Meßkraft $F_K = F_M$ herrscht. Dann gilt für die gemessene Kraft F_M

$$\Delta s \sim U_2 \sim I_K \sim F_K = F_M \qquad (86)$$

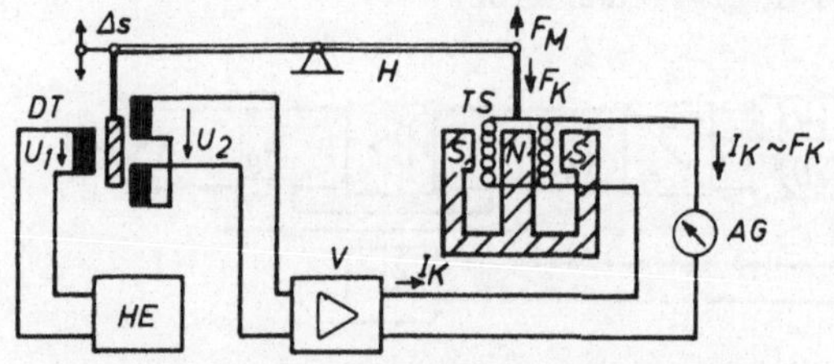

Bild 37 Kraft F_M/Strom I_K-Einheitsmeßumformer
DT Differentialtransformator mit Primär- und Sekundär-Wechselspannungen U_1 und U_2, H Hebel, V Verstärker, TS Tauchspule mit permanentem Magnetfeld NS, AG Ausgabegerät, HE Hilfsenergie, F_K Gegenkraft

Einheitsmeßumformer werden in Meß- und Regelungsanlagen für statische und quasistatische Meßgrößen verwendet, wie z.B. Weg s, Winkel α, Kraft F, Flüssigkeits- oder Gasdruck p, Differenzdruck Δp, Flüssigkeitsstandhöhe h und Temperatur ϑ.

3.3. Anpasser

Anpasser (Anpaßschaltungen, Meßverstärker) dienen in einer Meßkette zur Anpassung der Meßfühler-Signalspannungen in der Größenordnung von mV an die nachgeschalteten Ausgeber (Datenverarbeitungs- oder Ausgabegeräte).

3.3.1. Meßfrequenzbereiche

Für die wichtigsten Anpaßschaltungen sind in Tafel 5 als Übersicht die Meßgrenz- und Trägerfrequenzen zusammengestellt.

Tafel 5 Meßfrequenzbandbreiten und Träger-(Speisespannungs-) Frequenzen von Anpaßschaltungen

Anpaßschaltung	Meßfrequenzbandbreite f_M in Hz	Trägerfrequenz f_{tr} in Hz
Spannungsteiler (C-Auskopplung)	1 bis $100 \cdot 10^3$	0
Gleichspannungs-Kompensator		
manuell	0	0
selbstabgleichend	0 bis 1	0
Wechselspannungs-Kompensator	0	180
Modulations-Meßverstärker	0 bis 100	$1 \cdot 10^3$
Trägerfrequenz-Meßverstärker		
für kleine Meßfrequenzen	0 bis 10	220
Standard-Ausführung	0 bis 500	$5 \cdot 10^3$
Industrieausführung	0 bis 500	$10 \cdot 10^3$
Universal-Ausführung	0 bis 1500	$5 \cdot 10^3$
für große Meßfrequenzen	0 bis $15 \cdot 10^3$	$50 \cdot 10^3$
für kapazitive Meßfühler	0 bis $25 \cdot 10^3$	$465 \cdot 10^3$
Gleichspannungs-Meßverstärker	0 bis $100 \cdot 10^3$	0
Ladungs-Meßverstärker	0,1 bis $200 \cdot 10^3$	---
Wechselspannungs-Meßverstärker	1 bis $1 \cdot 10^6$	---

Die Meßfrequenz-Bandbreiten werden von den Geräteherstellern nicht immer einheitlich für einen genormten Amplitudenabfall, sondern für unterschiedliche Amplitudenverhältnisse nach Tafel 13 (s. Abschn. 6.3.6) angegeben.

3.3.2. Kompensator

Die in Abschn. 2.2.5.3 beschriebenen selbstabgleichenden Kompensatoren mit Analog- oder Digital-Anzeige (Ausschlagmethode) oder Kompensographen mit Anzeige und Registrierung haben oft Grenzwertkontakte für Ein- und Ausschaltvorgänge in Regelungsanlagen.

3.3.3. Modulations-Meßverstärker

In einem Modulations-Meßverstärker mit Chopperstabilisierung (chopper amplifier) nach Bild 38 wird die Meßspannung U_α im Modulator M in eine Wechselspannung umgesetzt. Die dazu nötige Steuerenergie liefert der Modulationsfrequenzgenerator G. Die gebildete Wechselspannung wird im relativ schmalbandigen Wechselspannungsverstärker (Chopper-Verstärker) V mit seinen niedrigen Driftwerten (s. Abschn. 6.3.4) verstärkt und weiter in dem ebenfalls vom Generator G gesteuerten phasenempfindlichen Demodulator D gleichgerichtet.

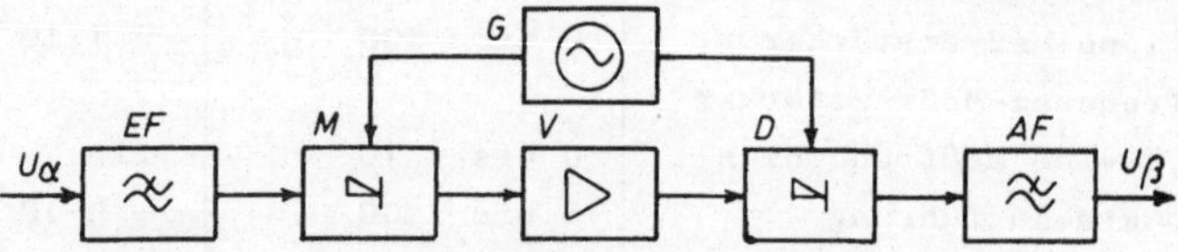

Bild 38 Signalflußplan eines Modulations(Chopper)-Verstärkers
U_α , U_β Signal-Eingangs- und Ausgangsspannung,
EF, AF Eingangs- und Ausgangs-Tiefpaßfilter,
M Modulator, V Wechselspannungsverstärker, D phasenempfindlicher Demodulator (Gleichrichter),
G Modulationsfrequenzgenerator

Das Eingangs-RC-Tiefpaßfilter EF dient dazu, die hohen Frequenzanteile aus dem Chopperkanal fernzuhalten. Das Ausgangsfilter AF (RC-Tiefpaß oder aktiver Integrator) dient zur Siebung des demodulierten Nutzsignals. Am Ausgang erhält man über eine eventuell vorhandene Leistungsverstärkerstufe die Ausgangssignalspannung U_β [16].

Mit Modulations(Chopper)-Meßverstärkern zur Verstärkung von kleinsten Gleichspannungen bei großer Stabilität erzielt man besonders kleine Werte der Spannungsdrift von 0,1 μV/K und der Stromdrift von 1 pA/K. Bei der Modulationsfrequenz f_{tr} = 1 kHz erreicht man den Meßfrequenzbereich f_M = 0 bis 100 Hz.

3.3.4. Trägerfrequenz-Meßverstärker

Diese Meßverstärker sind vielseitig anwendbar, da sie gemäß Bild 35 mit Aufnehmern mit verschiedenen Meßfühlerprinzipien eingesetzt werden können.

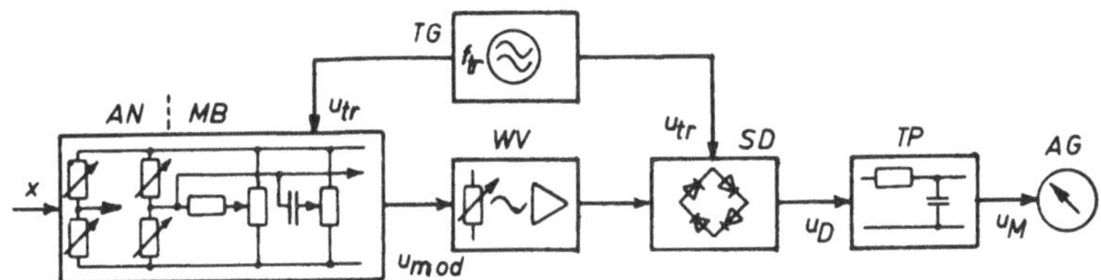

Bild 39 Signalflußplan eines Trägerfrequenz-Meßverstärkers
TG Trägerfrequenzgenerator für die Trägerfrequenz f_{tr}, AN Aufnehmer mit Meßbrücke MB, WV Wechselspannungsverstärker mit Abschwächer, SD Synchrondemodulator, TP Tiefpaß, AG Ausgabegerät, x Meßgröße, u_{tr}, u_{mod}, u_D, u_M Trägerfrequenz-, modulierte Brückendiagonal-, demodulierte und Meßsignal-Spannung

Im Trägerfrequenz-Meßverstärker (carrier frequency amplifier) nach Bild 39 wird die Wechselspannungs-Meßbrücke MB von ohmschen, induktiven oder kapazitiven Meßfühlern im Aufnehmer AN zusammen mit der Eingangsschaltung des Trägerfrequenz-Meßverstärkers gebildet. Die Brücke wird mit der Spannung u_{tr} des Trägerfrequenzgenerators TG gespeist. Die bei der Messung durch die Brückenverstimmung entstehende Brückendiagonalspannung u_{mod} entspricht einer vom Meßsignal amplitudenmodulierten Trägerfrequenzspannung. Diese Spannung wird vom Wechselspannungsverstärker WV (mit Abschwächer und Bandpaß) verstärkt und im phasenempfindlichen Synchrondemodulator SD (phasenempfindlicher Gleichrichter, Ringmodulator, Gleichrichterbrücke), der eine Schaltspannung u_{tr} vom Trägerfrequenzgenerator TG erhält, vorzeichenrichtig gleichgerichtet. Die demodulierte Spannung u_D kann nach Siebung im Tiefpaß TP als Meßsignal u_M in Datenverarbeitungs- oder Regelgeräten weiterverarbeitet oder in

Ausgabegeräten AG angezeigt bzw. registriert werden.

Modulation und Demodulation im Trägerfrequenzverstärker. Diese Vorgänge werden in Bild 40 erläutert.

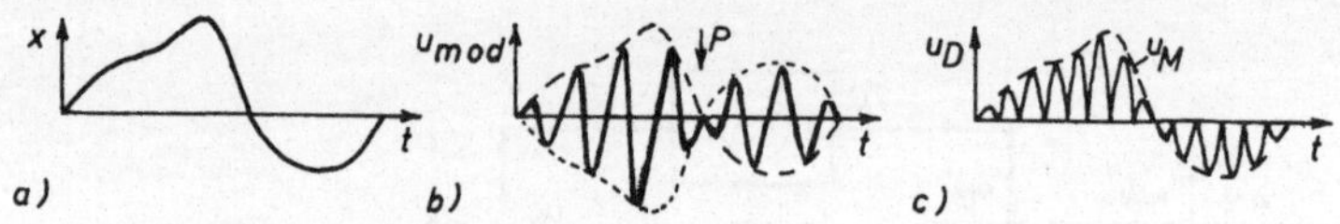

Bild 40 Zeitverläufe im Trägerfrequenz-Meßverstärker
a) Meßwertverlauf x mit der Meßfrequenz f_M
b) modulierte Trägerfrequenzspannung u_{mod} mit der Trägerfrequenz f_{tr}, P 180°-Phasensprung
c) demodulierte Trägerfrequenzspannung u_D

Durch einen zeitlichen Meßwertverlauf x(t) nach Bild 40a (z.B. durch die Änderung eines Meßfühlerwiderstands in der Meßbrücke) entsteht in der Trägerfrequenz-Meßbrücke MB in Bild 39 eine Diagonalspannung u_{mod} gemäß Bild 40b. Bei einem Wechsel von einem positiven Meßwert x zu einem negativen Wert erhält die Brückendiagonalspannung u_{mod} durch ihre Richtungsumkehr bei P einen 180°-Phasensprung. Nach der vorzeichenrichtigen Gleichrichtung im Synchrondemodulator SD (phasenempfindlicher Gleichrichter) entsteht die demodulierte Spannung u_D mit positiven und negativen Werten nach Bild 40c, die nach Siebung im Tiefpaß TP die Meßsignalspannung u_M entsprechend dem Meßwertverlauf x(t) ergibt.

Für die Praxis gilt für die Modulation von sinusförmigen Spannungen der Trägerfrequenz f_{tr} mit Spannungen der Meßfrequenz f_M die Frequenzbeziehung

$$f_{tr} = 5\, f_{Mmax} \qquad (87)$$

Der Wechselspannungsverstärker WV im Trägerfrequenz-Meßverstärker muß ein Frequenzband von mindestens $\Delta f = f_{Mmax} = \pm\, 0{,}2\, f_{tr}$ durchlassen. Bei Tiefpässen mit sehr steiler Flanke kann das Frequenzverhältnis f_{tr}/f_{Mmax} kleiner als 5 sein, wie ein Beispiel $f_{tr}/f_{Mmax} = 5\ \text{kHz}/1{,}5\ \text{kHz} = 3{,}\bar{3}$ erkennen läßt.

Bei der Darstellung von Meßsignalspannungen mit der Frequenz f_M durch Abtastimpulse mit der Abtastfrequenz (Abtastrate) f_{Tr} wäre nach dem Abtasttheorem von Shannon nur das theoretische Frequenzverhältnis $f_{Tr} = 2\ f_{Mmax}$ nötig.

Trägerfrequenz-Meßverstärker haben maximale Dehnungsempfindlichkeit S_ε = 10 mV/[(µm/m)/V], Brückenspeisespannung U_o = 1 V bis 10 V, Betragsnullabgleich-Bereich $\pm \Delta U/U_o = \pm$ einige %, eingeprägte Ausgangsspannung U_β = 0 bis 1 V bis 5 V bis 10 V, eingeprägten Ausgangsstrom I_β = 0 bis 100 mA.

3.3.5. Gleichspannungs-Meßbrückenverstärker

Operationsverstärker nach Bild 41, die für die Verstärkung der kleinen Diagonalspannungen von gleichspannungsgespeisten Meßbrücken verwendet werden, haben die in Tafel 6 für die beiden Grundschaltungen Invertierer und Nichtinvertierer gegenübergestellten Eigenschaften.

Tafel 6 Vereinfachte Zusammenhänge von Spannung u, Strom i und Widerstand R des invertierenden und nichtinvertierenden Operationsverstärkers

Kenngrößen	Invertierer nach Bild 41b	Nichtinvertierer nach Bild 41c
Eingangsstrom	$i_\alpha = i_1$	$i_\alpha \approx 0$
Strom durch R_1	$i_1 = u_\alpha / R_1$	$i_1 = u_{\alpha 1}/R_1$
Rückführungsstrom	$i_g = i_1$	$i_g = i_1$
Eingangsspannungen		
Minuseingang	$u_{\alpha 1} \approx 0$	$u_{\alpha 1} \approx u_\alpha$
Pluseingang	0	$u_{\alpha 2} \approx u_\alpha$
Spannung am Gegenkopplungswiderstand	$R_g i_g \approx -u_\beta$	$R_g i_g \approx u_\alpha R_g/R_1$
Ausgangsspannung	$u_\beta = -u_1 R_g/R_1$	$u_\beta = u_{\alpha 1} + u_g \approx$ $\approx u_\alpha (1 + R_g/R_1)$
Spannungsverstärkung	$V = -R_g/R_1$	$V = 1 + R_g/R_1$

Die grundsätzlichen Beschaltungsmöglichkeiten von Operationsverstärkern mit Rückführung sind in Bild 41 dargestellt.

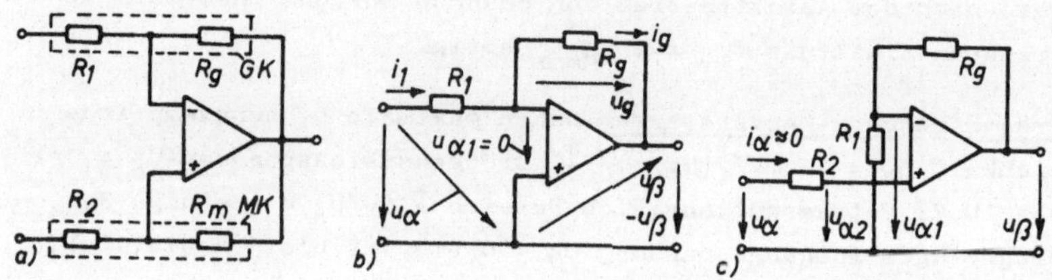

Bild 41 Beschaltungsmöglichkeiten von Operationsverstärkern a) mit Widerstands-Gegenkopplungszweig GK und Mitkopplungszweig MK, b) Invertierer und c) Nichtinvertierer mit Spannungen u und Strömen i

Meßbrückenverstärker mit einpolig geerdetem Eingang. In der Meßbrückenschaltung mit geerdetem Mittelpunkt und erdsymmetrischer Speisegleichspannung U_o nach Bild 42 mit den Brückenwiderständen $R_1 = R_2 = R$ und $R_3 = R_4$ entsteht bei der Messung durch Widerstandsänderung von R_1 auf $R_1' = R(1 + \Delta)$ die Diagonalspannung U_α im Bereich von 0,1 mV bis 100 mV je V Speisespannung.

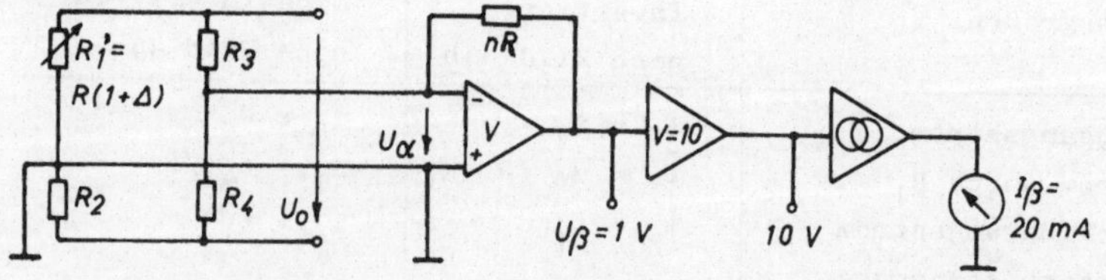

Bild 42 Gleichspannungs-Meßbrückenverstärker mit einpolig geerdetem Eingang mit Ausgangsspannungen U_β und -strom I_β

Am Ausgang des Gleichspannungsverstärkers V (DC-amplifier) ergibt sich mit dem Gegenkopplungswiderstand $R_g = nR = 100\ R$ für die Viertelbrücke eine Ausgangsspannung in der Größenordnung von $U_\beta = 1$ V nach der Beziehung

$$U_\beta \approx n(\Delta R/R)U_o/4 \tag{88}$$

Meßbrückenverstärker mit Differenzeingang. In der Schaltung nach Bild 43 wird die Meßbrücke mit einer einpolig geerdeten Speisegleichspannung U_o gespeist. Die Differenzverstärker-Ausgangsspannung ist für gleiche Widerstände $R_5 = R_6$ und $R_7 = R_g$

$$U_\beta = - U_\alpha \, R_g/R_5 \qquad (89)$$

Bild 43 Gleichspannungs-Meßbrückenverstärker mit Differenzeingang
U_α, U_β Verstärkereingangs- und -ausgangs-Spannung

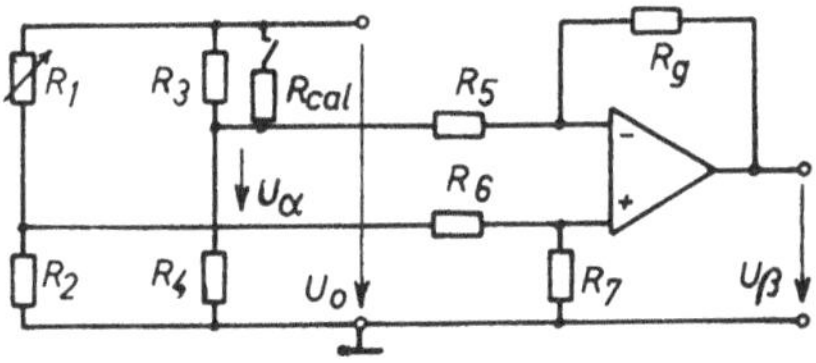

Bei der Messung entsteht in der Schaltung nach Bild 43 mit den Widerständen R_1 bis $R_4 = R$ und $R_5 = R_6 = 0$ sowie $R_7 = R_g = nR$ bei Brückenverstimmung durch Änderung von R_1 auf $R_1' = R(1 + \Delta)$ die Ausgangsspannung

$$U_\beta \approx - \frac{n/2}{1 + (1/2n)} (\Delta R/R) U_o \qquad (90)$$

Die Meßbrücke kann mit Konstantspannungs- oder -stromquelle gespeist werden.

Nach Brückenabgleich vor Beginn einer Messung kann durch Parallelschalten eines Kalibrierwiderstandes R_{cal} zum Brückenwiderstand R_3 in der Schaltung nach Bild 43 ein definiertes Gleichspannungssignal $U_{\alpha cal}$ zur Kalibrierung des Meßverstärkers erzeugt werden. Für gleiche Brückenwiderstände R_1 bis $R_4 = R$ ergibt sich eine Kalibrierspannung

$$U_{\alpha cal} = \frac{R}{4 R_{cal} + 2 R} U_o \qquad (91)$$

In der Praxis wird wegen der oft komplizierten Brückenschaltungen der Kalibrierwiderstand R_{cal} während der Aufnehmerkalibrierung bei der Herstellung empirisch festgelegt.

3.3.6. Vergleich von Trägerfrequenz- mit Gleichspannungs-Meßverstärker

Die Gegenüberstellung in Tafel 7 läßt Unterschiede zwischen den Kenndaten von Trägerfrequenz- und Gleichspannungs-Meßverstärkern erkennen.

Tafel 7 Eigenschaften von Trägerfrequenz-Meßverstärkern mit f_{tr} = 5 kHz und Gleichspannungs-Meßverstärkern

Kenngrößen	Trägerfrequenz-Meßverstärker	Gleichspannungs-Meßverstärker
Meßfühlerprinzip	ohmsch, induktiv kapazitiv	nur ohmsch
Meßfrequenzgrenzen	0 bis 1,3 kHz	0 bis 100 kHz
Meßbereichendwerte	$(10^2$ bis $10^5)\mu$m/m	(0,1 bis 100) mV
relative Auflösung	10^{-6}	10^{-6}
Linearitätsabweichung	0,02 %	0,05 %
Nullpunktdrift	0,01 μV/K	0,1 μV/K
Schmalbandrauschen	0,05 μV/V	0,5 μV/V
Gegentakt-Störspannungsunterdrückung	ja	nein
Kabelkapazitätseinfluß		
bei statischen Messungen	abgleichbar	nein
bei dynamischen "	kaum	ja

Die Darstellung des Frequenzgangs $\hat{u}/\hat{u}_o = f(f)$ zeigt in Bild 44a, daß im Trägerfrequenz-Meßverstärker Gegentakt-Störspannungen (s. Abschn. 5.2.5) wie z.B. Thermospannungen u_ϑ und Netzstörspannungen u_N, die mehr als die Meßfrequenz-Bandbreite f_M von der Trägerfrequenz f_{tr} entfernt liegen, durch den Bandpaß im Wechselspannungsverstärker unterdrückt werden. Im Gleichspannungs-Meßverstärker dagegen werden nach Bild 44b diese Störspannungen voll verstärkt. Die Thermospannung an den Verbindungsstellen zwischen zwei verschiedenen Metallen z.B. im Zuleitungskabel kann u_ϑ = 40 μV/K betragen.

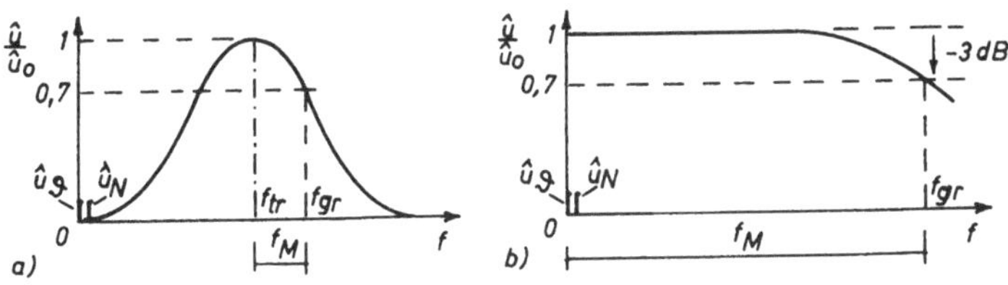

Bild 44 Frequenzgang für Trägerfrequenz- (a) und für Gleichspannungs-Meßverstärker (b) mit Trägerfrequenz f_{tr}, Grenzfrequenz f_{gr} und Meßfrequenzbereich f_M
u_ϑ Thermo- und u_N Netzstörspannung

Da Trägerfrequenz- und Gleichspannungs-Meßverstärker nach Tafel 7 für ihre Anwendung Vor- und Nachteile haben, muß für eine vorliegende Meßaufgabe das günstigere Meßverfahren unter Berücksichtigung des Meßfühlerprinzips, des Meßfrequenzbereichs und der Genauigkeit gewählt werden.

3.3.7. Ladungs-Meßverstärker

Für piezoelektrische Meßfühler verwendet man Ladungs-Meßverstärker (Integrationsverstärker) nach Bild 45.

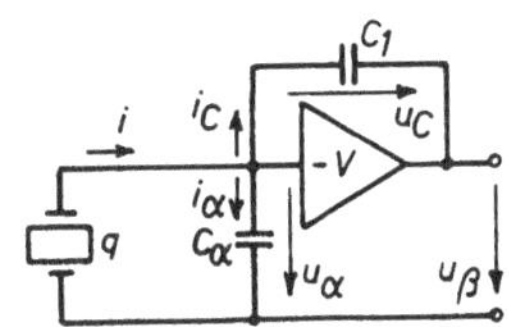

Bild 45 Prinzipschaltung eines Ladungsverstärkers
C Eingangs- und C_1 Rückführungskapazität
q Ladung

Bei der Berechnung der von der Meßfühlerladung q erzeugten Ausgangsspannung u_β erhält man ausgehend von der Knotenregel am hochohmigen Verstärkereingang $i = i_\alpha + i_C$ nach Umrechnung der Ströme i_α und i_C (in Abhängigkeit von der Ausgangsspannung u_β) mit der Eingangskapazität $C_\alpha = C_{AN} + C_K$ (gebildet aus Aufnehmer- und Kabelkapazität) sowie mit der Rückführungskapazität C_1 und dem Verstärkungsfaktor V als Ergebnis

$$u_\beta = - q/\left[(C_\alpha/V) + C_1(1 + 1/V)\right] \qquad (92)$$

Für einen großen Verstärkungsfaktor $V \geq 1000$ kann mit den Vernachlässigungen $C_\alpha/V \ll C_1$ und $1/V \ll 1$ gerechnet werden. Damit folgt näherungsweise für die von der Eingangskapazität C_α und somit auch von der Kabelkapazität C_K unabhängige Ausgangsspannung

$$u_\beta \approx - q/C_1 \qquad (93)$$

Mit der Rückführungskapazität C_1 in der Schaltung nach Bild 45 kann der Meßbereich variiert werden. Durch Parallelschalten eines Widerstands R zu C_1 läßt sich die Zeitkonstante verkleinern, um eine größere Verstärkerstabilität zu erreichen. Bei großen Zeitkonstanten kann die Meßkette statisch oder quasistatisch, bei kleinen Zeitkonstanten muß dynamisch kalibriert werden.

Durch eine stetige Verstärkungseinstellung im Rückkopplungszweig lassen sich unrunde Werte der Meßfühlerempfindlichkeit auf runde Werte einstellen.

3.3.8. Wechselspannungs-Meßverstärker

Wechselspannungs-Meßverstärker (AC-amplifier) mit Kopplungs-Kondensatoren C und -Transformatoren T zwischen den Verstärkerstufen V nach Bild 46 haben keine Nullpunktdrift, da eine Gleichspannung zwischen den einzelnen Stufen nicht übertragen wird.

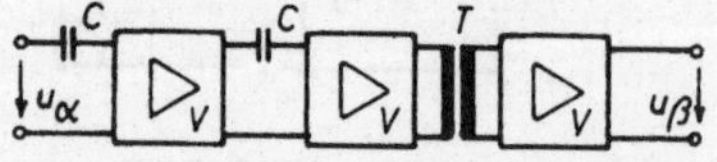

Bild 46 Blockschaltbild eines Wechselspannungs-Meßverstärkers

Wechselspannungs-Meßverstärker haben einen Meßfrequenzbereich von meist nur f_M = 10 Hz bis 100 kHz. Sie werden in Meßketten mit aktiven Tauchspul-Meßfühlern für Schwingungsmessungen oder mit Impulsgeber (mit elektrodynamischem oder photoelektrischem Meßfühlerprinzip) zur Drehzahlmessung angewendet.

3.3.9. Meßkabel

Kabeleinflüsse. Bei fast allen Meßaufgaben werden die Meßglieder der Meßkette über Meßsignalkabel miteinander verbunden. Besonders die zwischen Aufnehmer AN und Anpaßschaltung AP erforderlichen Meßkabel beeinflussen mit zunehmender Länge durch ihre ohmschen Widerstände und durch die Kabelkapazitäten und deren Änderungen das Meßsignal bei der Messung und eventuell auch bei der Kalibrierung.

Den Einfluß auf die Verkleinerung des Meßwerts durch Meßkabel kann man durch den theoretisch oder empirisch ermittelten Verlustbeiwert erfassen, indem man den Meßwert mit Kabel durch den Meßwert ohne Kabel dividiert. Durch besondere Meßverfahren und Meßschaltungen lassen sich Kabeleinflüsse mehr oder weniger gut eliminieren.

Meßfühler-Signalleitungen. Analoge passive Meßfühler werden mit zwei- oder mehradrigen, aktive Meßfühler mit zweiadrigen, meist abgeschirmten Meßkabeln mit der Anpaßschaltung verbunden. Die Kabellänge kann je nach Fühlerprinzip und Meßverfahren von maximal einigen Hundert m bis höchstens etwa 10 km betragen. Die Meßschaltung von passiven Meßfühlern wird bei kurzen Meßsignalkabeln meist mit Konstantspannung U_o = 1 V bis 10 V und bei Meßkabeln mit großen oder veränderlichen Leitungsaderwiderständen mit Konstantstrom gespeist.

Für aktive piezoelektrische Meßfühler sind besonders hochohmige gut isolierte Meßkabel von maximal nur wenigen m Länge zwischen Meßfühler und Anpaßschaltung zu verwenden.

Mit Hilfe von digitalen Meßverfahren oder mit der drahtlosen Fernübertragung (s. Abschn. 3.6) können Meßsignale über beliebige Entfernungen übertragen werden.

Zweileiterschaltung. In einer Viertelbrücke nach Bild 16a ergibt sich durch die Reihenschaltung der beiden Leitungsaderwiderstände R_L mit dem Meßwiderstand R_M eine verkleinerte bezogene Meßbrücken-Ausgangsspannung

$$\frac{U_5}{U_o} = \frac{1}{4} \cdot \frac{\Delta R_M}{R_M} \cdot \frac{R_M}{R_M + 2\,R_L} \tag{94}$$

Änderungen der Leitungswiderstände R_L durch Temperatureinflüsse wirken sich als Meßsignal-Spannungsänderungen aus.

Dreileiterschaltung. In dieser Schaltung für eine Viertelbrücke nach Bild 47 werden bei gleichen Signalleitungswiderständen R_L Meßfehler durch Temperatureinflüsse kompensiert (VDI/VDE 2635 Bl. 1, auch Halbbrücken- oder Quotienten-Meßschaltung).

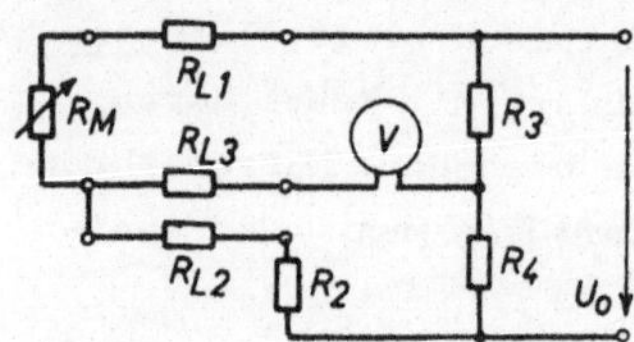

Bild 47 Dreileiterschaltung in einer Viertelbrücke mit Meßwiderstand R_M und Leitungswiderständen R_L

Der Leitungswiderstand R_{L1} liegt in Reihe mit dem Meßwiderstand R_M und der Leitungswiderstand R_{L2} in Reihe mit dem Brückenwiderstand R_2 im benachbarten Brückenzweig.

Vier- und Fünfleiterschaltung. Vollbrücken werden über mindestens vier Leitungsadern oder zur Eliminierung der Leitungswiderstände über Mehrleiterkabel mit fünf bis sieben Adern mit dem Meßverstärker verbunden.

In der Fünfleiterschaltung nach Bild 48 wird die Meßbrücke MB über zwei Speiseleitungen R_L von der Speisespannung U_o erdsymmetrisch gespeist. Die Diagonalspannung U_5 wird über zwei Meßleitungen R_L als Differenzspannung gegen Erde dem Eingang des Differenzverstärkers DV zugeführt. In Verbindung mit Brückenschaltungen bezeichnet man diese Eingangsschaltung als doppelterdsymmetrisch.

Über die fünfte Regelfühlerleitung R_F wird der Oszillator G für eine konstante Brückenspeisespannung U_o nachgeregelt.

Änderungen der Brücken- und Leitungswiderstände gehen nicht in das Meßergebnis ein. Wenn Speise- und Meßleitungen jeweils getrennt mit einem geerdeten Schirm verlegt werden, wirken sich unsymmetrische Kabelkapazitäten auf den Brückenabgleich praktisch nicht aus.

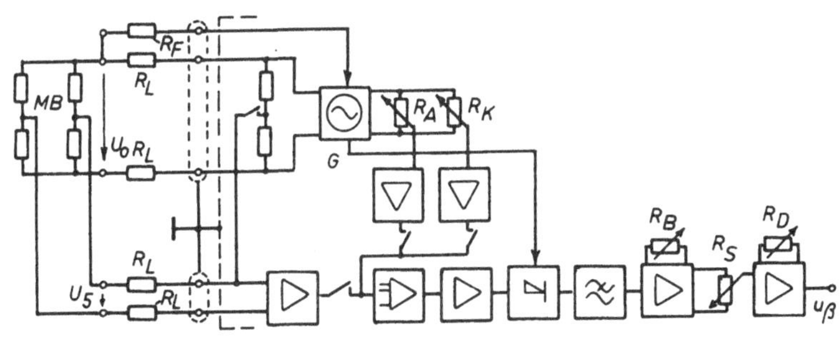

Bild 48 Signalflußplan eines Trägerfrequenz-Meßverstärkers mit Fünfleiterschaltung für Aufnehmer-Vollbrücke MB
R_L, R_F Leitungsaderwiderstände
R_A, R_K, R_B, R_S, R_D Stellwiderstände für Meßbrücken-Abgleich und -Kalibrierung, Verstärker-Meßbereich und -Empfindlichkeit sowie Dehnungsmeßstreifen-Empfindlichkeit

Sechs- und Siebenleiterschaltung. Werden für die Regelung der Meßbrücken-Speisespannung auf U_o = const zwei getrennte Fühladern und für den Brückenabgleich eine weitere getrennte Ader verwendet, so ergibt sich für den Anschluß einer Halbbrücke die Sechsleiterschaltung und für den Anschluß einer Vollbrücke die Siebenleiterschaltung. Dies gilt sowohl für Konstantspannungs- als auch für Konstantstrom-Speisung.

3.4. Ausgabegeräte

Beim Messen von statischen und dynamischen Meßgrößen verwendet man je nach Aufgabe passende analoge oder digitale anzeigende bzw. registrierende (schreibende oder speichernde) Ausgabegeräte (indicating and recording instruments or storage equipments).

Registrierende Geräte. Für schnell veränderliche Meßgrößen benötigt man Schreiber, Oszillographen, Oszilloskope oder Magnetband-Registriergeräte zum Darstellen, Speichern und Auswerten der Meßvorgänge. Es gibt mechanische, optische, magnetische und elektronische Speicherprinzipien für analoge und digitale Verfahren.

Tafel 8 Registrierende Ausgabegeräte

Analoge Registriergeräte	Meßfrequenz-Bandbreite f_M in Hz	Fehlergrenzen $\pm F$ in %
Kompensations-Punktdrucker	0 bis 0,01	0,25
Galvanometer-Punktdrucker	0 bis 0,01	1
Kompensations-Linienschreiber	0 bis 1	0,25
Galvanometer-Linienschreiber	0 bis 20	1
Schnellschreiber	0 bis 150	2 bis 5
Flüssigkeitsstrahl-Oszillograph	0 bis $1 \cdot 10^3$	2 bis 5
Lichtstrahl-Oszillograph	0 bis $15 \cdot 10^3$	2 bis 5
Elektronenstrahl-Oszilloskop	0 bis $1 \cdot 10^9$	1 bis 5
Abtast-Oszilloskop	einige 10^9	1 bis 5
Speicher-(Storage-)Oszilloskop	einige 10^6	1 bis 5
Analog-Magnetband-Registriergerät (Direkt, FM, PCM)	einige 10^6	1

Digitale direkte Ausgeber

Drucker mit Typenrad

Punktraster-Drucker mit Nadeln, Flüssigkeitsstrahl oder Laser

Datensichtgerät (Display)

Indirekte Ausgeber (Speichergeräte)

Lochkarten- oder Lochstreifenstanzer

Magnetschichtspeicher (Band, Kassette, Platte, Trommel, Dünnschicht, Magnetkernspeicher)

Digital-Magnetbandspeicher (Digital-Kassettenrecorder)

Digital-Transienten-Recorder

Eine Übersicht über die wichtigsten Registriergeräte mit Angabe der Meßfrequenz-Bandbreite f_M und der Fehlergrenzen F enthält Tafel 8. Bei der Auswahl von Registriergeräten müssen außer dem Meßfrequenzbereich und den Fehlergrenzen noch weitere Kenngrößen, wie z.B. die Registrierart, z.B. Druckkopf, Tinte, Faser- oder Kugelschreiber, Kohlepapier, Metallpapier, thermosensitive oder elektrostatische Verfahren, Flüssigkeitsstrahl-, Lichtstrahl- oder Elektronenstrahl- oder Magnetband-Registrierung, die Vorschubgeschwindigkeit, die maximale Registrierdauer, die Anzahl der Registrierkanäle, die Kosten für das Registriermaterial (Papier, Film, Magnetband usw.) und die Geräteanschaffungskosten sowie die Möglichkeiten der weiteren Datenverarbeitung beachtet werden. Eine Meßwertweiterverarbeitung ist vorteilhaft auf digitaler Basis sowohl bei anzeigenden als auch bei registrierenden Geräten.

Bei analogen Registriergeräten ist für eine vorgegebene Meßfrequenz f_M und eine gewünschte Wellenlänge λ der registrierten Kurve die Vorschubgeschwindigkeit $v = f_M \lambda$ nötig. Allgemein gilt die Forderung $\lambda \geqq 1$ mm.

Das Zeitverhalten eines Registriergerätes mit einem Feder-Masse-System (z.B. Lichtstrahl-Oszillograph) ist durch die Einstellzeit T_E (Beruhigungszeit, settling time, damping time) gekennzeichnet. Dies ist die bei einem Meßsignalsprung vom Gerät benötigte Zeit zum Erreichen des wahren Ausschlags innerhalb von vorgegebenen Grenzen. Für die obere Meßgrenzfrequenz f_M und die Einstellzeit T_E gilt

$$T_E = 1/(2\ f_M) \quad \text{bzw.} \quad f_M = 0{,}5/T_E \tag{95}$$

Für das Zeitverhalten eines Elektronenstrahl-Oszilloskops EO ist die Meßfrequenz-Bandbreite f_M (bandwidth) bzw. die Anstiegzeit T_A (risetime) maßgebend. Die Meßfrequenz-Bandbreite f_M ist der Frequenzbereich, in dem das Registriergerät innerhalb der angegebenen Genauigkeit arbeitet. Die Anstiegzeit T_A ist die Zeit zwischen 10 % und 90 % des Endwerts einer registrierten Sprungfunktion.

Für Meßfrequenz-Bandbreite f_M und Anstiegzeit T_A gilt

$$T_A = 0{,}35/f_M \text{ bzw. } f_M = 0{,}35/T_A \text{ oder } f_M T_A = 0{,}35 \qquad (96)$$

Ein idealer Rechteckimpuls wird z.B. an einem 10 MHz-EO bei der Meßfrequenz-Bandbreite f_M = 10 MHz mit der Anstiegzeit T_A = 35 ns dargestellt.

Für die oszillographische Untersuchung von schnellen Übergangsvorgängen mit der Anstiegzeit T_{AM} wählt man zweckmäßig Elektronenstrahl-Oszilloskope mit der Grenzfrequenz

$$f_{MEO} = 5 \cdot 0{,}35/T_{AM} \qquad (97)$$

Analog-Magnetband-Registriergeräte (magnetic tape recorder) haben meist 7 bis 8 Spuren (Registrierkanäle) mit 6,35 mm = 1/4" oder 12,7 mm = 1/2" Magnetbandbreite oder 14 bis 16 Spuren mit 25,4 mm = 1" Magnetbandbreite. Die Bandgeschwindigkeiten lassen sich oft in 7 binären Stufen (bei jeweiliger Verdopplung) im Verhältnis von maximal 1 : 64 wählen und zwar meist entweder im Bereich $v_1, \ldots, v_7$ = 2,38 cm/s = 15/16 ips (minimal 15/32 ips) ...152,4 cm/s = 60 ips oder $v_2, \ldots, v_8$ = 4,76 cm/s = [1 + (7/8)] ips ... maximal 304,8 cm/s = 120 ips.

Die variablen Bandgeschwindigkeiten ermöglichen eine Zeitdehnung von maximal 1 : 64 oder eine Zeitraffung von 64 : 1 und damit eine Frequenztransformation bei der Meßwertverarbeitung.

Die Eingangsspannungs-Endwerte liegen im Bereich U_α = 0,1 V bis 10 V und die Ausgangsspannungen bei U_β = 1 V.

In Tafel 9 sind für Analog-Magnetband-Registriergeräte die Meßfrequenz-Bandbreiten $f_{8,6,2,1}$ bei den oberen Grenzen der Bandgeschwindigkeiten $v_{8,6,2,1}$ und die Störspannungsverhältniswerte von Meß- zu Störspannung $\nu = U_M/U_S$ für die Direkt-, FM (Frequenz-Modulation mit Mittenfrequenzen f_{mi})- und PCM (Puls-Code-Modulation)-Aufzeichnungsverfahren zusammengestellt.

Beim PCM-Verfahren ist die Abtastrate (A/D-Umsetzungen je Sekunde und Kanal) jeweils etwa 5 mal so groß wie die Meßfrequenz-Bandbreite f_M je Kanal. Bei der Magnetband-Registrierung werden folgende Formate verwendet: NRZ-L, -M, -S, RZ, BIΦ -L, -M, -S, NBΦ -L, -M, -S (s. Abschn. 3.6.8).

Tafel 9 Direkt-, FM- und PCM-Analog-Magnetband-Registrierverfahren mit Meßfrequenz-Bandbreiten f_8 bei Bandgeschwindigkeit v_8 = 304,8 cm/s = 120 ips, f_6 bei v_6 = 76 cm/s = 30 ips, f_2 bei v_2 = 4,76 cm/s = [1 + (7/8)] ips und f_1 bei v_1 = 2,38 cm/s = 15/16 ips, sowie Mittenfrequenzen f_{mi} und Störspannungsabstände $\nu = U_M/U_S$ nach IRIG 106 - 69 (ips = inch per second)

	Aufzeichnungsverfahren	Meßfrequenz-Bandbreite f_M in Hz	f_{mi} in kHz	ν in dB
Direkt	Intermediate band	f_8 = 300 bis $600 \cdot 10^3$ f_1 = 200 bis $5 \cdot 10^3$		37 34
	Wide band I	f_8 = 400 bis $1{,}6 \cdot 10^6$ f_2 = 400 bis $25 \cdot 10^3$		30 24
	Wide band II	f_8 = 400 bis $2 \cdot 10^6$ f_2 = 400 bis $31{,}25 \cdot 10^3$		22 19
FM	Low band ± 40 % Hub, ± 1 dB	f_8 = 0 bis $20 \cdot 10^3$ f_1 = 0 bis 156	108 0,84	55 45
	Intermediate band ± 40 % Hub	f_8 = 0 bis $40 \cdot 10^3$ f_1 = 0 bis 312	216 1,6875	54 45
	Wide band Group I ± 40 % Hub	f_8 = 0 bis $80 \cdot 10^3$ f_1 = 0 bis 625	432 3,375	52 40
	Wide band Group II ±30%Hub(+1...-6)dB	f_8 = 0 bis $500 \cdot 10^3$ f_2 = 0 bis $7{,}8\ 10^3$	900 14,06	35 29
PCM		f_6 = 0 bis $2 \cdot 10^3$ f_1 = 0 bis 62,5		60 60

Bei Digital-Magnetband-Speichergeräten (Digital-Kassetten-Recorder) beträgt nach IRIG-Norm die maximale Impulsdichte für eine Spur des Magnetbands etwa 400 Bit/cm = 1000 Bit/Zoll.

3.5. Automatische Meßdatenerfassung

Im Zusammenhang mit der Automatisierung in der Labor-, Prüffeld- und Prozeß-Meßtechnik sowie bei Simulierungen und bei Prozeßsteuerungen und -regelungen ist eine rationelle Meßdatenerfassung, Meßsignalfernübertragung, Meßdatenreduzierung und Meßwertverarbeitung notwendig.

3.5.1. Meßwert-Erfassungsanlagen

Durch den Einsatz von Meßwert-Erfassungsanlagen (data acquisition equipment, data logger) und Meßwert-Verarbeitungsanlagen ergeben sich Einsparungen von Meßgeräten und Ablesepersonal sowie kürzere Meß- und Auswertzeiten und Verminderung von Fehlern.

Mit automatischen Meßdatenerfassungs- und -verarbeitungs-Systemen werden z.B. in Kraftwerken die Meßwerte von 3000 bis 6000 Meßstellen zyklisch schnell genug nacheinander abgetastet und die Meßwerte mit wenigen Geräten bzw. mit zentralen oder verteilten Prozeßrechnern gespeichert und verarbeitet. In einer Meßwert-Überwachungseinrichtung mit selektiver Grenzwertüberwachung braucht z.B. eine Signalisierung und Registrierung nur dann zu erfolgen, wenn eine Meßgröße den vorgegebenen Toleranzbereich überschreitet. In diesen Meßsystemen werden die Meßsignale meist auch fernübertragen (s. Abschn. 3.6). Für die Verringerung des Meßgeräteaufwands ist allerdings ein erhöhter Steuergeräteaufwand nötig.

Off-Line-Anlagen dienen hauptsächlich der Erfassung, Registrierung oder Speicherung der von einem Prozeß gelieferten Meßinformationen. Die Meßwertverarbeitung und -auswertung erfolgt zu einem beliebigen späteren Zeitpunkt nach ausgewählten Kriterien (s. Abschn. 4). Als Beispiel zeigt Bild 49a den vereinfachten Signalflußplan einer mit einem Steuergerät SG gesteuerten automatischen Off-Line-Meßwert-Erfassungsanlage zum Ausdrucken der Meßwerte.

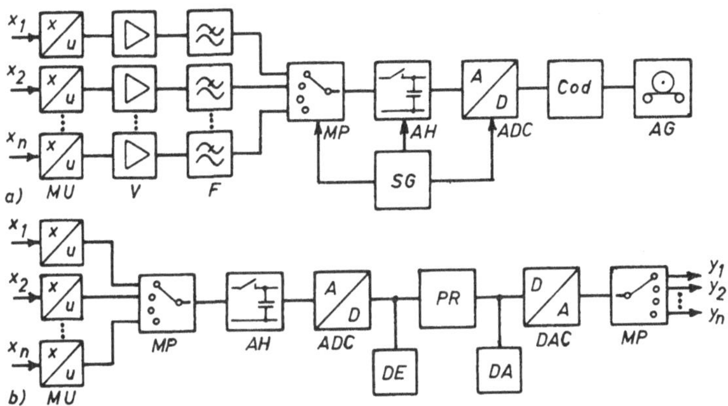

Bild 49 Beispiele für vereinfachte Signalflußpläne von Meßdaten-Erfassungsanlagen mit automatischer zyklischer Abfrage und Digitalisierung der Meßwerte
a) Off-Line-Anlage mit Steuergerät SG
b) On-Line-Anlage mit programmiertem Prozeßrechner PR (Real Time oder Time Sharing Processor)
$x_1,\ldots,x_n$ Meß- oder Regelgrößen
$y_1,\ldots,y_n$ Ausgangs- oder Stellgrößen
MU Meßumformer, V Meßsignalverstärker, F Tiefpaß(Aliasing)-Filter, MP Multiplexer, AH Abtast-Halteschaltung (sample and hold), ADC und DAC Analog-Digital- und Digital-Analog-Umsetzer (Converter), Cod Kodierer bzw. Umkodierer, AG Ausgabegerät, z.B. Streifendrucker oder Magnetbandregistriergerät, DE und DA Daten-Ein- und -Ausgabe

On-Line-Anlagen sind Meß- und Regelanlagen, in denen aus den zugeführten Meßinformationen z.B. Steuerbefehle abgeleitet werden, die in den Prozeß in gewisser vorgegebener Weise unmittelbar eingreifen. Zwischen der Meßdatenerfassung und Meßwertverarbeitung steht nicht beliebig viel Zeit zur Verfügung. Beim Real-Time-Verfahren werden die Meßdaten sofort übertragen und verarbeitet.

Als Beispiel zeigt Bild 49b einen vereinfachten Signalflußplan eines digitalen On-Line-Regelungssystems mit n > 100 Regelkreisen. Dabei wird für den Ablauf der zeitlichen Steuerung ein programmierter Prozeßrechner PR eingesetzt. Dieser Prozeßrechner berechnet auch nach einem Regelalgorithmus aus den Eingangsgrößen x die Ausgangsgrößen y für Führungs- und Optimierungsaufgaben. Mit prozeßrechnergesteuerten Meßdaten-Erfassungsanlagen können sowohl analoge als auch digitale Meßwerte erfaßt und verarbeitet werden.

3.5.2. Bus-System in Meßwert-Erfassungsanlagen

Der zeitliche Ablauf in einem Meßdaten-Erfassungssystem (DIN 44302) wird nur in großen Anlagen mit verhältnismäßig großem Aufwand über einen Prozeßrechner gesteuert. In kleineren Anlagen lassen sich vorteilhaft Minicomputer verwenden, die sowohl eine Programmänderung als auch eine Weiterverarbeitung der anfallenden Meßwerte ermöglichen. Mit noch kleinerem Aufwand lassen sich mit kleinen programmierbaren Steuergeräten oder mit Mikroprozessoren programmierbare Ablaufsteuerungen aufbauen.

Im IEC-Bus nach DIN IEC 625 Teil 1 u. 2 (Digital Interface for Programmable Instrumentation) mit der Prinzipschaltung nach Bild 50 können bis zu 15 Meß- und Rechengeräte in sternförmiger oder linearer Anordnung über einen Bus (Datensammelschiene) mit Gesamtübertragungswegen bis 20 m bei Datenraten bis maximal etwa 2 Megabyte je Sekunde verbunden werden.

Alle Geräte haben definierte gleiche Schnittstellen (Interface) zum empfangen bzw. hören (listen) und senden bzw. geben (talk) von Signalen. Im asynchronen Start-Stop-Betrieb (Handshake-Betrieb) wird jedes Gerät von einem Steuergerät mit seiner Geräteadresse aufgerufen und erhält einen Steuerbefehl über die drei Leitungen des Steuer-Bus TC für die Übernahme von Steuerdaten, z.B. für die Programmierung eines Digitalmultimeters auf einen bestimmten Meßbereich über den Daten-Bus DB.

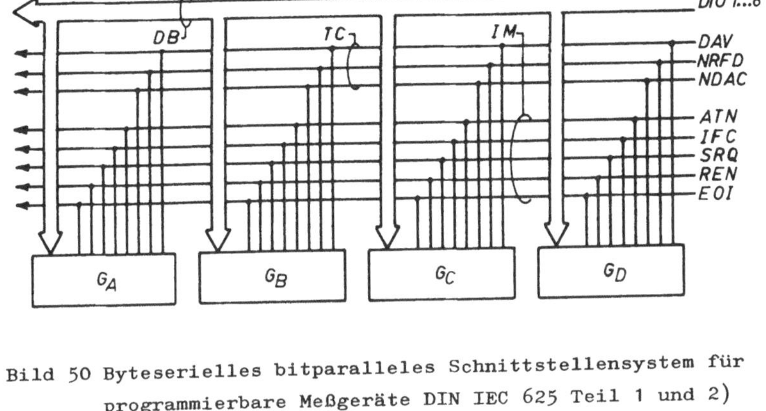

Bild 50 Byteserielles bitparalleles Schnittstellensystem für programmierbare Meßgeräte DIN IEC 625 Teil 1 und 2)
DB Data Bus mit 8 Datenleitungen DIO 1...8 (Data in/ out, Dateneingabe/Ausgabe, Datenbus)
TC Data Byte Transfer Control (Steuerung für Datenübertragung, Übergabesteuerbus, Handshake-Bus)
IM General Interface Management (Allgemeine Interface-Steuerung, Schnittstellensteuerbus)
DAV Data-Valid (Daten gültig)
NRFD Not-Ready-for-Data (nicht aufnahmebereit)
NDAC Not-Data-Accepted (keine Daten aufgenommen)
ATN Attention (Achtung)
IFC Interface clear (Interface bereit)
SRQ Service request (Überprüfung erforderlich)
REN Remote enable (nur Fernbedienung möglich)
EOI End or identify (Ende oder Kennung)
G_A Sender-Empfänger-Steuergerät, z.B. Tischrechner (able to talk, listen and control)
G_B Sender-Empfängergerät, z.B. programmierbares Digitalmultimeter (able to talk and listen)
G_C Empfängergerät, z.B. Signalgenerator (listen only)
G_D Sendergerät, z.B. Zähler (only able to talk)
IEC International Electrical Commission
IEEE The Institute of Electrical and Electronics Engineers, Inc.

Die Übernahme von Steuerdaten wird durch Zeit-Signale (Timing) wie z.B. die Takt-Signale (clock pulse) gesteuert. Zur Ausführung einer Messung müssen zuerst die Adresse des Meßgeräts und anschließend über die drei Steuerleitungen TC die Befehle für den Messungsbeginn gesendet werden. Erst wenn das Signal für die Beendigung der Messung eintrifft, darf das Steuergerät die Meßdaten aus dem Meßgerät abrufen. Dazu gibt das Steuergerät wieder die Adresse des Meßgeräts aus und über die Steuerleitungen TC mehrere Befehle im ISO-7-bit-Code, um nacheinander die einzelnen Ziffern des Meßwerts im ASCII-Code (American Standard Code for Information Interchange) über den Daten-Bus DB abzurufen oder zwischenzuspeichern. Die codierten Daten werden in bitparalleler byteserieller Form über die acht Leitungen des Data-Bus DB von und zu den Geräten übertragen. In ähnlicher Weise erfolgt z.B. das Ausdrucken der Meßwerte in einem Streifendrucker.

Die fünf Interface-Steuerleitungen IM stellen die Übertragung von Informationen innerhalb des Bus sicher.

Zur gleichen Zeit darf immer nur ein Steuergerät (Controller) das System steuern, nur ein Sender (Talker) darf Daten auf den Bus senden, aber bis zu 14 Empfänger (Zuhörer, Listener) können Daten gleichzeitig übernehmen.

3.5.3. Multiplexer

Multiplexer (Meßstellenwähler, Scanner) werden bei der Meßdaten-Erfassung und -Fernübertragung verwendet. Beim Zeitmultiplexer werden bis zu 1000 Analog-Kanäle manuell oder automatisch sequentiell, d.h. zeitlich aufeinanderfolgend, abgefragt und auf den Ausgang geschaltet. Am Ausgang des Multiplexers steht somit ein pulsamplitudenmoduliertes Signal PAM zur Verfügung (s. Bild 54d). Für die Zeitdauer einer nachfolgenden Analog-Digital-Umsetzung für eine Puls-Code-Modulation PCM (s. Abschn. 3.6.8) wird das PAM-Signal in einer Abtast-Halteschaltung (Sample and Hold) festgehalten.

Im Multiplexer wird jede Meßstelle mit zwei-, drei- oder vierpoligen Schaltern entweder manuell oder automatisch mit Schaltrelais' oder mit MOS-FET bzw. C-MOS Mehrkanalschaltern, die sich durch kurze Schaltzeiten und exakte Ein- und Ausschaltkennlinien auszeichnen, umgeschaltet.

Für die Abtastrate in Zeitmultiplex-Systemen gilt das Abtasttheorem von Shannon, nach dem $n \geqq 2$ Abtastungen je Periode eines Sinussignals notwendig sind, um dieses Signal unter theoretisch idealen Bedingungen in Betrag und Frequenz zu reproduzieren. Da in der Praxis keine idealen Verhältnisse (Filter usw.) gegeben sind, müssen für die höchsten zu erfassenden Meßfrequenzen $n \geqq 5$ Abtastungen je Periode vorgenommen werden.

Für die Auswahl von elektrischen Multiplexern sind folgende Kenngrößen zu beachten: Anzahl der Kanäle, passive oder aktive Meßfühler, Meßschaltung (der Meßbrückenabgleich für jeden Meßfühler kann z.B. entweder in getrennten Meßschaltungen oder in einer programmierten zentralen Abgleicheinheit vorgenommen werden), Signalform (z.B. Trägerfrequenz- oder Gleichspannung) Eingangsspannungsbereich (input voltage range), Eingangsimpedanz, Durchlaß- und Sperrwiderstand, Verstärkung, Logikansteuerung (z.B. TTL-Pegel), Übertragungsgenauigkeit, Übersprechen (Feedthrough) und Nebensprechen (Crosstalk), Einschwingzeit (settling time), Durchgangsrate (through put rate), die dem Reziprokwert der Einschwingzeit entspricht.

3.6. Fernmessung und Telemetrie

3.6.1. Fernmeßanlagen

Fernmessung (remote measurement) nennt man die elektrische Fernübertragung von Meßwerten zwischen zwei ortsfesten Punkten über Leitungen oder Kabel.

Telemetrie ist die Meßwert-Fernübertragung von einem beweglichen Meßort zu einer festen oder beweglichen Empfangsstation (telemetering equipment) drahtlos über den Funkweg.

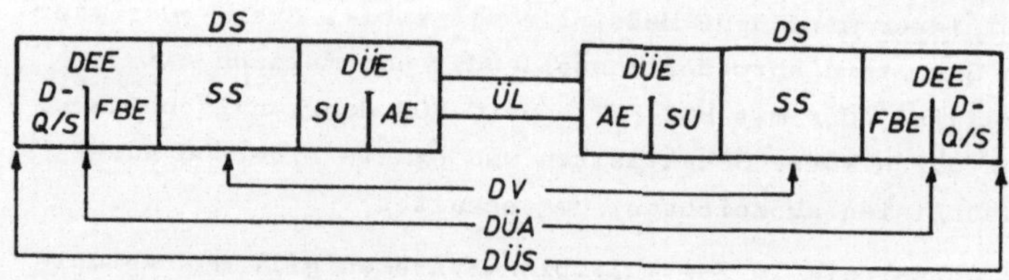

Bild 51 Datenübermittlungssystem nach DIN 44302 Blatt 11
DÜS Datenübermittlungssystem (data communication system)
DÜA Datenübermittlungsabschnitt (data link)
DV Datenverbindung (data connection)
DS Datenstation, Sende- und Empfangsstation (terminal, master and slave station)
DEE Datenendeinrichtung (data processing terminal equipment)
D-Q/S Datensignal-Quelle/Senke (data source/sink)
FBE Fernbetriebseinheit
SS Schnittstelle (interface)
DÜE Datenübertragungseinrichtung, Modem (data communication equipment); SU Signalumsetzer; AE Anschalteinh.
ÜL Übertragungsleitung (connection network)

Ein Datenübermittlungssystem besteht nach Bild 51 aus zwei mit der Übertragungsleitung ÜL verbundenen Datenstationen DS mit den nach DIN 44302 bezeichneten Teilen. Prinzipiell enthält eine Fernmeßanlage Blöcke für die Erfassung, Umsetzung, Übertragung, den Empfang der Meßsignale sowie die Erkennung und Ausgabe der Meßwerte. Die Modulatoren DÜE am Anfang und Demodulatoren am Ende der Leitung werden Modem genannt und setzen die Signalspannung in eine für die Übertragung geeignete Signalart um.

Die Gerätezusammenstellung von Fernmeß- und Telemetrieanlagen ändern sich bei der Anwendung von verschiedenen Meßverfahren. Es werden ähnliche Bausteine wie in Datenerfassungsanlagen (s. Abschn. 3.5) verwendet.

Meßwert-Fernübertragungsanlagen werden entweder mit einseitigem oder wechselseitigem Informationsfluß (one way or either way communication) betrieben.

Die Fernmeßtechnik wird auf vielen Gebieten der Forschung und der Technik angewendet, z.B. zur Überwachung und Steuerung von technischen Prozessen, in Stromversorgungsanlagen und -netzen mit zentralen Leitstellen, bei der Verkehrssteuerung, bei der Auto- und Flugzeugentwicklung, in der Medizin, im Umweltschutz, bei der Erdbebenüberwachung, bei der Wetterbeobachtung und in der Raumfahrt.

3.6.2. Analoge Fernmeßverfahren mit Informationsumsetzung in Amplituden-Strukturen

Fernmeß-Intensitätsverfahren mit Hilfsspannung. Hierzu gehören die Weg-Fernmeßverfahren mit Widerstandsmeßfühlern in Spannungsteiler-, Kompensations-, Brücken- und Quotientenmeßschaltungen sowie mit induktiven Meßfühlern und Drehmeldern (s. Abschn. 2.2 und 2.3).

Gleichstrom-Übertragung. Bei analogen Meßverfahren besteht zwischen Meßgröße und Signalgröße jederzeit eine eindeutige Zuordnung.

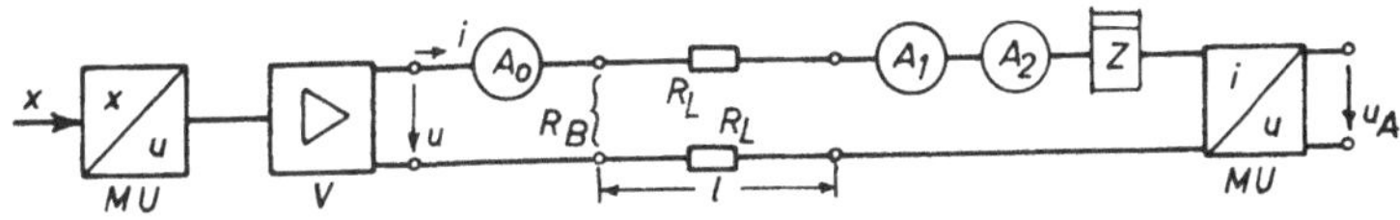

Bild 52 Analoge Gleichstrom-Fernübertragungsanlage
x Meßgröße, u Meßsignalspannung, i eingeprägter Gleichstrom, $A_{0,1,2}$ Meßgeräte, Z Zähler
R_L Leitungswiderstände, R_B Bürdenwiderstand der Ausgabegeräte, l Leitungslänge von maximal 20 km bis 80 km

Bei der Gleichstrom-Übertragung nach Bild 52 wird die Meßgröße x im x/u-Meßgrößenumformer MU und über den Verstärker V in ein eingeprägtes Gleichstrom-Meßsignal i für die Ausgabegeräte umgesetzt. Innerhalb des Meßbereichs $x_{min} \leqq x \leqq x_{max}$ ergibt sich mit der Meßgrößenempfindlichkeit S_x und dem Strom i_o bei x_{min} der eingeprägte Meßsignalstrom

$$i = S_x(x - x_{min}) + i_o = f(t) \tag{98}$$

Als Übertragungsleitungen dienen bei eingeprägtem Gleichstrom mit Einheitssignalen nach Tafel 2 galvanisch durchverbundene Doppelmeß- oder Telefonleitungen. Bei Verstärker-Ausgangsleistungen P_β = 1 W bis 2 W verwendet man durch die Leitungs-Spannungsfestigkeit begrenzte Spannungsendwerte U = 10 V. Die maximalen Bürdenwiderstände betragen $R_B = U/I$ = 10 V/20 mA bis 10 V/5 mA = 500 Ω bis 2000 Ω.

Gleichspannungs-Übertragung. Bei diesem Verfahren verwendet man eine eingeprägte Spannung mit Einheitssignalen nach Tafel 2. Durch den Einfluß von Leitungswiderständen und deren Änderungen kann bei stromaufnehmenden Ausgabegeräten die Anzeige gestört werden. Von Vorteil ist, daß alle Empfänger einseitig geerdet werden können.

3.6.3. Analoge Fernmeßverfahren mit Informationsumsetzung in Frequenz-Struktur

Frequenzvariationsverfahren. Hierbei wird der Meßwert in eine proportionale Frequenz umgewandelt (frequenzanaloge Verfahren). Die Frequenzänderung wird meist in Oszillatoren durch Änderung der Schwingkreis-Induktivität oder -Kapazität erzeugt.

Berührungslose frequenzanaloge Meßwert-Nahübertragung. Bild 53 zeigt die Prinzip-Blockschaltung einer berührungslosen induktiven Einkanal-Meßwert-Nahübertragungsanlage für Drehmomentmessungen (s. Abschn. 7.9). Die Widerstandsänderungen der Dehnungsmeßstreifen in der Meßbrücke MB werden in dem Meßumformer MU und NF-FM-Oszillator G in drehmomentproportionale Ausgangsfrequenzen (Frequenzmodulation einer Mittenfrequenz) umgewandelt. Der rotierende Anlagenteil RA wird entweder über eine mitrotierende Batterie B oder über einen schleifringlosen

Drehtransformator mit Gleichrichter mit Strom versorgt.

Im stationären Anlagenteil SA empfängt eine Empfangsspule ES induktiv (oder eine Kondensatorelektrode kapazitiv) die frequenzmodulierte Spannung. Diese wird im Meßempfänger ME in einem Diskriminator in eine meßwertproportionale eingeprägte Ausgangsspannung mit dem Einheitssignal $U_\beta = \pm 1$ V oder ± 10 V bzw. in einen eingeprägten Ausgangsstrom mit dem Einheitssignal $I_\beta = \pm 20$ mA umgesetzt und auf das Ausgabegerät AG gegeben.

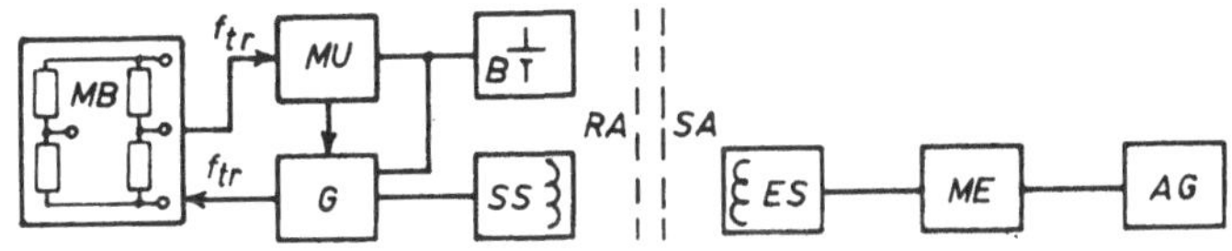

Bild 53 Induktive Einkanal-Meßwert-Nahübertragungsanlage
MB Meßbrücke, f_{tr} Trägerfrequenz, MU Meßumformer, G Oszillator, B Batterie, SS Sendespule, ES Empfangsspule, ME Meßempfänger mit Diskriminator, AG Ausgabegerät, RA rotierender und SA stationärer Anlagenteil

Dieses Verfahren wird zur berührungslosen Nahübertragung der Meßwerte von physikalischen Meßgrößen mit Meßgrenzfrequenzen $f_M = 1600$ Hz, wie z.B. Kraft, Drehmoment und Temperatur mit Dehnungsmeßstreifen, induktiven Meßfühlern oder mit Thermoelementen auf umlaufenden Wellen über Entfernungen von 1 cm bis 100 cm verwendet.

3.6.4. Analoge Impulsverfahren

Die Meßgröße wird mit verschiedenen Verfahren in eine Impulsfolge umgesetzt.

Pulsfrequenz-Verfahren. Gemäß Bild 54a ist die Anzahl der Pulse je Zeiteinheit ein Maß für den Meßwert. Die Pulsfrequenz liegt meist in den Bereichen von 2 bis 12, 5 bis 15 oder 5 bis 25 Pulsen/sec. Da grundsätzlich eine unendlich große Zahl von

Pulshäufigkeiten übertragen werden kann, handelt es sich um ein analoges, kontinuierlich arbeitendes System.

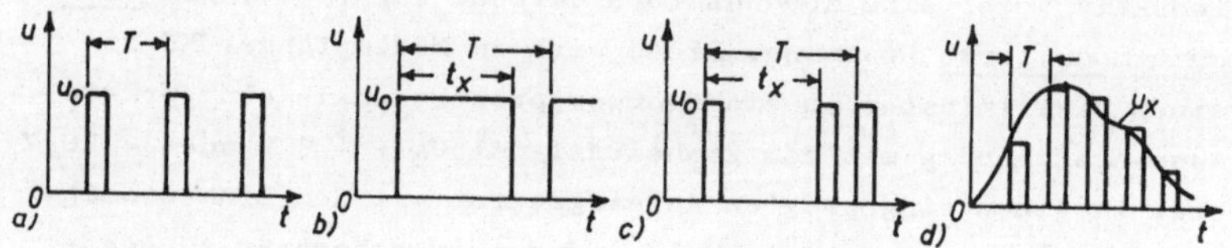

Bild 54 Analoge Fernübertragung mit Impulsfolgen
a) Pulsfrequenzverfahren, b) Pulsdauermodulation PDM, c) Pulsphasenmodulation PPM, d) Pulsamplitudenmodulation PAM, T Pulsfolgen-Periodendauer, u_o Impuls- und u_x Meßsignalspannung

Puls-Dauer-Modulation PDM. Die den Meßwerten proportionalen Meßsignal-Spannungswerte u_x werden gemäß Bild 54b in Rechteckimpulse mit konstanter Spannung u_o und unterschiedlicher Impulsdauer $t_x \sim u_x$ umgesetzt. Mit der Grundperiodendauer T wird im Empfänger der Meßsignal-Spannungswert $u_x \sim t_x/T$ zurückgewonnen. Die Pulsfolgefrequenzen $f = 1/T$ sind bei mechanischen Impulsgebern $f \approx 1$ Hz und bei elektronischen Gebern $f \approx 10$ Hz. Der Übertragungsfehler beträgt etwa 1 %.

Puls-Phasen-Modulation PPM (Pulslagemodulation). Hierbei wird ähnlich wie bei PDM die Meßsignalspannung u_x gemäß Bild 54c in ein Zeitintervall t_x als Abstand zweier kurzdauernder Impulse umgesetzt.

Mit zunehmender Leitungslänge bevorzugt man die Pulslagenmodulation PPM gegenüber der Pulsdauermodulation PDM.

Puls-Amplituden-Modulation PAM. Aus der analogen Meßsignalspannung $u_x = f(t)$ wird nach Bild 54d eine äquidistante Folge von Spannungsmomentanwerten herausgegriffen, ähnlich wie bei einem Abtast-Oszilloskop (Sampling-Prinzip). Die erhaltenen Impulse sind in ihrer Amplitude proportional zum Meßwert x; sie sind amplitudenmoduliert.

Dieses PAM-Signal entsteht auch beim Zeitmultiplex-Verfahren über einen Abtastschalter. Nach der Übertragung werden bei der Demodulation die Impulsspitzenwerte ermittelt und jeweils kurzzeitig gespeichert. Die entstehende Treppenspannungskurve ist der Originalkurve ähnlich.

Puls-Code-Modulation PCM. Jeder wie bei der PAM abgetastete Zeitwert wird für sich digitalisiert, d.h. durch binär codierte Zahlen ausgedrückt und übertragen. Bei der Demodulation werden die einzelnen Zahlen durch D/A-Umsetzer in proportionale analoge Werte umgesetzt, kurzzeitig gespeichert und bilden eine der Originalkurve ähnliche Treppenkurve. PCM wird hauptsächlich bei Zeitmultiplex-Verfahren angewendet (s. Abschn. 3.6.8).

3.6.5. Frequenzmultiplex-Verfahren.

Eine Meßwert-Übertragungsanlage enthält zur rationelleren Ausnutzung der Anlage meist mehrere Meßkanäle, die beim Frequenzmultiplex-Verfahren gleichzeitig übertragen werden. Hiermit spart man Übertragungskanäle, z.B. Leitungen.

Unterträger-Frequenzmodulation. In diesem Telemetriesystem bewirken nach Bild 55 die Meßsignalspannungen u eine Frequenzmodulation der Unterträgeroszillatoren UO. Alle Unterträgersignale werden in dem Mischverstärker MV addiert, und das Summensignal moduliert die Senderfrequenz von maximal $f_S = 466$ MHz des Senders S mit Maximalleistungen von $P \approx 1$ W. Da sowohl die Unterträger als auch der Hauptträger des Senders frequenzmoduliert sind, spricht man wegen der zweimaligen Frequenzmodulation von einem FM-FM-Verfahren.

Ähnlich wie auf der Senderseite zweimal moduliert wird, muß auf der Empfängerseite durch FM-Demodulatoren (Diskriminator, Ratiodedektor) zweimal demoduliert werden. Die erste Demodulation im Empfänger E liefert die Summe aller Unterträgerfrequenzen, durch NF-Filter UD werden die einzelnen Unterträger herausgefiltert. Ein weiterer Diskriminator nach jedem Filter liefert eine Meßspannung für den übertragenen Meßwert. Diese Spannungen mit maximalen Meßfrequenz-Bandbreiten $f_M \approx 5$ kHz werden auf den Ausgabegeräten AG angezeigt, auf Blatt- oder Magnetband-Registriergeräten registriert oder auch weiterverarbeitet.

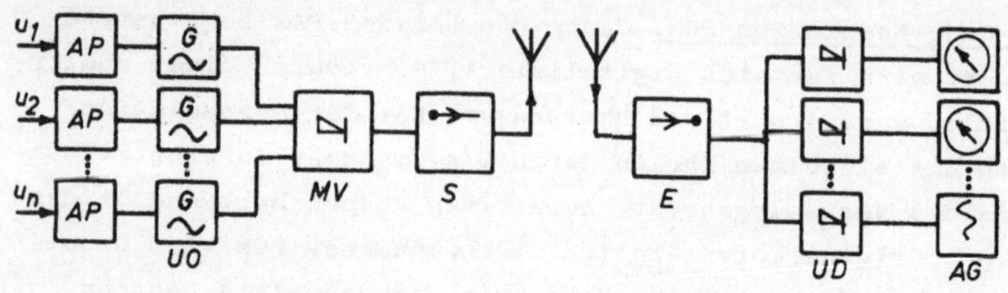

Bild 55 Prinzip-Signalflußplan eines Frequenzmultiplex-Verfahrens mit Unterträger-Frequenzmodulation (FM-FM-Telemetriesystem)
u Meßsignalspannung, AP Anpasser, UO FM-Unterträgeroszillator, MV Mischverstärker, S Sender, E Empfänger, UD FM-Unterträgerdedektor, AG Ausgeber

Frequenz-Multiplexanlagen haben z.B. Unterträgerkanäle mit konstanter Bandbreite (nach IRIG, Inter Range Instrumentation Group) für maximale Meßfrequenzen f_M = 400 Hz, 800 Hz und 1600 Hz und Senderfrequenzen für Medizin (Biotelemetrie) und Industrie (nach FTZ-Darmstadt) von f_S = (37, 169, 433, 456 und 466) MHz. Als Reichweiten gelten Übertragungsstrecken auf der Erdoberfläche von s = 30 km, entsprechend einer geometrischen Sichtweite von 75 m Höhe.

Anlagen mit maximalen relativen zulässigen Fehlern von $F < 1$ % sind verhältnismäßig teuer.

Unterträger-Amplitudenmodulation. Wenn die Unterträger in einer Übertragungsanlage nicht frequenz- sondern amplitudenmoduliert sind, entfallen die Driftprobleme, und die Oszillatoren und Demodulatoren werden einfacher. Amplitudenstörungen wirken sich dabei allerdings als Meßfehler aus.

3.6.6. Zeitmultiplex-Verfahren

Wenn bei einer Meßaufgabe auf eine simultane Übertragung aller Meßwerte verzichtet werden kann, ist es mit einem speziellen Geräteaufwand oft wirtschaftlicher, sequentielle Zeitmultiplex-Verfahren einzusetzen. Hierbei werden mehrere Meßkanäle zeitlich nacheinander auf eine Funktionseinheit zur Meßwertübertragung geschaltet.

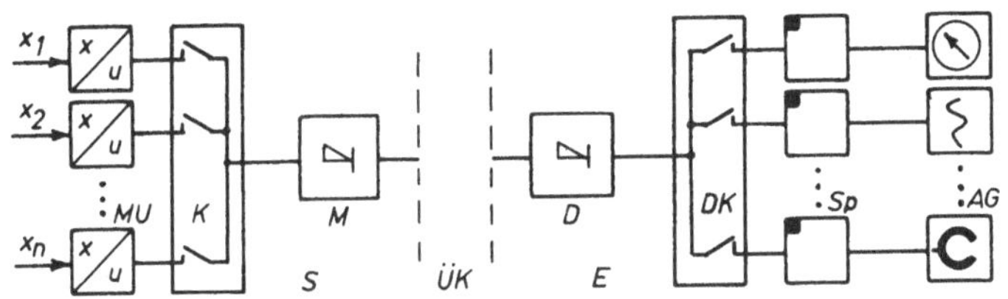

Bild 56 Zeitmultiplex-Übertragungsanlage
x Meßgrößen, u Meßsignalspannungen, S Sender, ÜK Übertragungskanal, E Empfänger, MU Meßgrößenumformer, K Kommutator, M Modulator, D Demodulator, DK Dekommutator, Sp Speicher, AG Ausgabegerät

Bild 56 zeigt den Prinzip-Signalflußplan einer Zeitmultiplex-Übertragungsanlage mit analogen Meßwerten mit n Meßkanälen. Auf der Sender- und Empfängerseite S und E (Kommando- und Unterstation) schalten synchron umlaufende Schalter im Kommutator K und Dekommutator DK die Meßsignalspannungen $u_1, \ldots, u_n$ mit den zugehörigen Ausgabegeräten AG zusammen.

Zeitmultiplex-Abtastung. In Bild 57 ist prinzipiell dargestellt, wie drei Meßsignalspannungen u_1, u_2 und u_3 (a) während eines Zyklus (Umlauf) des Kommutators (b) jeweils kurzzeitig abgetastet und übertragen werden (c). Ein mitübertragener Synchronimpuls u_S steuert den Gleichlauf des empfängerseitigen Dekommutators DK. Die übertragenen Spannungsimpulse werden in den Speichern Sp der einzelnen Meßkanäle nach Bild 56 kurzzeitig festgehalten, über Tiefpässe zu den Originalspannungskurven interpoliert und den zugehörigen Ausgabegeräten AG zugeführt. Die Grenzfrequenz des Tiefpasses sollte gleich der halben Umlauffrequenz des Kommutators sein. Die Pulsfolgefrequenz f_P wählt man in der Praxis mehr als doppelt so groß wie die höchste Fourierkomponente f_{Mmax} der zu übertragenden Meßgrössenfrequenz, und zwar $f_P \geqq 5\, f_{Mmax}$.

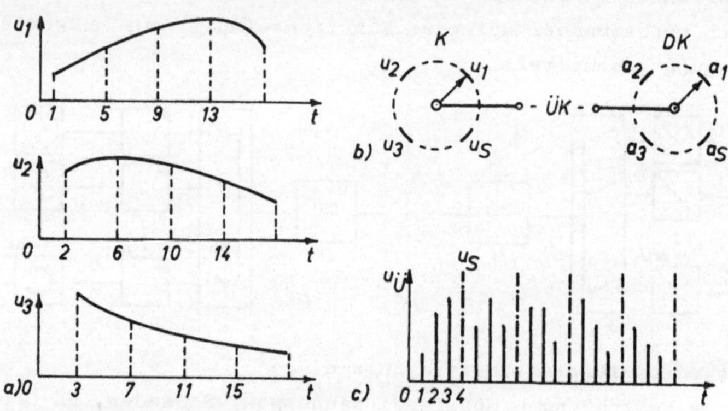

Bild 57 Zeitmultiplex-Abtastung

a) u_1, u_2, u_3 zeitlich veränderliche Meßsignalspannungen

b) K Kommutator, ÜK Übertragungskanal, DK Dekommutator

c) $u_Ü$ sequentiell übertragene Signalspannungen mit Synchronisiersignal u_S

Kommutierung. Schnell veränderliche Meßsignale mit höchsten Frequenzkomponenten f_{Mmax} gibt man entweder auf Kommutatoren mit großer Umlauffrequenz und kleiner Kanalzahl, oder man legt ein solches Signal unter Verwendung von mehreren Kanälen (Bild 58) auf mehrere Kontakte des Kommutators.

Innerhalb eines Abtastzyklus (Datenrahmen, frame) können Meßsignale mit höherer Frequenz nach Bild 58a durch Super(Über)-Kommutierung öfter, und Werte von Signalen mit niedriger Frequenz nach Bild 58b durch Sub(Unter)-Kommutierung nur nach jedem zweiten (oder dritten) Abfragezyklus aufgenommen werden. Die Datenquellen im Subkommutator SK wechseln bei jedem Abtastzyklus des Hauptkommutators HK von 1 nach 2 usw.

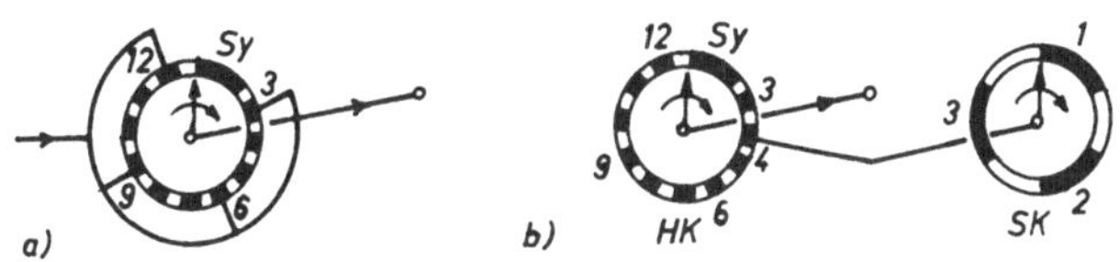

Bild 58 Kommutierung

a) Superkommutierung von 4 äquidistanten Kanälen

b) Subkommutierung mit Unterrahmen

HK und SK Haupt- und Subkommutator

Anwahlmeßwerte, sowie sporadisch auftretende Informationen, wie Meldungen, Befehle usw., können nach Erkennen einmalig übertragen werden. Die unterschiedlichen Daten werden oft ihrer Wichtigkeit entsprechend prioritätsgeordnet übertragen. Eine Zeitmultiplex-Anlage kann auch in einen Kanal einer Frequenzmultiplex-Anlage (s. Abschn. 3.6.5) eingeschaltet werden.

Da die bei den Abtastungen der Meßsignalspannungen entstehenden PAM-Pulse von maximal 600 Baud (Stromschritte, d.h. Impulse je sec) nicht immer über jede Leitung übertragen werden können, z.B. über Telefonleitungen, wendet man für die Übertragung auch andere anschließend beschriebene Verfahren an.

Beispiel 5: Zeitmultiplex-Anlagen. Welche Schalt(Puls)-Folgefrequenzen f_P haben Zeitmultiplex-Anlagen mit Kommutatoren mit $n = 15$, 30, 60 oder 90 Kanälen bei zugehörigen Umlauffrequenzen $f_U = 200$, 100, 50 oder 33 1/3 Hz?

Die Schaltfolgefrequenzen betragen für alle Kanäle $f_P = n\,f_U =$ 3 kHz. Es ergeben sich somit bei allen Kanälen 3000 Abtastungen je Sekunde. Die Meßsignalquellen können umso häufiger abgetastet werden, je niedriger die Kanalzahl des Kommutators ist.

3.6.7. Zeitmultiplex-Verfahren mit Pulsphasenmodulation PPM

Beim PPM-Zeitmultiplex-Verfahren werden die Meßwerte durch den zeitlichen Abstand zweier Impulsvorderflanken i_1 und i_2 definiert. Der erste Impuls i_1 startet im Sender und im Empfänger eine linear ansteigende Spannung. Bei Spannungsgleichheit mit der Meßspannung wird im Sender der zweite Impuls i_2 ausgelöst, der im Empfänger das Ansteigen der Spannung unterbricht. Dieser dem Meßwert entsprechende Spannungsendwert wird einem Speicher zugeführt und ausgegeben. Nach Beendigung der letzten z.B. fünften Abtastung synchronisiert ein verlängerter Impuls die Empfangseinrichtung.

Da der Meßwert nur der Zeitdifferenz zweier ansteigender Impulsflanken proportional ist, entstehen durch Pegelschwankungen keine Fehler.

3.6.8. Zeitmultiplex-Verfahren mit digitaler Puls-Code-Modulation PCM

Für die Meßwertübertragung über große Entfernungen mit großer Kanalzahl wird überwiegend die digitale Signaldarstellung mit Puls-Code-Modulation PCM verwendet. Dabei werden entsprechend dem Signalflußplan in Bild 59 die Meßsignalspannungen u abgetastet, quantisiert und seriell als Datenworte in einen Impulscode übertragen.

Im Empfänger (Demodulator) nach Bild 59b wird der empfangene Bitstrom nach der Synchrontaktgewinnung im Regenerator SyT regeneriert, im Seriell/Parallel-Umsetzer SPC in eine bitparallele Form und vom Digital/Analog-Umsetzer DAC wieder in die Spannungsamplituden der Signalabtastungen umgesetzt. Der Demultiplexer DMP verteilt die Signale auf die zugeordneten Filter F und Ausgangsverstärker V, und man erhält die den Meßwerten x entsprechenden Ausgangsspannungen u_β .

PCM-Anlagen werden entweder On-Line für die Datenübertragung und -verarbeitung oder Off-Line für die Datenregistrierung und anschließende Verarbeitung verwendet.

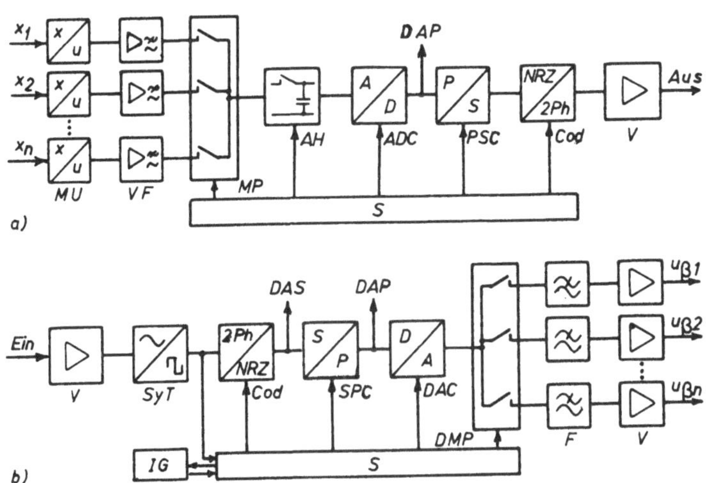

Bild 59 Signalflußplan einer PCM-Datenübertragungsanlage
a) Sender (Modulator), b) Empfänger (Demodulator)
x Meßgrößen, u_{β} Ausgangsspannungen
MU Meßgrößenumformer, VF Vorverstärker mit Aliasing-Filter, MP Multiplexer, DMP Demultiplexer, AH Abtast-Halteschaltung, ADC Analog/Digital- und DAC Digital/Analog-Umsetzer (Converter), PSC Parallel/Seriell- und SPC Seriell/Parallel-Umsetzer, Cod Code-Umsetzer
SyT Synchron-Taktgewinnung (Regenerator), IG Integrator-Generator, S Ablaufsteuerung (Steuerlogik)
DAP Digitalausgabe parallel und DAS seriell

Quantisierung. Nach Bild 60a werden nach der Abtastung zu den Abtastzeitpunkten $t_{1,2,...}$ die verschiedenen Amplitudenstufen $u_{1,2,...}$ des analogen pulsamplitudenmodulierten Signals PAM mit einem A/D-Umsetzer in einen Binär-Code umgesetzt. Hierbei entstehen seriell übertragene Datenworte nach Bild 60b bis d aus zweiwertigen Zeichen mit 0- und 1-Stufen.

Ein Wort mit n = 3 bit (Binärstellen, Bezeichnung für Puls

oder Zwischenraum im Wort, Abkürzung von binary digit) löst den Meßbereich in $j = 2^3 = 8$ Quantisierungsschritte (Amplitudenstufen) auf. Die Länge jedes Digitalwortes mit z.B. n = 3, 8,10,12 bit usw. ist maßgebend für die erreichbare Auflösung und den Fehler des PCM-Systems. Beim Wort mit n = 3 bit entspricht die Auflösung des Meßbereichs in $j = 2^3 = 8$ Stufen einer relativen Auflösung von $Q = 2^{-3} = 0,125$, und der relative Quantisierungsfehler durch die A/D-Umsetzerunsicherheit von $\pm$ 0,5 LSB (least significant bit) bezogen auf den Meßbereichendwert beträgt $F_Q = \pm$ 6,25 %.

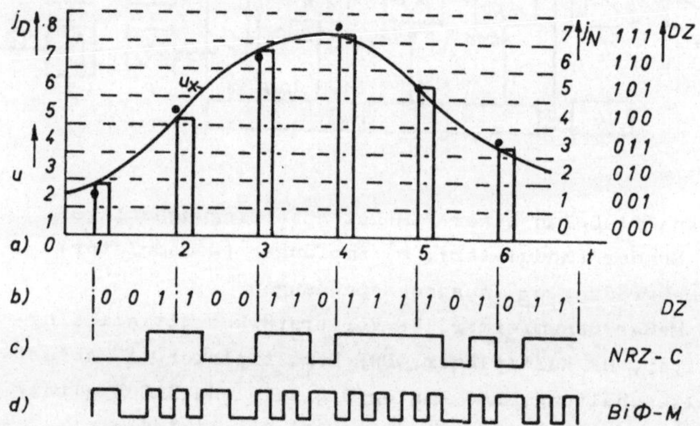

Bild 60 Quantisierung bei der Puls-Code-Modulation PCM

a) Quantisierung mit t Abtastungen der Meßspannung u_x in Dezimal-Amplitudenstufen j_D bzw. numerierten Amplitudenstufen j_N mit Dualzahlen DZ

b) Quantisierungscode mit Dualzahlen DZ

c) Spannungsverlauf im NRZ-C-Code

d) Spannungsverlauf im BiΦ -M-Code

Eine Übersicht über die in der Meßtechnik verwendeten Werte für Binärstellen n mit den zugehörigen Quantisierungsschritten j und der relativen Auflösung Q zeigt Tafel 10.

Tafel 10 Meßwertquantisierung mit verschiedenen Binärstellen

Binärstellen n in bit		7	8	9	10	11	12	14
Quantisierungs-	j	2^7	2^8	2^9	2^{10}	2^{11}	2^{12}	2^{14}
schritte	j	128	256	512	1024	2048	4096	16384
Rel.Auflösung Q in % ≈		0,8	0,4	0,2	0,1	0,05	0,025	0,0125

Die Abtastrate f_p wird für die Meßfrequenz-Bandbreite f_{Mmax} in der Praxis mit $f_p \approx 5\ f_{Mmax}$ bei einem Klirrfaktor von etwa 1 % gewählt. Zwischen den Abtastzeitpunkten t_1 und t_2 usw. lassen sich Werte von anderen Meßkanälen einblenden. Ein Abtastzyklus bestehend aus einem Synchronwort und je einem Datenwort von jedem Kanal, wird als Rahmen (frame) bezeichnet. Durch Code-Sicherungsverfahren, z.B. durch die Paritätskontrolle, können Übertragungsfehler mit jeder gewünschten Sicherheit ausgeschlossen werden [16].

Übertragungscode. Zum Übertragen des PCM-Multiplex-Signals werden besonders die nachfolgend genannten seriellen Binärcode nach den IRIG-Vorschriften (Inter Range Instrumentation Group) verwendet.

NRZ-L oder -C (Non return to zero Level or Change), NRZ-S (NRZ-Space), RZ (Return to zero), Bi Φ -L, -M oder -S (Bi-Phase-Level, -Mark or -Space), DM-NRZ-M oder -S (Delay Modulation NRZ-Mark, Miller or -Space). Die gebräuchlichsten Verfahren sind die NRZ-C-Formate, wobei 1 durch einen bestimmten und 0 durch einen entgegengesetzten Pegel dargestellt wird (Bild 60c) und Bi Φ -M-Formate mit Pegeländerung an allen Bit-Anfängen, wobei bei 0 keine zweite Pegeländerung und bei 1 eine zweite Pegeländerung je 0,5 bit später (Bild 60d) folgt.

Beim ENRZ-Verfahren für eine maximale Bitpackungsdichte ähnlich dem NRZ-Levelverfahren (d.h. dem natürlichen binären Code) wird jeder Bitgruppe ein Paritätsbit hinzugefügt. Hiermit erreicht man auf Magnetband eine Packungsdichte von maximal 13 kbit/cm = 33 kbit/Zoll, entsprechend Bitraten von mehr als 1 Mbit/s. Damit erzielt man eine relative Bitfehlerrate von weniger als $F = 10^{-7}$.

Beispiel 6: Meßfrequenzen bei PCM-Übertragung. Es soll untersucht werden, wieviel Quantisierungsschritte j und welche maximalen Meßfrequenzen f_M mit einer PCM-Anlage bei der Übertragung von Digitalworten mit $n_1 = 8$, $n_2 = 10$ und $n_3 = 12$ bit (Binärstellen) bei einer maximal übertragbaren Bitrate von $f_b = 3$ Mbit/s erfaßt werden können.

Die Stufen- bzw. Quantenanzahl ist $j = 2^n$, also wird nach Tafel 10 $j_1 = 256$, $j_2 = 1024$ und $j_3 = 4096$.

Wird eine Meßfrequenz f_M in jeder Periode nur einmal abgetastet, so ist die Periodenbitrate $f_T = n\ f_M$. In der Praxis werden aber während jeder Periode der Meßfrequenz f_M mindestens 5 Abtastungen vorgenommen. Somit ist die gesamte übertragene Bitrate

$$f_b = 5\ n\ f_M \tag{99}$$

Hieraus erhält man die maximalen Meßfrequenzen $f_M = f_b/5n$, also $f_{M1} = (2\ \text{Mbit/s})/(5 \cdot 8\ \text{bit}) = 50\ \text{kHz}$, $f_{M2} = 40$ kHz und $f_{M3} = 33{,}3$ kHz.

4. Elektronische Meßdatenverarbeitung

Hauptaufgaben der Meßdatenverarbeitung sind Meßsignalaufbereitung (Meßsignal-Weiterverarbeitung) und Datenreduktion (Datenverminderung, data reduction, data concentration) von Meßinformationen, um charakteristische Entscheidungsdaten (Kenngrößen) für einen Prozeß zu erhalten.

Hierbei treten folgende Aufgaben auf:

Umwandlung der Informationsdarstellung, Umrechnung von physikalischen Einheiten und Versuchsbedingungen auf Normalbedingungen; Verknüpfung von Meßsignalen durch mathematische Operationen, Erfassung von Zielgrößen durch formelmäßigen Zusammenhang; Ableitung von Grenzwerten, Berücksichtigung von Eichkurven, Erstellung von Diagrammen; Analysen zur Herabsetzung der Geschwindigkeit und der Anzahl der anfallenden Meßdaten sowie der Einflußparameter; Ermittlung von Prozeßkenngrößen und deren Auswirkungen auf die Zielgrößen.

Meßdaten werden in der Meßkette entweder On-Line während der Messung oder Off-Line nach einer Zwischenspeicherung, die mechanisch mit Druckern, optisch mit Diagrammen oder elektrisch z.B. mit Magnetband sein kann, verarbeitet.

Die Meßsignale liegen meist in determinierter Form von konstanten, periodischen oder einmaligen Vorgängen oder in stochastischer Form von zeitlich regellosen Vorgängen vor.

4.1. Rechengeräte

Dies sind Geräte in der Meßkette, die Meßsignale mit Durchführung von Rechenoperationen weiter verarbeiten.

4.1.1. Verknüpfungsgeräte

Verknüpfungsgeräte dienen der Verknüpfung von zwei oder mehreren Meßsignalen (computing elements for several quantities).

Addition und Subtraktion. Für die Summenbildung in Additionsgeräten mit dem Schaltzeichen nach Bild 61a gilt für Eingangsgrößen a, b, Bewertungsfaktoren w_1, w_2 und Verstärkungsfaktor m die Ausgangsgröße

$$u = - m \, (w_1 a + w_2 b + \dots) \qquad (100)$$

Für zwei Eingangsspannungen $u_{\alpha 1}$ und $u_{\alpha 2}$ ergeben sich mit den Bewertungsfaktoren w_1 und w_2 die Ausgangsspannungen

Additionsgeräte $\quad u_\beta = w_1 u_{\alpha 1} + w_2 u_{\alpha 2} \qquad (101)$

Subtraktionsgeräte $\quad u_\beta = w_1 u_{\alpha 1} - w_2 u_{\alpha 2} \qquad (102)$

Addierer nach Bild 61b ergeben für n Eingangsspannungen u_α, die an den Eingangswiderständen R_α des invertierenden Eingangs eines idealen Operationsverstärkers liegen, die Ausgangsspannung

$$u_\beta = -R_g\ (u_{\alpha 1}/R_{\alpha 1}) + (u_{\alpha 2}/R_{\alpha 2}) + \ldots + (u_{\alpha n}/R_{\alpha n}) \qquad (103)$$

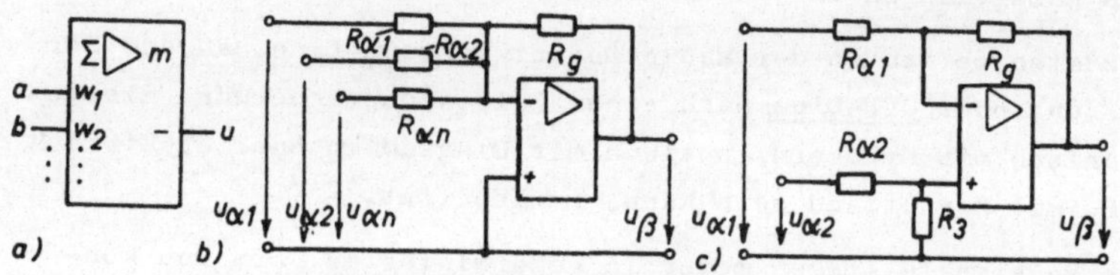

Bild 61 Analoge Addierer und Subtrahierer
a) Schaltzeichen eines Summierers (DIN 40900 Teil 13)
b) Invertierender Operationsverstärker als analoger Addierer, c) Differenzverstärker als Subtrahierer
u_α Ein-, u_β Ausgangsspannung

Subtrahierer nach Bild 61c liefern mit einem idealen Differenzverstärker die Ausgangsspannung

$$u_\beta = \frac{R_{\alpha 1} + R_g}{R_{\alpha 1}} \left(\frac{R_3}{R_{\alpha 2} + R_3} u_{\alpha 2} - \frac{R_g}{R_{\alpha 1} + R_g} u_{\alpha 1} \right) \qquad (104)$$

Für $R_{\alpha 2} = nR_{\alpha 1}$ und $R_3 = nR_g$ wird die Ausgangsspannung

$$u_\beta = R_g(u_{\alpha 2} - u_{\alpha 1})/R_{\alpha 1} \qquad (105)$$

Mit $R_{\alpha 1} = R_g$ ergibt sich eine direkte Subtraktion der Eingangsspannungen mit dem Ergebnis

$$u_\beta = u_{\alpha 2} - u_{\alpha 1} \qquad (106)$$

Bei kleinen Differenzen der beiden Eingangsspannungen $u_{\alpha 1}$ und $u_{\alpha 2}$ können bei endlicher Gleichtaktunterdrückung (s. Abschn. 5.2.6) infolge ungleicher Verstärkungsfaktoren der beiden Eingänge sowie durch Toleranzen der Widerstände in der äußeren Beschaltung des Operationsverstärkers große Fehler auftreten. Eine unendliche Gleichtaktunterdrückung in Bezug auf Fehler durch nicht vernachlässigbare Widerstandstoleranzen kann man mit einer Subtraktionsschaltung mit zwei Operationsverstärkern erreichen.

Elektronische analoge Multiplikation und Division. Für den analogen Multiplizierer mit dem Schaltzeichen nach Bild 62a gilt mit Eingangsgrößen a, b und Faktor w die Ausgangsgröße

$$u = w \cdot a \cdot b \tag{107}$$

Für den Dividierer nach Bild 62b gilt

$$u = a/b \tag{108}$$

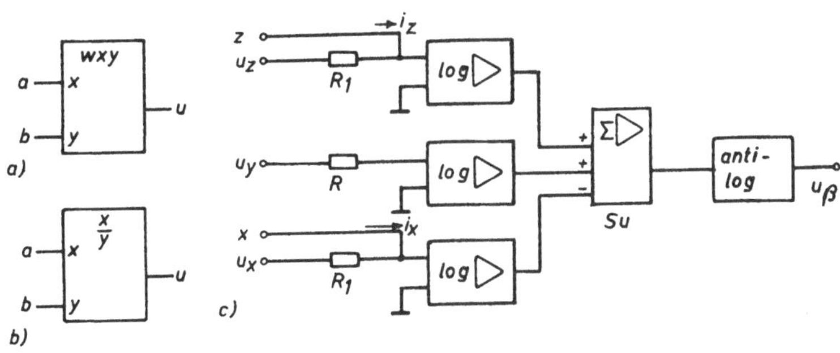

Bild 62 Elektronische analoge Multiplizierer und Dividierer a) und b) Schaltzeichen von Multiplizierern und Dividierern (DIN 40900 Teil 13), c) Blockschaltbild für einen Multiplizierer-Dividierer mit Meßsignalspannungen u und Eingangswiderständen R = 90 kΩ, R_1 = 100 kΩ

Die Grundschaltung für einen analogen Multiplizierer-Dividierer zeigt Bild 62c. Die von den Meßsignalspannungen u oder Strömen i in den Logarithmiererschaltungen log x, y, z gebildeten Logarithmen werden in einer Additionsschaltung Su für die Multiplikation addiert oder für die Division subtrahiert. Die Antilogarithmierschaltung anti-log ergibt am Ausgang folgende Übertragungsfunktion

$$u_\beta = \frac{10}{9} \cdot \frac{u_y u_z}{u_x} = \frac{10}{9}\, u_y \, \frac{i_z}{i_x} \tag{109}$$

Mit dieser Grundschaltung lassen sich auch Quadrierer und

Radizierer realisieren.

Spannungsteiler und Meßbrücken. Einfache Multiplikationsschaltungen erhält man mit Spannungsteilern und Meßbrücken (s. Abschn. 2.2.3 und 2.2.4).

In einem unbelasteten Spannungsteiler entspricht bei Variation der Speisespannung u_0 und des an R_0 abgegriffenen Widerstands R_2 die Ausgangsspannung u_2 folgendem Produkt

$$u_2 = u_0 \cdot R_2/R_0 \tag{110}$$

In der Ausschlag-Viertelbrücke nach Bild 10 ist bei Variation der Speisespannung u_0 und der relativen Widerstandsänderung $\Delta R/R$ die Diagonalspannung u_5 dem Produkt dieser beiden Größen proportional

$$u_5 \approx \frac{1}{4} \cdot \frac{\Delta R}{R} \cdot u_0 \tag{111}$$

Diese Produktbildung kann zur Messung der mechanischen Leistung verwendet werden (s. Abschn. 7.9).

Multiplizierer mit Hallsonde. Bei der Verwendung einer Hallsonde als Multiplizierer befindet sich ein Halbleiterplättchen H mit der Dicke d in einem Magnetfeld mit der Induktion B und wird von einem Steuerstrom i_S durchflossen. Dabei entsteht zwischen Elektroden senkrecht zur Steuerstromrichtung mit der Hallkonstanten R_H die Hallspannung

$$u_H = R_H i_S B/d \tag{112}$$

Die Hallkonstante $R_H = 3\pi/8ne$ beträgt mit der Elementarladung $e = -0{,}16\ 10^{-18}$ As für Leitermetalle mit $n = 10^{23}$ Elektronen/cm^3 nur etwa $R_H = 10^{-4}\ cm^3/As$, für Halbleiter dagegen $R_H = (120 \text{ bis } 600)\ cm^3/As$. [10]

Für R_H = const und d = const gilt

$$u_H \sim i_S B \tag{113}$$

Wenn eine Meßgröße x_1 der Steuerspannung u_{M1} und damit dem

Steuerstrom i_S und eine zweite Meßgröße x_2 über einen Meßstrom i_{M2} der magnetischen Induktion B_t proportional gemacht werden kann, so ergibt sich mit $x_1 \sim u_{M1} \sim i_S$ und $x_2 \sim i_{M2} \sim B_t$ als Produkt die Hallspannung

$$u_H \sim i_S B_t \sim x_1 x_2 \qquad (114)$$

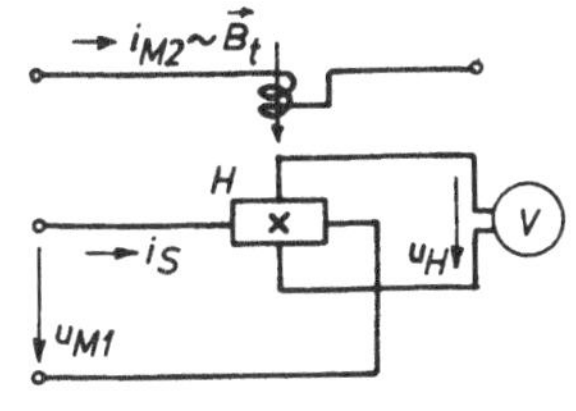

Bild 63 Schaltbild einer Hallsonde H mit Hallspannung u_H
$u_{M1} \sim i_S$ Meßspannung proportional Steuerstrom
$i_{M2} \sim B_t$ Meßstrom proportional Induktion

Der Meßfrequenzbereich für die Multiplikation mit der Hallsonde beträgt etwa f_M = 0 bis 200 Hz. Bei größeren Meßfrequenzen entstehen vor allem bei der Erzeugung der Induktion B durch einen Meßstrom i_M Frequenzfehler.

Dividierer mit Quotientenmeßwerk. Mit einem Quotientenmeßwerk (Kreuzspul- oder T-Spulmeßwerk) erhält man nach Bild 18 (s. Abschn. 2.2.5.5) bei Variation von zwei Strömen i_1, i_2 bzw. von zwei Stromkreis-Widerständen ΣR_1, ΣR_2 den Zeigerausschlag

$$\beta \sim i_1/i_2 \sim \Sigma R_2/\Sigma R_1 \qquad (115)$$

4.1.2. Funktionsgeräte

Diese Geräte formen ein Eingangssignal nach einer festen, meist mathematischen Beziehung in ein Ausgangssignal um.

Logarithmierer. Zur Erfassung und Registrierung von Meßgrößen über mehrere Dekaden in einem Meßbereich werden Verstärker mit logarithmischer Kennlinie mit der Prinzipschaltung nach Bild 64a verwendet. Im Gegenkopplungszweig des Operationsverstärkers V wird die Emitter-Kollektor-Strecke des Transistors T (Transdiode) gelegt. Wird die in Durchlaßrichtung liegende Diodenstrecke des Transistors mit sehr kleinen Kollektorströmen

I_C = 1 pA bis 0,1 pA im Bereich ihres exponentiellen Kennlinienteils betrieben, ist die Ausgangsspannung u_β proportional zum Logarithmus der Eingangsspannung u_α.

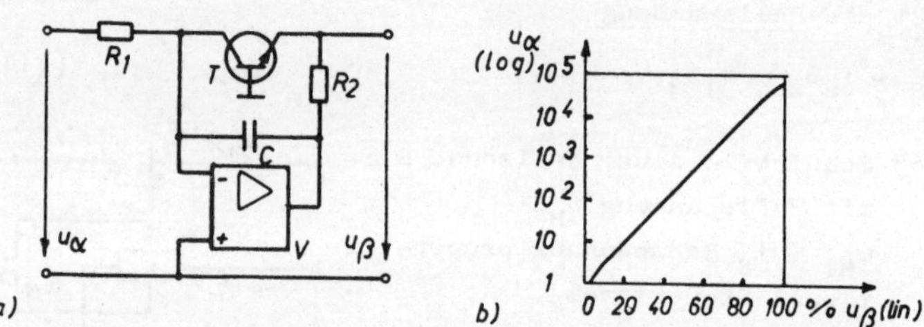

Bild 64 Logarithmischer Verstärker
a) Prinzipschaltung mit Operationsverstärker V und Transistor T, b) Abhängigkeit der Ausgangsspannung u_β von der Eingangsspannung u_α

Nach Bild 64b ergibt sich über 5 bis 9 Dekaden ein linearer Zusammenhang für

$$u_\beta \sim \log u_\alpha \qquad (116)$$

4.1.3. Zeitgeräte

Diese Geräte bilden das Ausgangssignal in zeitlicher Abhängigkeit vom Eingangssignal.

Integration und Differentiation. Für einen allgemeinen Analog-Integrierer mit dem Schaltzeichen nach Bild 65a ist mit Eingangsgrößen a, b, Bewertungs- und Verstärkungsfaktoren w und m sowie Anfangswert c die Ausgangsgröße

$$u = -\, m \left[c_{(t=0)} + \int_0^t (w_1 a + w_2 b)\,dt \right] \qquad (117)$$

Mit einer analogen Integrationsschaltung nach Bild 65b mit hochohmigem Operationsverstärker mit sehr großer Verstärkung ($V \approx -\infty$) mit dem Kondensator C_g im Gegenkopplungszweig und der Integrationskonstanten U_0 mit dem Schalter S, der zu Integrationsbeginn zu öffnen ist, erhält man bei gleichzeitiger Addition von zwei Eingangsspannungen $u_{\alpha 1}$, $u_{\alpha 2}$ aus der Knotenregel $i_{\alpha 1} + i_{\alpha 2} + i_g = 0$ nach Umrechnungen die Ausgangsspannung

$$u_\beta = -\frac{1}{C_g} \int_{t_1}^{t_2} \left(\frac{u_{\alpha 1}}{R_{\alpha 1}} + \frac{u_{\alpha 2}}{R_{\alpha 2}}\right) dt + U_0 \qquad (118)$$

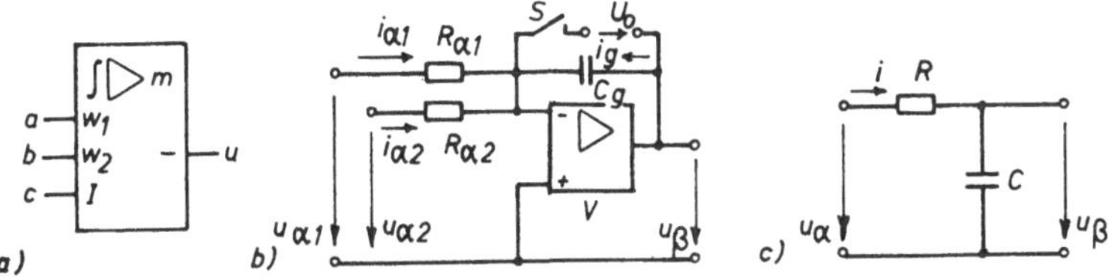

Bild 65 Analoge Integrierer
a) Schaltzeichen mit Eingangsgrößen a, b, Bewertungs- und Verstärkungsfaktoren w und m, Anfangswert I sowie Ausgangsgröße u (DIN 40900 Teil 13)
b) Integrationsschaltung mit Operationsverstärker V für zwei Eingangsspannungen $u_{\alpha 1}$, $u_{\alpha 2}$ mit der Integrationskonstanten U_0, dem Schalter S und der Ausgangsspannung u_β
c) RC-Integrationsschaltung

Die einfache analoge RC-Integrationsschaltung nach Bild 65c ergibt für die Bedingung eines kleinen kapazitiven Blindwiderstands $X_C \ll R$ und somit für $i \approx u_\alpha/R$ die Ausgangsspannung

$$u_\beta \approx \frac{1}{RC} \int u_\alpha dt \qquad (119)$$

Beim digitalen Integrierer nach Bild 66a folgt hinter der Digitalisierung der Meßsignalspannung u_α über einen Spannungs-Frequenz-Umsetzer u/f die Integration mit einem Zähler Z, u.U. mit Ausgabe der Spannung u_β. Bei der elektronischen Mengenintegration sind z.B. maximalen Eingangswerten von 20 mA bzw. 10 V maximale Impulsfrequenzen von 100 Imp/s proportional.

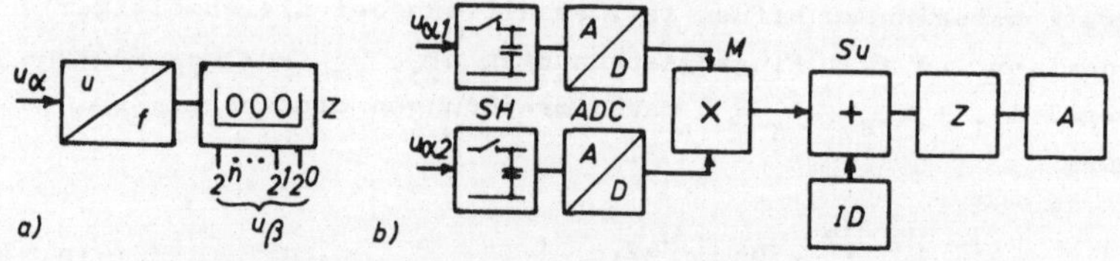

Bild 66 Signalflußpläne für digitale Integration
a) Digitale Integration der Meßsignalspannung u mittels Spannungs-Frequenz-Umsetzer u/f und Zähler Z
b) Digitaler Integrierer mit Multiplikation von zwei Eingangsspannungen $u_{\alpha 1}$, $u_{\alpha 2}$
SH Abtast-Halteschaltung (Sample & Hold)
ADC Analog-Digital-Umsetzer (Converter)
M Multiplizierer, Z Zähler, A Anzeige
Su Addierwerk mit Integrationsdauergerät ID

In der Blockschaltung eines digitalen Multiplizierers mit Integrierer nach Bild 66b werden die beiden Meßsignalspannungen $u_{\alpha 1}$, $u_{\alpha 2}$ mit der Abtast-Halteschaltung mit der Abtastrate von z.B. 10 MHz abgetastet, im Analog-Digital-Umsetzer ADC (Stufenumsetzer) digitalisiert, im Dualcode codiert und dann in der Multipliziereinheit M über eine Addition von dualcodierten Zahlen multipliziert. Das Produkt $u_y = u_{\alpha 1} u_{\alpha 2}$ wird mit dem vom Integrationsdauergerät ID gesteuerten Addierwerk Su aufsummiert, d.h. integriert. Über den Zähler Z wird das Ergebnis im Anzeiger A dezimal ausgegeben.

Differentiationsschaltungen, z.B. mit vertauschten Schaltelementen R und C in den Schaltungen nach Bild 65b und c, sind beim elektrischen Messen nichtelektrischer Größen wegen der Schwierigkeiten durch Bevorzugung von hohen Frequenzstörungen nicht sehr verbreitet.

4.2. Amplitudenmeßgeräte

Diese Geräte dienen zur Ermittlung von Kenngrößen aus den Meßsignal-Zeitwerten.

4.2.1. Begrenzer und Grenzwertschalter

Begrenzer und Grenzwertschalter werden bei der Regelung und Überwachung von Meßgrößen, zur Auslösung von Schaltvorgängen (z.B. für Alarm) bei Über- oder Unterschreiten von bestimmten Grenzwerten verwendet.

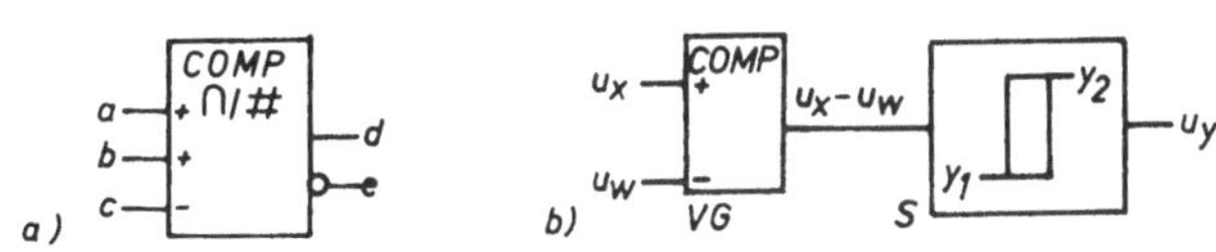

Bild 67 Begrenzer und Grenzwertschalter
a) Schaltzeichen für Begrenzer (DIN 40900 Teil 13)
b) Grenzwertschalter mit Vergleicher VG und Schalter S
$u_{x,w}$ Meßeingangswerte, y und u_y Schaltwerte

Für das Grenzsignalglied (limiter) nach Bild 67a gelten für die Eingangsgrößen a, b und c, den Haltewert H und die Ausgangsgrößen d und e folgende Beziehungen

$$d = 1 \quad \text{für} \quad a + b + (-c) > 0 \tag{120}$$

$$d = 0 \quad \text{für} \quad a + b + (-c) + H < 0 \tag{121}$$

$$e = \bar{d} \tag{122}$$

In anzeigenden Meßgeräten mit Grenzkontakten wird durch berührungslose, rückwirkungsfreie induktive oder lichtelektrische Zeigerabtastungen zwischen dem einstellbaren Grenzwert(Sollwert)-Zeiger und dem Meßwerkzeiger ein Schaltrelais ein- und ausgeschaltet.

In einem Grenzwertschalter (Zweipunktregler) nach Bild 67b werden im Vergleicher VG die Meßsignalspannung u_x (Regelgröße) und eine zweite Meßsignalspannung u_w (Vergleichs- oder Führungsgröße) miteinander stetig verglichen. Das Ausgangssignal $u_x - u_w$ (Reglerabweichung) wirkt auf den Schalter S, dessen Ausgangssignalspannung u_y nur zwei verschiedene Werte annehmen kann und der Stellgröße y im Regelkreis entspricht.

4.2.2. Spitzenwertmessung

Eine einfache Schaltung zur Messung des Meßsignalspannungs-Spitzenwerts $\hat{u}$ ergibt sich mit der Einweggleichrichtung nach Bild 68a.

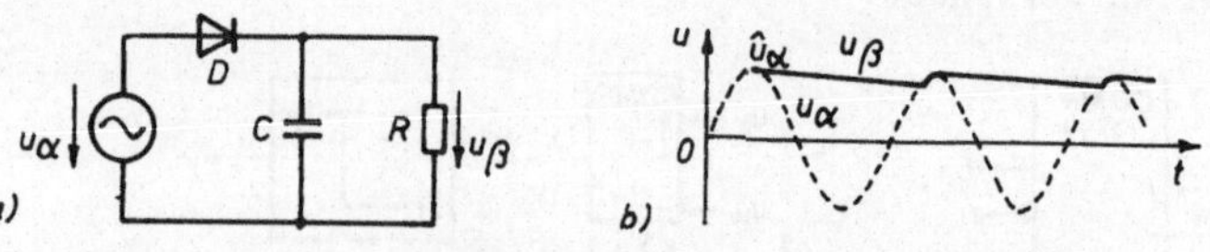

Bild 68 Spitzenwertmessung mit Einweggleichrichter
a) Schaltung mit Diode D, Ladekondensator C und Belastungswiderstand R, b) zeitlicher Verlauf der Ein- und Ausgangsspannungen u_α und u_β

Nach Erreichen der Amplitude $\hat{u}_\alpha$ hat sich der Kondensator C über die Diode D aufgeladen und versucht, den Amplitudenwert $\hat{u}_\alpha$ mit u_β nach Bild 68b zu halten. Bildet man den Belastungswiderstand R als FET-Schalter aus, so hat man eine Abtast-Halteschaltung (Sample & Hold). Für $R \to \infty$ wird die Ausgangsspannung $u_\beta = \hat{u}_\alpha$ konstant gehalten. Während der negativen Meßspannungs-Halbschwingung kann man bei kurzzeitig kleinem Widerstand $R \approx 0$ den Kondensator C stoßartig auf $u_\beta = 0$ entladen.

4.2.3. Linearer Mittelwert einer Zeitfunktion

Den linearen Mittelwert $\bar{u}$ einer stochastischen (regellosen) Zeitfunktion u nach Bild 69a berechnet man für eine ausreichend große Integrationszeit T aus

$$\bar{u} = \frac{1}{T} \int_0^T u \, dt \qquad (123)$$

Wenn bei einer periodischen Zeitfunktion die Integrationszeit T_1 nicht einem ganzzahligen Vielfachen der Periodendauer T_M der niedrigsten vorkommenden Meßfrequenz entspricht, hat der gemessene Mittelwert gemäß der Darstellung in Bild 69b einen Fehler, der erst bei ausreichend großer Meßzeit (Integrationszeit) $T \gg T_M$ vernachlässigbar klein wird.

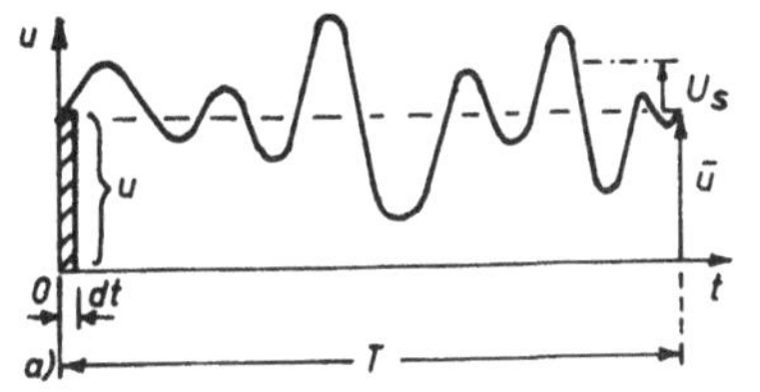

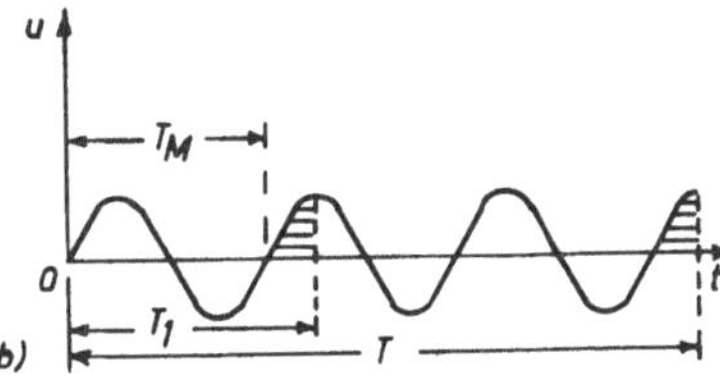

Bild 69 Zeitliche veränderliche Spannung u
a) stochastische Zeitfunktion u mit linearem Mittelwert $\bar{u}$ und Effektivwert U_s des Wechselspannungsanteils (bezogen auf $\bar{u}$), b) Sinusfunktion mit Periodendauer T_M und Meßzeiten T_1 und T

Meßtechnisch läßt sich der lineare Mittelwert einer zeitabhängigen Meßgröße mit integrierenden Meßgeräten (s. Abschn.4.1.3) ermitteln. So kann man den Mittelwert u z.B. einfach mit einem trägen Drehspulmeßwerk messen, das bei kleiner Eigenfrequenz f_0 gegenüber der kleinsten Meßfrequenz f_{Mmin}, d.h. für $f_0 \ll f_{Mmin}$ den linearen Mittelwert $\bar{u}$ nach Gl. (123) bildet.

4.2.4. Statistische Analysen

Die Standardabweichung s einer endlichen Stichprobenanzahl x_i bzw. σ einer unendlich großen Stichprobenanzahl, d.h. der Grundgesamtheit eines stochastischen (regellosen) Vorgangs kennzeichnet die statistische Schwankung (als Merkmalwert) der Zeitwerte um den Mittelwert $\bar{x}$ und wird berechnet nach

$$s = + \sqrt{\frac{1}{n-1} \sum_{i=1}^{n} (x_i - \bar{x})^2} \qquad (124)$$

Ebenso als quadratischer Mittelwert definiert ist der Effektivwert U_s des Wechselspannungsanteils $u_s = u - \bar{u}$, der um den Gleichanteil (linearer Mittelwert) $\bar{u}$ einer stochastischen Zeitfunktion u nach Bild 69a schwankt. Dieser Effektivwert ist

$$U_s = \sqrt{\frac{1}{T}\int_0^T (u - \bar{u})^2 dt} \qquad (125)$$

Infolge der Proportionalität $U_s \sim s$ kann eine Maßzahl für die Standardabweichung s eines regellosen zeitlichen Spannungsverlaufes u = f(t) durch Messung des Effektivwerts des Wechselspannungsanteils u_s z.B. mit einem Drehspulmeßwerk mit Thermoumformer, mit Dreheisenmeßwerk oder elektrodynamischem Meßwerk bei Kompensation oder Eliminierung des Gleichanteils $\bar{u}$ ermittelt werden.

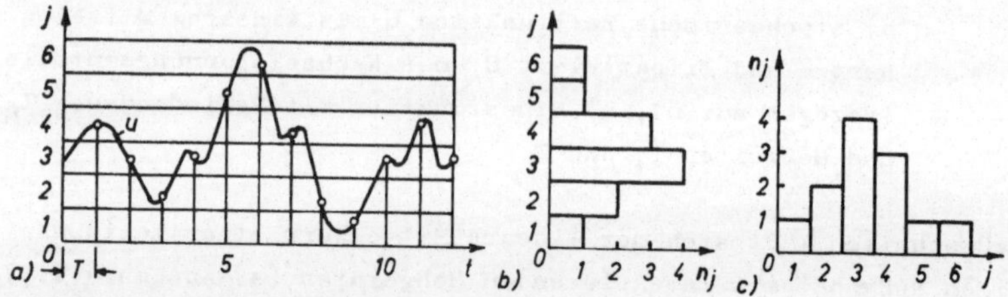

Bild 70 Klassierung mit dem Stichprobenverfahren (DIN 45667)
a) Stochastische Zeitfunktion u mit Klassennummer j über der Zeit t, b) Histogramm (Säulen-Darstellung) mit der Klassennummer j über der absoluten Klassenbesetzungszahl n_j und c) umgekehrt n_j über j

Häufigkeitsverteilungen von zeitlich regellos verlaufenden Meßspannungssignalen werden bei elektronischer statistischer Auswertung mit Klassiergeräten nach folgenden Verfahren (DIN 45 667) ermittelt:

Stichproben-, Verweildauer-, Spitzenwert-, Klassendurchgangs-, Spannen- und Spannenpaar-Verfahren.

Beim Stichprobenverfahren werden die Zeitwerte des Meßspannungssignals u nach Bild 70a in wählbaren, gleichmäßigen (oder auch regellos schwankenden), zeitlichen Abständen T festgestellt (abgetastet) und in k Klassen von der Breite w mit den Klassennummern j gezählt. Man wählt die Klassenbreiten des Merkmals $w \leqq \sigma/3$, die Anzahl der Klassen $k = \sqrt{n}$ meist mit k = 10...20 und die Stichprobenanzahl n = 100...100000 (DIN 55 302) für jede Auswertung.

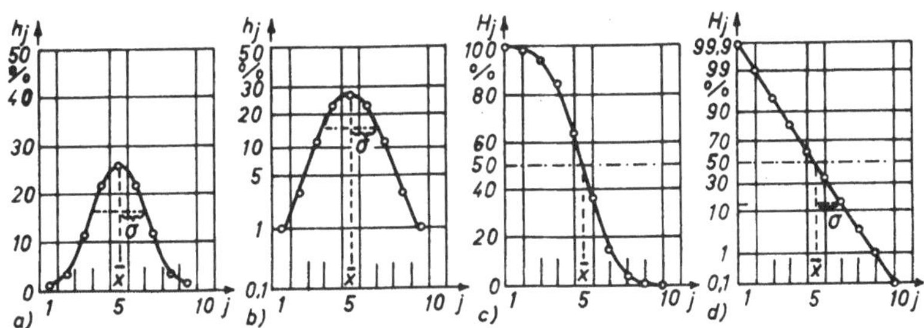

Bild 71 Klassenhäufigkeit $h_j = f(j)$ in linearer Darstellung (a) und mit Wahrscheinlichkeitsskala (b) im Häufigkeitspapier mit Klassennummern j der Merkmalsteilung sowie Häufigkeitssummen $H_j = f(j)$ in linearer Darstellung (c) und mit Wahrscheinlichkeitsskala (d) im Wahrscheinlichkeitsnetz; arithmetischer Mittelwert $\bar{x}$

Als Ergebnis des Stichprobenverfahrens zeichnet man bei der Zählung der absoluten Klassenbesetzung n_j, d.h. der Anzahl der Meßwerte innerhalb der Grenzen der betreffenden Klasse j, ein Histogramm (Stufendiagramm mit Säulendarstellung) nach Bild 70b oder c oder bezogen auf die Gesamtzahl der Meßwerte die Klassenhäufigkeitsverteilung (Glockenkurve) $h_j = f(j)$ nach Bild 71a oder b.

Beim Aufsummieren der absoluten Besetzungszahlen (Anzahl der Meßwerte, die kleiner oder gleich der oberen Grenze der betrachteten Klassen sind), erhält man die absolute Summenbesetzung oder, bezogen auf die Gesamtzahl der Meßwerte, die Summenhäufigkeit $H_j = f(j)$ nach Bild 71c oder d.

In der Klassenhäufigkeit (Glockenkurve) nach Bild 71a und b

werden die relativen Häufigkeiten h_j (in % der Anzahl n der Beobachtungswerte) entweder linear oder mit Wahrscheinlichkeitsskala im Häufigkeitspapier über den Klassenmitten j aufgetragen. Für die Summenhäufigkeit nach Bild 71c und d werden die aufsummierten Besetzungszahlen bezogen auf die Gesamtzahl n als Häufigkeitssummen H_j - beginnend mit der höchsten Klasse bis zur jeweiligen Klasse aufsummiert - an der Untergrenze jeder Klasse j (am unteren Merkmalsgrenzwert) aufgetragen. Beim Aufsummieren von der niedrigsten gegen die höchste Klasse wird an jeder oberen Klassengrenze aufgetragen, und es ergibt sich eine um den Zentralpunkt gespiegelte Kurve.

Wenn die erhaltenen Klassen- oder Summenhäufigkeiten durch Gaußsche Normalverteilungskurven angenähert werden können, lassen sich leicht charakteristische Kennwerte für die untersuchten Zeitfunktionen ermitteln. Im Diagrammpapier mit Wahrscheinlichkeitsskala nach Bild 71b und d lassen sich die Häufigkeitskurven besser zeichnen und auswerten als bei linearer Darstellung nach Bild 71a und c.

Aus der Klassenhäufigkeit (Glockenkurve nach Bild 71a oder b) kann man bei der maximalen Häufigkeit h_{jmax} den Mittelwert $\bar{x}$ und bei $h_j = 0{,}606\ h_{jmax}$ die Standardabweichung $\pm\sigma$ in der Klasseneinteilung ablesen.

Aus der Summenhäufigkeit nach Bild 71c oder d erhält man für $H_j = 50\ \%$ den Mittelwert $\bar{x}$ und zwischen $H_j = 84{,}13\ \%$ und $15{,}87\ \%$ die Standardabweichung $\pm\sigma$ als Maß für die Streuung.

4.3. Frequenzgeräte

4.3.1. Frequenzanalyse

Um für die Ermittlung von Frequenzinhalten einer Meßsignalspannung u die zeitabhängige Darstellung $u = f(t)$ nach Bild 72a in eine frequenzabhängige Darstellung $u = f(f_M)$ nach Bild 72b zu überführen, werden mathematisch Transformationen (mit Hilfe der Fourier-Reihe, des Fourier-Integrals und des

Laplace-Integrals) und meßtechnisch Frequenzanalysen durchgeführt.

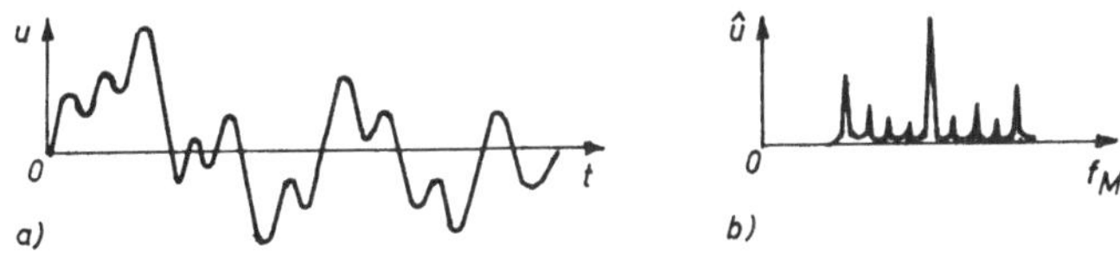

Bild 72 Meßsignalspannung, a) in zeitabhängiger Darstellung u = f(t) im Zeitbereich, b) in frequenzabhängiger Darstellung mit Scheitelwert $\hat{u} = f(f_M)$ im Frequenzbereich

Bei der elektronischen Frequenzanalyse erhält man von einer Meßsignalspannung u(t) nach Bild 72a das Frequenzspektrum (Frequenz-Histogramm) $\hat{u} = f(f_M)$ nach Bild 72b nicht nur von harmonischen, sondern von allen enthaltenen Frequenzen, jedoch ohne Aussage über die Phasenlage der Teilfrequenzen. Eine stochastische (regellose) Meßsignalspannung liefert ein kontinuierliches Frequenzspektrum.

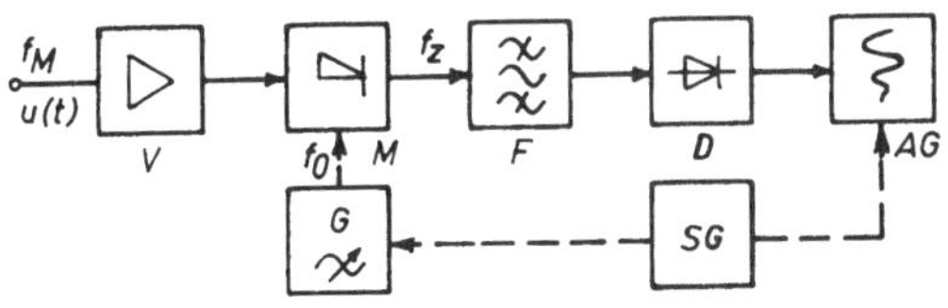

Bild 73 Signalflußplan eines Frequenzspektrum-Analysators u(t) Meßspannung mit der Frequenz f_M, f_0 variable Frequenz des Oszillators G, $f_z = f_M - f_0$ Zwischenfrequenz V Verstärker, M Mischstufe, F Filter, D Gleichrichter, AG Ausgabegerät, SG Steuergerät

In einem elektronischen Frequenzspektrum-Analysator werden von der Meßsignal-Eingangsspannung u entweder zeitlich nacheinander durch ein Filter oder gleichzeitig parallel durch viele Filter jene spektralen Frequenzanteile durchgelassen, die innerhalb eines schmalen Frequenzbandes Δf liegen.

Bild 73 zeigt den Signalflußplan eines Frequenzspektrum-Analysators, und zwar des Suchtonanalysators. Durch Verändern der Oszillatorfrequenz f_0 während der Analysendauer von einigen Minuten ergeben von dem Frequenzgemisch der Meßsignalspannung u(t) einzelne Frequenzanteile f_M nacheinander (seriell) die feste Zwischenfrequenz $f_z = f_M - f_0$. Die Amplituden dieser Zwischenfrequenz werden über das Filter F (mit der festen Durchlaßfrequenz f_z) und den Gleichrichter D vom Ausgabegerät AG je nach Betriebsart in Spitzen- oder Effektivwerten als Maß für die Meßfrequenzanteile f_M angezeigt bzw. registriert. Der Oszillator G und das Ausgabegerät AG (Registriergerät oder Oszilloskop) werden von einem Steuergerät SG proportional der gesuchten Meßfrequenzanteile f_M gesteuert.

Bei Analysatoren mit konstanter Absolutbandbreite wird die Filterbandbreite Δf des Filters F während des Durchstimmens konstant gehalten. Bei Analysatoren mit konstanter prozentualer Relativbandbreite ist $\Delta f/f_M$ = const, so daß die Absolutbandbreite Δf von der abgestimmten Meßmittenfrequenz f_M abhängig ist.

Echtzeitanalysator. Sehr schnelle Fouriertransformationen erreicht man mit einem Echtzeitanalysator, der nach Bild 74 über 30 (bis maximal etwa 400) parallele Filter F (z.B. Terzfilter mit Bandmittenfrequenzen f_M = 20 Hz bis 20 kHz) simultan mißt. Der in jedem Kanal über den Gleichrichter D ermittelte Effektivwert der Meßsignalspannung u(t) wird einem Speicher Sp zugeführt, und dann werden alle Kanäle über einen Multiplexer MP auf ein Schirmbildsichtgerät als Ausgabegerät AG geschaltet. Speicher Sp, Multiplexer MP und Ausgabegerät AG werden vom Steuergerät SG gesteuert.

Echtzeitanalysatoren eignen sich besonders für nichtstationäre Vorgänge, da nach sehr kurzen Zeiten von je 10 bis 20 ms ein neues Spektrum dargestellt wird. Die Meßfrequenz-Bandbreite von NF-Analysatoren beträgt f_M = 0,1 Hz bis 100 kHz in mehreren Bereichen. Die Frequenzauflösung (Bandbreite der Selektionsfilter) liegt bei Absolutbandbreiten im Bereich von 1 Hz bis 1000 Hz und bei prozentualen Relativbandbreiten bei 0,1 % bis 30 %. Der Dynamikbereich, d.h. das maximal zulässige Amplitudenverhältnis zwischen Spannungen von verschiedenen Teilfrequenzen, beträgt 100 dB.

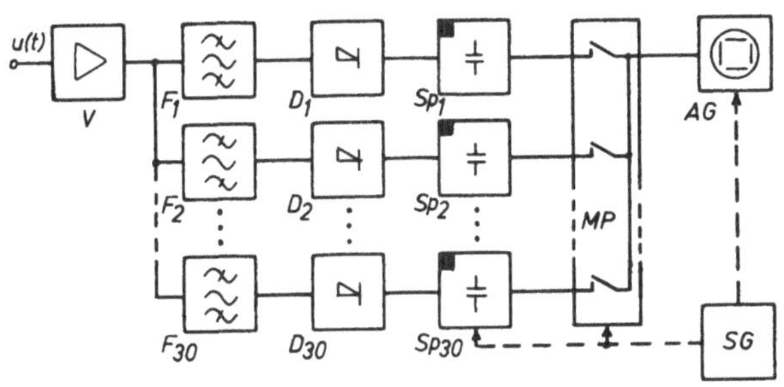

Bild 74 Echtzeitanalysator-Blockschaltbild für die Frequenzanalyse der Meßsignalspannung u(t)
V Eingangsverstärker, F Filter, D Detektor, Sp Speicher, MP Multiplexer, AG Ausgabegerät, SG Steuergerät

Anwendung von Frequenzspektrum-Analysatoren. Hauptanwendungsgebiete sind Schwingungsuntersuchungen und Ermittlung von Resonanzfrequenzen und Störschwingungen im Maschinenbau, Fahrzeugbau, Bauwesen und in der Akustik.

Für die Untersuchung von periodischen Schwingungssignalen mit vielen vollkommen stabilen harmonischen Spektralanteilen bevorzugt man den Analysator mit konstanter Absolutbandbreite; für nicht stabile Schwingungen ist ein Analysator mit konstanter Relativbandbreite geeignet. Für allgemeine Untersuchungen genügen oft Analysen mit großer Bandbreite, z.B. einer Terz mit $\Delta f/f_M \approx 23$ % oder sogar einer Oktave mit $\Delta f/f_M \approx 70$ %.

Ein vorhandener Analysator mit vorgegebener Bandbreite kann für andere Frequenzanalyse-Bereiche eingesetzt werden, wenn die Frequenzen der Meßsignalspannung mit einem Magnetband-Registriergerät durch Variation der Bandgeschwindigkeit zwischen Aufnahme und Wiedergabe bis zu einem Verhältnis von 64 : 1

oder 1 : 64 transponiert werden (s. Abschn. 3.4.2).

4.3.2. Korrelationsanalyse

Fouriertransformationen können sowohl mit der Frequenz- als auch mit der Korrelationsanalyse durchgeführt werden. Somit ergeben beide Verfahren die gleichen Informationen des Signals, jedoch in verschiedener Art.

Mit der Auto- und der Kreuz-Korrelationsanalyse werden Zusammenhänge von stochastischen (regellosen) oder periodischen Zeitfunktionen in der Regelungstechnik, Schwingungstechnik, Akustik, Aerodynamik, Medizin und in der Radioastronomie untersucht.

Autokorrelationsanalyse. Sie dient zur Ermittlung von inneren Zusammenhängen einer stochastischen Zeitfunktion $u_1(t)$ nach Bild 75a.

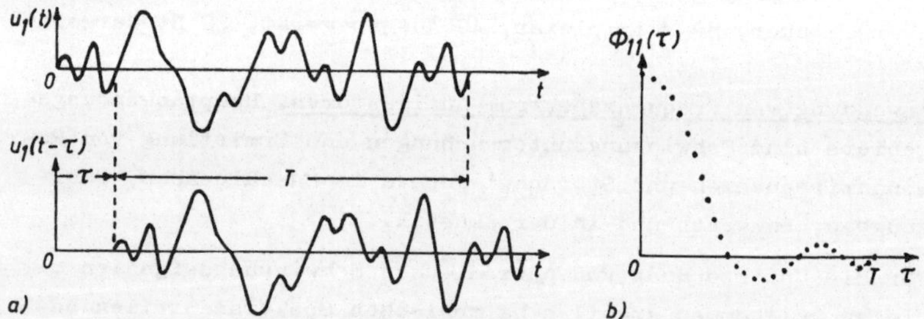

Bild 75 Stochastische Zeitfunktion $u_1(t)$ und $u_1(t - \tau)$ mit der Verschiebungszeit τ und der Integrationszeit T (a) und Autokorrelationsfunktion $\Phi_{11}(\tau)$ (b)

In einem elektronischen Korrelationsanalysator mit dem Prinzip-Signalflußplan nach Bild 76 wird in der Schalterstellung S_1 die Meßsignalspannung $u_1(t)$ mit der in der Verzögerungseinheit VE um die veränderbare Verschiebungszeit τ verschobene Zeitfunktion $u_1(t - \tau)$ nach Bild 75a im Multiplizierer M multipliziert. Das Produkt wird im Integrierer I über eine hinreichend lange Integrationszeit T gemittelt zur Autokorrelationsfunktion

$$\Phi_{11}(\tau) = \frac{1}{T}\int_0^T u_1(t)\, u_1(t-\tau)\, dt = \overline{u_1(t)\, u_1(t-\tau)} \quad (126)$$

Im elektronischen Korrelator nach Bild 76 werden somit die in der Definitionsgleichung (126) enthaltenen Vorgänge "Verschieben, Multiplizieren und Mitteln" meßtechnisch ausgeführt.

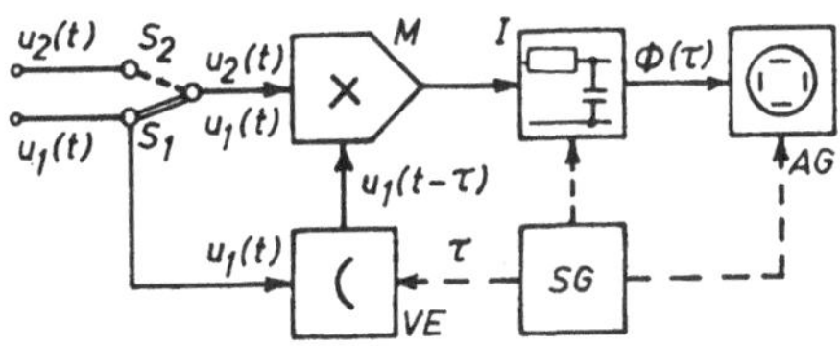

Bild 76 Prinzip-Signalflußplan eines elektronischen Korrelators zur Auto- bzw. Kreuzkorrelationsanalyse der Meßsignalspannungen u_1 und u_2 (Schalterstellung S_1 und S_2) VE Verzögerungseinheit, M Multiplizierer, I Integrierer, AG Ausgabegerät, SG Steuergerät

Die erhaltenen einzelnen Mittelwerte Φ_{11} werden in Abhängigkeit von der Zeitverschiebung τ in einem Sicht- oder Registriergerät als Ausgabegerät AG dargestellt. Die Vorgänge in der Verzögerungseinheit VE, im Integrierer I und im Ausgabegerät AG werden vom Steuergerät SG gesteuert.

Als Ergebnis erhält man für jede Zeitverschiebung τ einen Punkt der Autokorrelationsfunktion $\Phi_{11}(\tau)$ nach Bild 75b als Maß für die Ähnlichkeit der Meßsignalfunktion $u_1(t)$ zu ihrer eigenen zeitverschobenen Darstellung $u_1(t-\tau)$. Diese Funktion $\Phi_{11}(\tau)$ hat bei $\tau = 0$ ein Maximum (entsprechend dem quadratischen Mittelwert) und strebt bei zunehmendem τ um so schneller gegen Null, je regelloser der untersuchte Vorgang ist.

Für periodische Anteile der Meßsignalfunktion $u_1(t)$ mit der Periodendauer T zeigt die Korrelationsfunktion Φ_{11} für jede

Verschiebungszeit τ = T weitere positive Maxima, weil dabei immer größte Ähnlichkeit für die periodischen Anteile der Meßsignalfunktion zu ihrer zeitverschobenen Darstellung besteht.

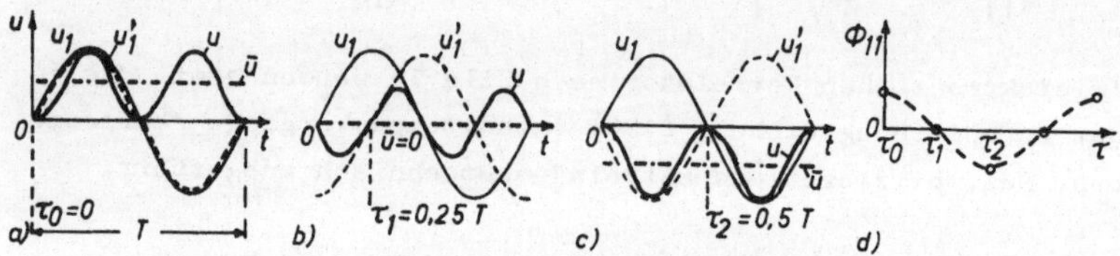

Bild 77 Autokorrelation einer Sinusspannung u_1 mit zeitlich verschobener Spannung $u_1' = u_1(t - \tau)$ sowie dem Produkt $u = u_1 u_1'$ und Mittelwert $\bar{u} = \overline{u_1 u_1'}$
T Periodendauer, τ Verschiebungszeit (a, b, c)
$\Phi_{11}(\tau)$ Autokorrelationsfunktion (d)

Die Bildung der Autokorrelationsfunktion $\Phi_{11}(\tau)$ ist in der Darstellung in Bild 77a bis d für einen rein periodischen Vorgang $u_1(t)$ und $u_1' = u_1(t - \tau)$ für die Verschiebungszeiten $\tau = (0,\ 0{,}25$ und $0{,}5)T$ im Verlauf des Produkts $u = u_1(t)\,u_1(t - \tau)$ und dessen Mittelwert $\bar{u} = \overline{u_1 u_1'}$ prinzipiell zu erkennen.

<u>Kreuzkorrelationsanalyse.</u> Diese liefert gegenüber der Autokorrelationsanalyse Informationen über die Wechselbeziehung zwischen zwei verschiedenen, aber gleichzeitigen, stochastischen zeitabhängigen Meßsignalspannungen $u_1(t)$ und $u_2(t)$.

Meßtechnisch wird bei der Ermittlung der <u>Kreuzkorrelationsfunktion</u> $\Phi_{12}(\tau)$ der Produktmittelwert der beiden um die veränderbare Verschiebungszeit τ gegeneinander verschobenen Funktionen $u_2(t)$ und $u_1(t - \tau)$ gebildet zu

$$\Phi_{12}(\tau) = \frac{1}{T}\int_0^T u_1(t - \tau)\,u_2(t)\,dt = \overline{u_1(t - \tau)\,u_2(t)} \qquad (127)$$

Die Kreuzkorrelationsfunktion $\Phi_{12}(\tau)$ wird mit einem elektronischen Korrelator nach Bild 76 in der Schalterstellung S2 ermittelt. Aus dem Ergebnis erkennt man die Frequenzzusammenhänge der beiden Meßsignalspannungen $u_1(t)$ und $u_2(t)$.

Die Funktionen $\Phi_{11}(\tau)$ bzw. $\Phi_{12}(\tau)$ werden für verschiedene Verschiebungszeiten τ in Echtzeit (On-Line) oder auch nach einer Zwischenspeicherung, z.B. mit einem Magnetband-Registriergerät, nach der Messung (Off-Line) ermittelt. Produkt- und Mittelwert können punktweise in analoger oder in digitaler Form gebildet werden. Während einer Analyse werden etwa 100 bis 1000 Punkte für eine Auto- bzw. Kreuzkorrelationsfunktion ermittelt.

Anwendung. Mit elektronischen Korrelationsanalysatoren lassen sich Auto- und Kreuzkorrelations-, Signalmittelwerte- und Wahrscheinlichkeitsverteilungs-Analysen durchführen.

Die Autokorrelationsfunktion $\Phi_{11}(\tau)$ als Ergebnis einer Analyse liefert eine Aussage über periodische Anteile, die in einem stochastischen Signalverlauf eingebettet sind. Ihre Ähnlichkeit mit der Funktion (sin x)/x hat keine besondere Bedeutung.

Die Kreuzkorrelationsmeßtechnik ermöglicht z.B. Untersuchungen der Systemeigenschaften von Prozeßsteuerungen in Produktionsbetrieben. Dabei werden die Übertragungseigenschaften des zu untersuchenden Systems nicht speziell über den Frequenzgang oder die Impulsantwort mit dem Nachteil des Abschaltens der Anlage bestimmt, sondern das System wird ohne Unterbrechungsstörung des Betriebes mit einem amplitudenmäßig kleinen Breitbandrauschen (mit einem Frequenzspektrum von Null Hz bis zu sehr hohen Frequenzen ähnlich wie bei einer Impulsfunktion) angeregt. Die Kreuzkorrelation zwischen Anregungsrauschen und Systemantwort schaltet die Beeinflussung des Meßergebnisses durch Störsignale aus und liefert die gewünschte Impulsantwort des Systems.

Korrelationsverfahren eignen sich auch für Geschwindigkeits- und Durchflußmessungen.

5. Meßketten-Schaltungsarten und Störspannungen

Zur Lösung von vielseitigen Meßproblemen lassen sich unter Beachtung verschiedener Bedingungen mit serienmäßigen Geräten (als Meßkettenglieder) Meßketten in vielfältigen Kombinationen, also in Meßsystemen, zusammenstellen.

5.1. Meßkettenglieder

5.1.1. Anpassungsbedingungen der Meßkettenglieder

Bei der Zusammenschaltung der Meßkettenglieder in der Meßkette müssen folgende Anpassungsbedingungen beachtet werden, um optimale Gerätekombinationen zu bekommen.

Empfindlichkeiten S_{AN} von Aufnehmer, S_{AP} von Anpasser (Anpassungsschaltung) und S_{AG} von Ausgeber (Ausgabegerät) ergeben die Meßketten-Gesamtempfindlichkeit

$$S = S_{AN} \; S_{AP} \; S_{AG} \tag{128}$$

Meßbereichendwerte der Meßglieder müssen der Meßaufgabe angepaßt werden.

Signalarten, wie Gleich- oder Wechselspannung, analog oder digital, müssen verarbeitet werden können.

Eingangs- bzw. Ausgangswiderstände bestimmen Spannungsanpassung mit eingeprägter Spannung für große Eingangswiderstände $R_\alpha \geqq 1\ k\Omega$ und Stromanpassung mit eingeprägtem Strom für kleine Eingangswiderstände $R_\alpha \leqq 1\ k\Omega$ des folgenden Meßkettengliedes, sowie Leistungsanpassung bei gleichen Ausgangs- und Eingangswiderständen zwischen zwei Meßkettengliedern.

Temperaturverhalten ermöglicht mit gegensinnigem Temperatureinfluß von Meßgliedern Temperatureinflußfehler zu kompensieren (s. Abschn. 6.3.4).

Potentialverhältnisse der Meßquelle und Anzahl der Verbindungsleiter (s. Abschn. 3.3.10), Erdungsverhältnisse in der Meßschaltung und in den Folgegeräten (s. Abschn. 5.1.2) sowie

Gegentakt- und Gleichtakt-Unterdrückung (s. Abschn. 5.2) sind zu berücksichtigen.

5.1.2. Geerdete und isolierte Meßquellen-, Meßverstärker- und Ausgabegeräte-Arten

Die nachfolgende Übersicht zeigt die grundsätzlichen Möglichkeiten der Zusammenschaltung von Meßquelle (Meßfühlerschaltung), Meßverstärker (Anpaßschaltung) und Meßdatenverarbeitungsgerät bzw. Ausgabegerät bezüglich der Erdungsverhältnisse der Geräte.

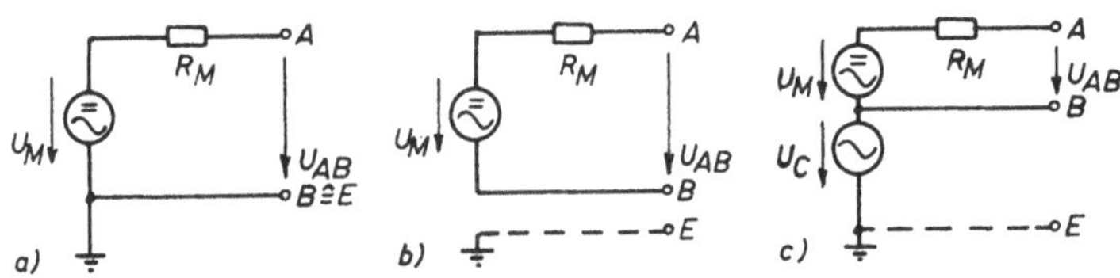

Bild 78 Asymmetrische Meßquellen U_M mit Erdpunkt E, Meßquelleninnenwiderstand R_M und Klemmenspannung U_{AB}
a) einseitig geerdet, b) von Erde isoliert, c) auf Gleichtaktspannung U_C liegend (s. Abschn. 5.2.6)

Meßquellen können auf sechs Grundarten, und zwar auf asymmetrische Arten nach den in Bild 78a bis c oder auf symmetrische Arten nach den in Bild 79a bis c dargestellten Schaltungen zurückgeführt werden.

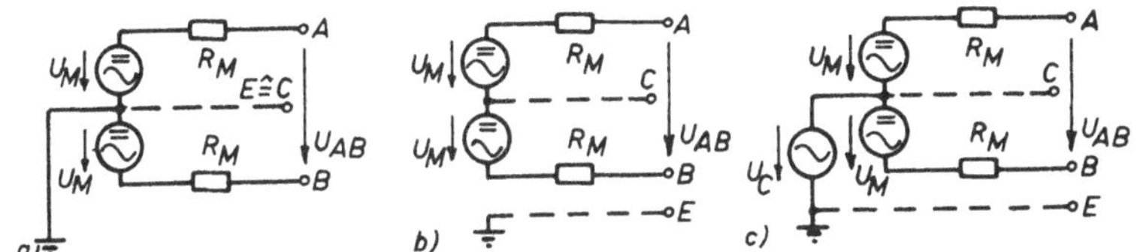

Bild 79 Symmetrische Meßquellen U_M mit Erdpunkt E, Innenwiderstand R_M und Klemmenspannung U_{AB}
a) Mittelpunkt geerdet, b) von Erde isoliert
c) auf Gleichtaktspannung liegend

Bei asymmetrischen Meßquellen nach Bild 78b ist die Erdung der Klemmen A oder B meist möglich, nach Bild 78c ist die Erdung von A oder B unzulässig. Bei symmetrischen Meßquellen nach Bild 79a ist die Erdung von A oder B unzulässig, nach Bild 79b ist die Erdung vorzugsweise von C möglich und nach Bild 79c ist die Erdung von A, B oder C unzulässig.

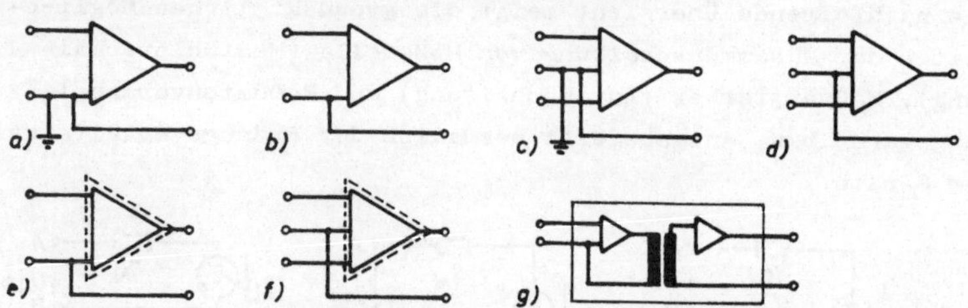

Bild 80 Meßverstärkerarten

a) asymmetrisch, geerdet, b) asymmetrisch, isoliert, c) symmetrisch, im Mittelpunkt geerdet, d) symmetrisch, isoliert; alle ungeschirmt, e) asymmetrisch, isoliert und f) symmetrisch, isoliert; beide geschirmt, g) Isolierverstärker

Geerdete oder isolierte Meßverstärkerarten lassen sich nach den in Bild 80a bis g gezeigten sieben verschiedenen asymmetrischen, symmetrischen, geerdeten, isolierten bzw. geschirmten Typen ordnen.

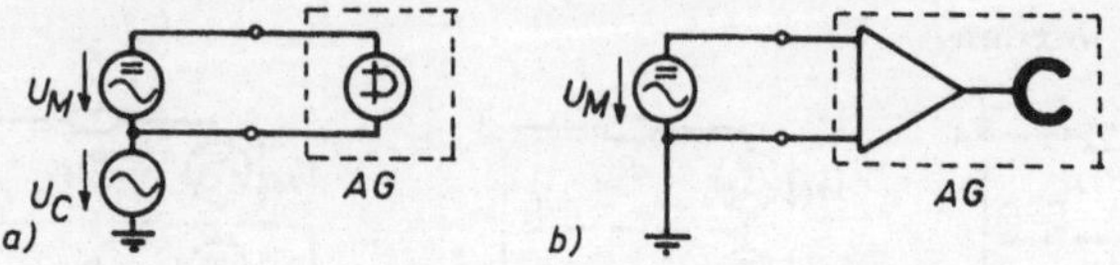

Bild 81 Ausgabegeräte AG

a) mit von Erde isoliertem Eingang

b) mit einseitig geerdetem Eingang

Bei Ausgabegeräten unterscheidet man die in Bild 81a und b gezeigten, isolierten oder einseitig geerdeten Arten.

5.1.3. Meßglieder-Kombinationen

Aus der in Tafel 11 dargestellten Beurteilungsübersicht von Meßglieder-Kombinationen mit verschiedenen Arten von Meßquellen nach Bild 78 und 79, Meßverstärkern nach Bild 80 und Ausgabegeräten nach Bild 81 lassen sich mit den in der Tabellenlegende genannten Bedeutungen die optimalen Gerätekombinationen für jeden besonderen Anwendungsfall auswählen.

Tafel 11 Beurteilung von Meßglieder-Kombinationen (SIEMENS)
Q_1 bis Q_6 Meßquellen nach Bild 78a bis c und Bild 79a bis c, V_1 bis V_7 Meßverstärker nach Bild 80a bis g, A_1 und A_2 Ausgabegeräte nach Bild 81a und b

	V_1		V_2		V_3		V_4		V_5		V_6		V_7
Q_1	2	2	1	2	1	2	1	2	1	2	1	3	1
Q_2	1	2 4	1	2 4	4	2 4	1	4	1	4	1	4	1
Q_3	5	5	3	5	2 3	2 3	3	5	3	5	3	5	3
Q_4	5	5	1	5	1	2	1	2	1	5	1	2	1
Q_5	4	4	5	5	4	2 4	1	4	1	4	1	4	1
Q_6	5	5	5	5	3	2 3	3	5	3	5	1	3	3
	A_1	A_2	A_1	A_2	A_1	A_2	A_1	A_2	A_1	A_2	A_1	A_2	A_1,A_2

Für die Gerätekombinationen bedeuten die Ziffern in Tafel 11:

1 ohne Einschränkung möglich

2 bedingt möglich, da durch die zwei Erdpunkte Erdschleifen mit Störungen bei Potentialdifferenzen zwischen den beiden Erdpunkten entstehen

3 bedingt möglich; für die Gleichtaktspannung müssen die Iso-

lationsfestigkeit des Verstärkers und des Folgegerätes und die Gleichtaktunterdrückung ausreichend sein

4 bedingt anwendbar, aber nur dann, wenn die Meßquelle geerdet werden kann

5 nicht möglich, da Kurz- bzw. Erdschlüsse auftreten

5.2. Störspannungen in der Meßkette

In der Meßkette können infolge von internen oder externen Störeinflüssen die Meßsignalspannungen bzw. -ströme durch Störspannungen bzw. -ströme überlagert sein. [5] (VDI/VDE 3551)

5.2.1. Interne elektrische Langzeitstörungen

Diese Eigenstörungen können die nachfolgend genannten Ursachen haben.

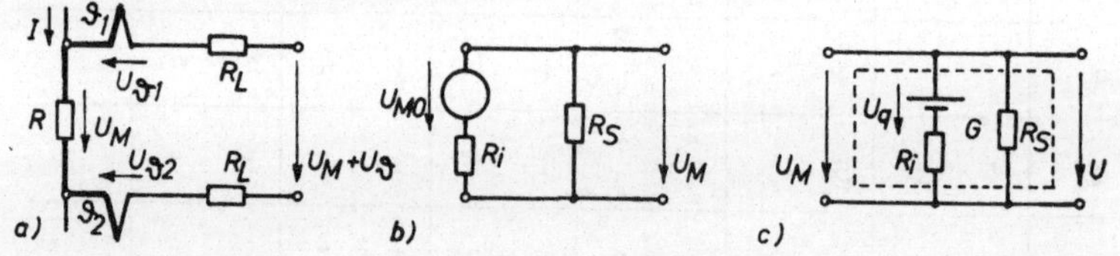

Bild 82 Beeinflussung der Meßspannung U_M durch interne Langzeitstörungen

a) Thermoelektrische Spannung $U_\vartheta = U_{\vartheta 1} - U_{\vartheta 2}$ zwischen Shunt R aus Konstantan und Kupferleiter R_L

b) Isolationswiderstand R_S der Meßleitungen zwischen Meßsignalleerlaufspannung U_{MO} (mit Innenwiderstand R_i) am Anfang und U_M am Ende der Leitung

c) Galvanisches Element G mit Quellenspannung U_q, Innenwiderstand R_i und Isolationswiderstand R_S

Thermoelektrische Spannungen entstehen in einem Stromkreis mit verschiedenen Metallen als Stromleiter nach Bild 82a, wenn die Verbindungsstellen unterschiedliche Temperaturen ϑ_1 und ϑ_2 aufweisen. Der Meßspannung U_M überlagert sich die Differenzthermospannung $U_{\vartheta} = U_{\vartheta 1} - U_{\vartheta 2} = 1\ \mu V$ bis $100\ \mu V$ zu $U_M + U_{\vartheta}$.

Isolationswiderstände und bei Wechselspannungen auch Kapazitäten zwischen den Leitern (oder auch gegen Erde) können nach Bild 82b die Meßsignal-Leerlaufspannung U_{MO} auf die Klemmenspannung $U_M = U_{MO}R_S/(R_i + R_S)$ verkleinern.

Galvanische Elemente können durch Feuchtigkeit und Salze als Elektrolyt mit kleinem Isolationswiderstand R_S nach Bild 82c zwischen den blanken Leitern gebildet werden. Dadurch können galvanische Störspannungen U_q von einigen 100 mV entstehen.

5.2.2. Interne kurzzeitige Störungen

Nachfolgend werden die wichtigsten Ursachen für interne, kurzzeitige (transiente) Störungen beschrieben.

Schaltungseinflüsse können Rückwirkungen von einem Meßsignal auf ein anderes Meßsignal oder auf einen elektrischen Regler ausüben; sie können meist durch Änderung der Zusammenschaltung vernachlässigbar klein gemacht werden.

Schaltvorgänge senden u.U. Störimpulse aus, die weiter unerwünschte Schaltvorgänge auslösen können. Diese Schaltimpulse lassen sich meist durch Zuschalten von Kondensatoren oder Dioden verkleinern.

Mikrophoniestörungen entstehen z.B. durch mechanische Erschütterungen, durch Änderungen von Kontaktübergangswiderständen oder von Kapazitäten bzw. Induktivitäten von Kabeln.

Piezoeffektstörungen können entstehen, wenn mechanische Kräfte im Dielektrikum beim Knicken eines Kabels wirken. Dabei werden elektrische Ladungen von etwa $Q = 10^{-10}$ As influenziert. Bei der Kabellänge $l = 5$ m und der spezifischen Kabelkapazität $C/l = 100$ pF/m ergibt sich dann z.B. bei der Kabelkapazität $C = 500$ pF die Spannung $U = Q/C = 10^{-10}\ \text{As}/(500 \cdot 10^{-12}\ \text{F}) = 200$ mV.

Elektrostatische Störspannungen können beim Reiben von isolierten Teilen verschiedener Stoffe, wie z.B. Luft, Isolatoren oder Metallen, entstehen.

Widerstandsrauschspannungen ergeben sich nach der Nyquist-Formel $U = (4\ k\ T\ R\ \Delta f)^{1/2}$. So erhält man mit der Boltzmann-Konstanten $k = 1{,}3804 \cdot 10^{-23}$ Ws/K z.B. bei dem ohmschen Widerstand R = 1 MΩ und der absoluten Temperatur T = 300 K innerhalb der Beobachtungsbandbreite Δf = 100 Hz die Rauschspannung

$$U \approx \left[4 \cdot 1{,}3804 \cdot 10^{-23}\ (\text{Ws/K}) \cdot 300\ \text{K} \cdot 1 \cdot 10^{6}\ \Omega \cdot 100\ \text{Hz}\right]^{1/2}$$
$$\approx 1{,}3\ \mu\text{V}$$

5.2.3. Externe elektrische Störungen

Diese Störungen gelangen in Form von Gleichspannungen durch galvanische Kopplung oder Wechselspannungen bzw. elektrische Impulse durch galvanische, induktive oder kapazitive Kopplung aus benachbarten elektrischen Anlagen in die Meßkette.

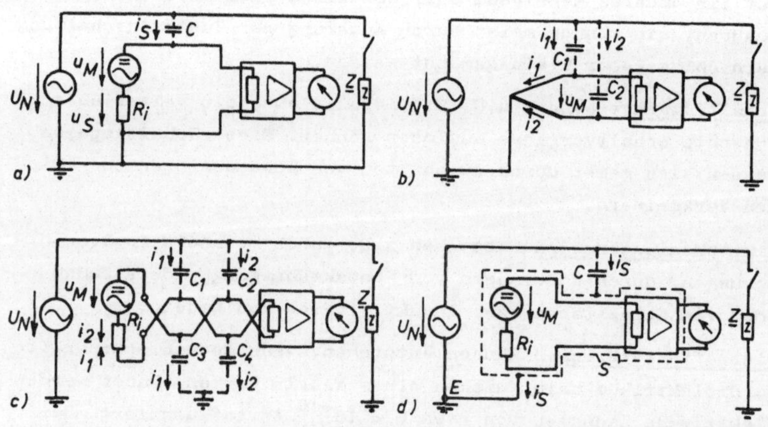

Bild 83 Kapazitive Störströme i in Kopplungskapazität C, Meßsignalquelle u_M mit Innenwiderstand R_i, verursacht durch die Netzspannung U_N

a) Störspannung u_S infolge des Störstroms i_S

b) und c) Störströme i_1 und i_2 kompensieren sich

d) Abschirmung S mit Erdung E

<u>Induktive Störspannungen</u> werden durch das Magnetfeld um einen stromdurchflossenen Leiter neben einer Meßleitung in diese Schleife induziert. Sie lassen sich hauptsächlich durch Verdrillen oder Abschirmen der Leitungen unterdrücken, ähnlich wie in Bild 83c und d dargestellt.

<u>Kapazitive Störspannungen</u> entstehen nach Bild 83a durch den Spannungsabfall

$$U_S \approx U_N R_i \omega C \tag{129}$$

des kapazitiven Netzstroms $I_S \approx U_N/X_C = U_N \omega C$ im Meßsignalquellen-Innenwiderstand R_i.

Die Störströme i_1 und i_2 kompensieren sich nach Bild 83b bei ungefähr gleichen Teilkopplungskapazitäten $C_1 \approx C_2$ und nach Bild 83c infolge der gleichen Kopplungskapazitäten $C_1 = C_2$ und $C_3 = C_4$. In der Schaltung nach Bild 83d hat der Störstrom i_S keine Störwirkung, da er über die Abschirmung S zur Erde E fließt.

<u>Beispiel 7: Kapazitive Störspannung.</u> Es ist zu ermitteln, welche kapazitive Störspannung U_S entsteht, wenn zwei nicht abgeschirmte Leitungen parallel nebeneinander die Meßspannung u_M und die Netzspannung U_N nach Bild 83a führen.

Gegeben sind Kabellänge l = 10 m, Kabeladerradius r = 0,5 mm, Meß- und Netzkabel-Aderabstand d = 10 mm, Netzspannung U_N = 220 V, Netzfrequenz f = 50 Hz und Meßquellen-Innenwiderstand entweder niederohmig mit $R_i = 100\,\Omega$ oder hochohmig.

Die Kapazität der Doppelleitung zwischen den Meß- und Netzkabeladern beträgt nach [10]

$$C = \pi \varepsilon_r \varepsilon_o 1/ \ln(d/r) =$$

$$= \pi \cdot 0{,}88542 \cdot 10^{-11}\ (\mathrm{F/m}) \cdot 10\ \mathrm{m}/\left[\ln(10\ \mathrm{mm}/0{,}5\ \mathrm{mm})\right] =$$

$$= 92{,}85\ \mathrm{pF}$$

Für die Netzfrequenz f = 50 Hz ergibt sich mit $\omega = 314\ \mathrm{s}^{-1}$ der kapazitive Blindwiderstand $X_C = 1/(\omega C) = 34{,}28\ \mathrm{M\Omega}$.

Die Störspannung ist für die niederohmige Meßquelle nach Gl. (129)

$$U_S \approx U_N R_i \omega C = 220 \text{ V} \cdot 100\, \Omega \cdot 2 \cdot \pi \cdot 50 \text{ s}^{-1} \cdot 92{,}85 \text{ pF} =$$
$$= 641{,}7\ \mu\text{V}$$

Bei hochohmigen Meßsignalquellen würde z.B. für die Annahme gleicher Widerstände $R_i = X_C$ die Störspannung $U_S = U_N/\sqrt{2} \approx$ 156 V, d.h. untragbar groß werden.

Maßnahmen zur Verringerung der kapazitiven Störspannungen sind hauptsächlich:

Vergrößerung des Abstands zwischen den Leitern gemäß Bild 83b. Hierdurch ergeben sich kleinere, symmetrische Teilkapazitäten C_1 und C_2. Somit wird die Kopplungskapazität kleiner, die Symmetrie der Teilkapazitäten C_1 und C_2 wird größer, und die Störspannung nimmt etwa mit dem Reziprokwert des Quadrates des Leiterabstands ab.

Verdrillen der Meßsignal- oder Netzleitung (oder beider Leitungen) nach Bild 83c erzeugt gleiche Kopplungskapazitäten $C_1 = C_2$ und $C_3 = C_4$, so daß sich die Teilstörströme $i_1 = i_2$ kompensieren.

Abschirmung S (guard) der Meßkette nach Bild 83d mit Erdung E.

5.2.4. Erdspannungen

Diese Störspannungen entstehen infolge von Erdströmen durch den Erdwiderstand $R_E = 0{,}1\,\Omega$ bis $1\,\Omega$. Sie betragen z.B. zwischen zwei Erdungspunkten im Abstand von 100 m etwa $U_E =$ 100 mV Wechselspannungsanteil mit 10 mV Gleichspannungsanteil bis maximal $U_E = 1$ V bis 10 V. In geerdeten Schaltungen nach Bild 84a können sie Störspannungen im Leitungswiderstand R_{L2} erzeugen.

Maßnahmen gegen Erdspannungseinflüsse werden vor allem durch Erdung zentral an nur einem Sammelpunkt E ohne Erdschleifen sowie durch Abschirmungen S, z.B. nach Bild 84b, getroffen.

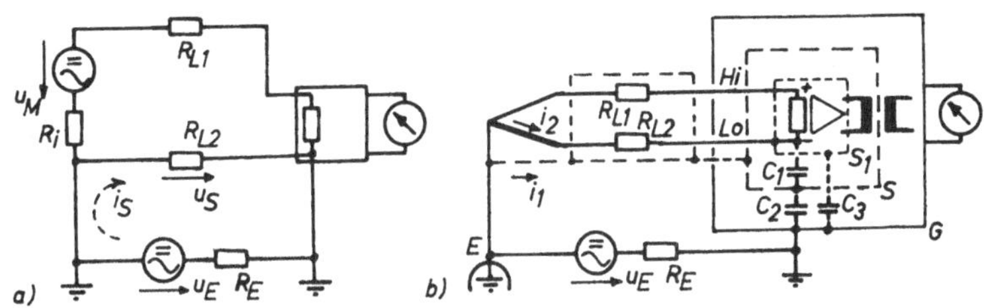

Bild 84 Einfluß von Erd-Störspannungen u_E in Meßketten
a) Meß-Störspannung u_S am Leitungswiderstand R_{L2}
b) sehr gute Störspannungs-Unterdrückung mit einem an einer fremdspannungsarmen Erde E geerdeten Schirm S

In der Schaltung nach Bild 84a hat die Erd-Störspannungsquelle u_E mit dem Quellenwiderstand R_E einen Erdschleifenstrom i_S zur Folge, der am Meßsignal-Leitungswiderstand R_{L2} die Meß-Störspannung u_S erzeugt. In der Schaltung nach Bild 84b fließt der von der Erd-Störspannungsquelle u_E herrührende Störteilstrom i_1 ohne Störwirkung über die Abschirmung S (guard, shield), und der Störteilstrom i_2 durch den Leitungswiderstand R_{L2} und die Kopplungskapazität C_3 zum Gehäuse G stört kaum, da er sehr klein ist.

5.2.5. Gegentakt- oder Serien-Störspannungen

Meß- und Störspannungen können sich in verschiedener Weise überlagern.

Gegentakt-Störspannungen u_D (normal or differential mode voltage) sind symmetrisch zu den Meßverstärker-Eingangsklemmen mit der Meßsignalspannung u_M in Reihe geschaltet und überlagern somit nach Bild 85a und b die Meßsignalspannung u_M. Gegentakt-Störspannungen entstehen z.B. durch die Oberspannungen einer Netzgleichrichter-Stromversorgung oder durch den Strom über den Kopplungskondensator C des Netzgeräts nach Bild 85c.

Durch Abschirmungen, Filterschaltungen oder z.B. durch doppelt erdsymmetrische Brücken- und Verstärkerschaltungen (mit erdsymmetrischer Brückenspeisung und Differenzverstärkereingang) oder durch besondere Meßverfahren, wie z.B. durch Mittelung über eine Periode der Störfrequenz, können Gegentakt-Störspannungen unterdrückt werden.

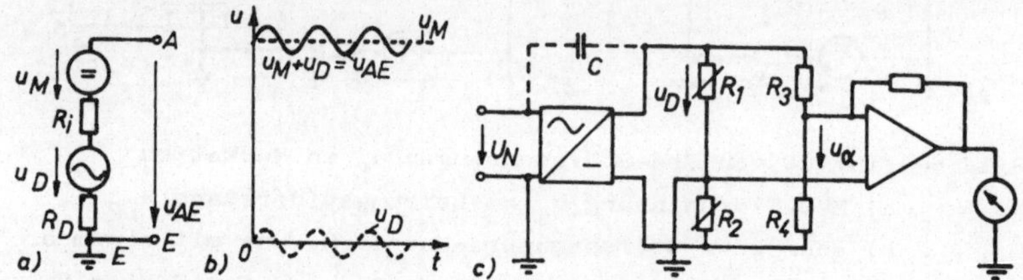

Bild 85 Gegentakt- oder Serien-Störspannung u_D
a) Ersatzschaltung für die Reihen- oder Serienschaltung der Meßsignalspannung u_M mit der Störspannung u_D
b) zeitlicher Spannungsverlauf der resultierenden Gegentaktspannung $u_{AE} = u_M + u_D$ an den Meßverstärker-Eingangsklemmen AE (u_M als Gleich- und u_D als Wechselspannung angenommen)
c) In dieser Meßkettenschaltung ergibt sich über den Kopplungskondensator C eine Serien-Störspannung u_D in der Widerstandsmeßbrücke R_1 bis R_4

Gegentakt-Unterdrückungsfaktor. Dieser Faktor (normal mode rejection factor or ratio NMRR)

$$F_D = U_{ohne}/U_{mit} \geq 1 \qquad (130)$$

ist definiert durch das Verhältnis der Störspannung ohne Entstörung U_{ohne} zu der nach der Entstörung verbleibenden Störspannung U_{mit}. Der Gegentakt-Unterdrückungsfaktor kann viele Zehnerpotenzen bis über $10^8 \triangleq 160$ dB erreichen.

5.2.6. Gleichtakt-Störspannungen

Die Gleichtakt-Störspannung u_C (common mode disturbing voltage) tritt zwischen den Klemmen der Meßsignalquelle und Erde auf, und zwar entweder asymmetrisch nach Bild 86a oder symmetrisch nach Bild 86c. Gleichtakt-Störspannungen gegen Erde werden erzeugt durch induktive und kapazitive Einstreuung von magnetischen und elektrischen Feldern in die Meßfühler- und Meßleitungs-Schaltung, durch die Kapazität des Netztransformators, durch die Speisespannung der Meßfühlerschaltung, sowie durch Erd-, Kriech- und Ausgleichsströme innerhalb der Meßkettenschaltung.

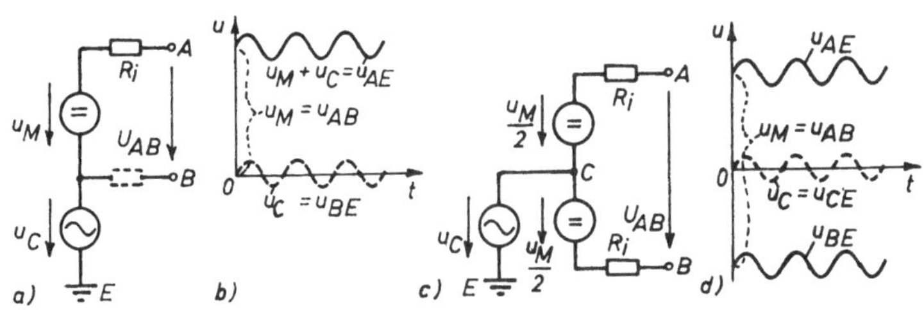

Bild 86 Gleichtakt-Störspannung u_C

a) Ersatzschaltung für eine asymmetrische Meßquellenspannung u_M in Reihe mit der Gleichtaktspannung u_C

b) zeitlicher Spannungsverlauf der Klemmenspannungen $u_{AB} = u_M = u_{AE} - u_C$

c) Ersatzschaltung für eine symmetrische Meßquelle u_M mit Gleichtaktspannung u_C

d) zeitlicher Spannungsverlauf der Spannungen von (c)

In einer gegenüber Erde idealen symmetrischen Meßfühler- und Meßverstärkereingangs-Schaltung verursacht eine Gleichtakt-Störspannung theoretisch keinen Meßfehler, da sie an beiden Meßverstärker-Eingangsklemmen A und B eines Differenzverstärkers gleiche Amplitude und Phasenlage nach Bild 86b und d hat.

In der Praxis wird jedoch wegen ohmscher oder kapazitiver Unsymmetrien des Meßkreises, der Leitungsführung und des Verstärkereingangskreises gegenüber Erde die Gleichtakt-Störspannung in eine mehr oder weniger störende Gegentaktspannung, z. B. nach Bild 84a, durch eine Erdstörspannung in einer Erdschleife umgesetzt.

Durch Verdrillen der Meßleitungen nach Bild 83c sowie Abschirmung der Meßkabel und der Meßverstärker-Eingangsschaltung nach Bild 84b wird eine sehr große Gleichtaktunterdrückung erreicht.

<u>Gleichtakt-Unterdrückungsfaktor.</u> Dieser Faktor (common mode rejection factor or ratio CMRR)

$$F_C = \frac{V_D}{V_C} = \frac{u_{D\beta}/u_{D\alpha}}{u_{C\beta}/u_{C\alpha}} \geqq 1 \tag{131}$$

ist definiert durch das Verhältnis der Spannungsverstärkung V_D für die Gegentaktsignalspannung u_D (Meßsignalspannung bei einpolig geerdetem Verstärkereingang) zur Spannungsverstärkung V_C für die Gleichtaktspannung u_C. Für gleiche Gleichtakt- und Gegentakt-Anteile der Ausgangsspannungen $u_{C\beta} = u_{D\beta}$ wird

$$F_C = u_{C\alpha}/u_{D\alpha} \tag{132}$$

Der Gleichtakt-Unterdrückungsfaktor F_C wird oft für einen unsymmetrischen Quellenwiderstand im Meßkreis von 1 kΩ angegeben. Er nimmt mit zunehmender Frequenz der Gleichtakt-Betriebsspannung ab.

In der Praxis lassen sich mit guten Meßverstärkern kleine Gegentakt- bzw. Differenz-Meßspannungen von mV auf hohen Gleichtaktpotentialen von mehreren 100 V messen; denn man erreicht maximale Werte der Gleichtaktunterdrückung in der Größenordnung $F_C = 10^2 \ldots 10^8$ entsprechend 40...160 dB.

Der Störspannungsabstand (signal-noise-ratio SNR) von elektronischen Geräten wird im logarithmischen Verhältnismaß in dB angegeben.

6. Empfindlichkeit, Auflösung und Fehler

6.1. Meßkettenempfindlichkeit

Für die Ermittlung der Empfindlichkeiten (sensitivity) und der Signalwerte einer Meßkette oder deren Meßglieder ist es zweckmäßig, den Meßkettensignalflußplan (VDI/VDE-Richtlinie 2600 Blatt 3) durch Eintragung von Formelzeichen oder auch Zahlenwerten für die Meßsignale und Stromversorgungen gemäß Bild 87 zu ergänzen. Eine Doppellinie in den Blöcken bedeutet eine galvanische Trennung der Signale.

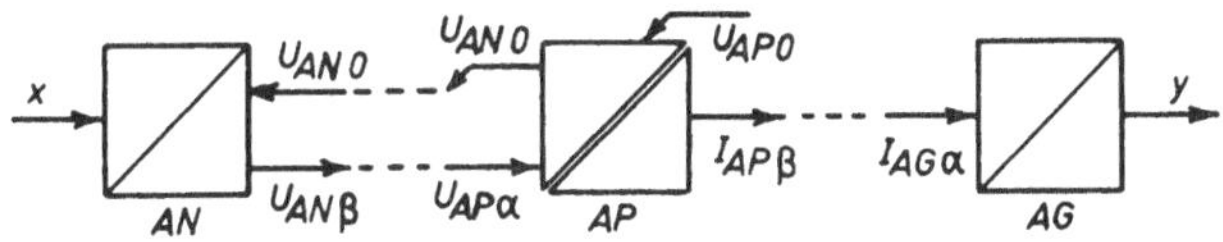

Bild 87 Meßketten-Signalflußplan mit Signal- und Stromversorgungs-Angaben für Aufnehmer AN, Anpasser AP und Ausgeber AG
x, $U_{AN\beta}$, $U_{AP\alpha}$, $I_{AP\beta}$, $I_{AG\alpha}$, y Signalein- und -ausgangsgrößen mit Index α für Eingang und β für Ausgang, U_{ANO}, U_{APO} Stromversorgungs-Speisespannungen

Allgemein ist die <u>Meßempfindlichkeit</u> definiert durch (DIN 1319 Blatt 2)

$$S = \frac{\text{Änderung der Ausgangsgröße}}{\text{Änderung der Eingangsgröße}} = \frac{\text{Wirkung}}{\text{Ursache}} \qquad (133)$$

Meßglieder mit <u>linearer</u> (bzw. linearisierter) Kennlinie haben die Empfindlichkeit S = Ausgang/Eingang = const.

6.1.1. Aufnehmer-Empfindlichkeit

<u>Passive</u> <u>Meßfühler</u> mit den Nennendwerten (Meßbereichendwert) x_M für die Aufnehmer-Eingangsgröße und $U_{AN\beta}$ für die Ausgangsgröße haben als Katalogangabe die Aufnehmer-Empfindlichkeit

$$S_{ANp} = U_{AN\beta} / x_M \text{ je Volt Speisespannung} \tag{134}$$

oder anders geschrieben

$$S_{ANp} = (U_{AN\beta} / V) / x_M = U_{AN\beta} / x_M V \tag{135}$$

Die wirksame Empfindlichkeit von passiven Aufnehmern für die vorgeschriebene Speisespannung U_O ist

$$S_{ANw} = S_{ANp} U_O \tag{136}$$

Aktive Meßfühler haben die Empfindlichkeit

$$S_{ANa} = U_{AN\beta} / x_M \tag{137}$$

6.1.2. Meßketten-Gesamtempfindlichkeit

Mit der wirksamen Aufnehmer-Empfindlichkeit S_{ANw}, der Anpasser-Empfindlichkeit S_{AP} und der Ausgeber-Empfindlichkeit S_{AG} ist die Meßketten-Empfindlichkeit

$$S_M = S_{ANw} S_{AP} S_{AG} \tag{138}$$

Hieraus lassen sich je nach Problemstellung die Empfindlichkeiten der gesamten Meßkette oder einzelner Meßkettenglieder ermitteln. Eine praktische Hilfe erhält man durch Eintragung der Signal- und Stromversorgungs-Wertangaben in den Signalflußplan nach Bild 87.

Die Meßdatenverarbeitung ist hier mit ihren Empfindlichkeiten und Maßstäben wegen ihrer Besonderheit nicht berücksichtigt. Sie kann an irgend einer Stelle der Meßkette On-Line (in Echtzeit) oder Off-Line (nach der Messung) eingeschaltet werden.

6.1.3. Auswertung von Messungen

Als Grundlage für die Auswertung von Messungen dient die Kalibrierkurve (d.h. die punktweise Ermittlung der Ausgangsgrösse y in Abhängigkeit von der Eingangsgröße x in Kurvenform) für die einzelnen Meßglieder oder für die gesamte Meßkette.

Bei nichtlinearer Kennlinie muß immer über die Kalibrierkurve

(Grundform der Kennlinie nach Bild 88b) ausgewertet werden.

Bei <u>linearer Kennlinie</u> mit der Meßgrößen-Empfindlichkeit $S_x = y_{cal}/x_{cal}$ = const erhält man aus dem zugehörigen Ausgangswert y mit Hilfe des Koeffizienten $C_x = 1/S_x = x/y$ für einen Meßwert

$$x = C_x y \qquad (139)$$

Für die Praxis ist zu empfehlen, während einer Messung mit verschiedenen Meßgeräte-Empfindlichkeiten zuerst allgemein mit der Empfindlichkeit S_x zu arbeiten, da größeren Empfindlichkeiten größere Zahlenwerte (und nicht reziproke Werte wie beim Koeffizienten) entsprechen. Die Empfindlichkeit S_x wird außerdem für die Ermittlung des Maßstabs von Diagrammen benötigt. Ausgewertet wird nach der Messung mit dem Koeffizienten C_x.

Für den Koeffizienten wird das Formelzeichen C (und nicht K) gewählt, da das Formelzeichen K in der Regelungstechnik meist die Empfindlichkeit (Proportionalbeiwert nach DIN 19 226) und in der Meßtechnik jedoch oft den Empfindlichkeitskehrwert Koeffizient (DIN 43 740) bedeutet.

<u>Beispiel 8: Dynamische Kraftmessung mit Registrierung.</u> Der zeitliche Verlauf einer veränderbaren Kraft F_M wird mit einer vorhandenen Meßeinrichtung registriert. Man ermittle die Empfindlichkeit der gesamten Meßkette und den Kraftmaßstab für das Oszillogramm für zwei verschiedene Meßverstärker-Empfindlichkeiten für folgende gegebene Größen:

Kraft-Aufnehmer mit den Nennwerten Kraft F_M = 100 N, Meßfühlerschaltungs-Ausgangsspannung $U_{AN\beta}$ = 1 mV je Volt Speisespannung, vorgegebene Speisespannung U_{AN0} = 10 V, Meßverstärker (Anpasser)-Empfindlichkeit a) klein S_{AP} = 1 mA/mV, b) groß S_{AP} = 2 mA/ µV, Lichtstrahloszillograph (Ausgeber) mit Nennstrom $I_{AG\alpha}$ = 10 mA und Ausschlag y = 100 mm.

Berechnet werden für die beiden Verstärkereinstellungen die Meßketten-Empfindlichkeiten $S_M = S_{ANw} S_{AP} S_{AG}$, die auch zum Eintragen der Maßstäbe, d.h. zum Auftragen von Abschnitten für runde Zahlenwerte der Meßgröße auf der Oszillogrammordinatenachse benötigt werden, sowie die Koeffizienten und die Kraftendwerte.

Die Meßglieder-Empfindlichkeit beträgt für den Aufnehmer

$$S_{ANw} = U_0 S_{ANp} = U_0 U_{AN\beta} / (F_M V) = 10\ V \cdot 1\ mV/(100\ N \cdot V) =$$

$$= 0{,}1\ mV/N = 100\ \mu V/N$$

Die Ausgeber-Empfindlichkeit ist

$$S_{AG} = y/I_{AG\alpha} = 100\ mm/10\ mA = 10\ mm/mA$$

a) Für die Meßkette mit kleiner Empfindlichkeit gilt

$$S_M = 0{,}1\ (mV/N) \cdot 1\ (mA/mV) \cdot 10\ (mm/mA) = 1\ mm/N$$

Da sich dieses Empfindlichkeitsergebnis nicht als Maßstab zum Eintragen in das Oszillogramm eignet, wird geändert in

$$S_M = 1\ \frac{mm}{N} \cdot \frac{10}{10} = 10\ \frac{mm}{10\ N}$$

Für den Kraftmaßstab auf der Oszillogrammordinatenachse werden in Abschnitten von je 10 mm runde Vielfache von 10 N angeschrieben. Für die Auswertung des Oszillogramms gilt der Koeffizient $C_F = 1/S_M = 1\ N/mm$.

Der Oszillogramm-Vollausschlag wird erreicht bei dem Kraftendwert

$$F_M = C_F y = 1\ (N/mm) \cdot 100\ mm = 100\ N$$

b) Für die Meßkette mit großer Empfindlichkeit gilt

$$S_M = 100\ (\mu V/N) \cdot 2\ (mA/\mu V) \cdot 10\ (mm/mA) = 2000\ mm/N$$

Für den Kraftmaßstab wird geändert in

$$S_M = 2000\ \frac{mm}{N} \cdot \frac{0{,}01}{0{,}01} = 20\ \frac{mm}{10\ mN}$$

Der Kraft-Koeffizient für die Auswertung ist $C_F = 0{,}5\ mN/mm$.

Bei Oszillogramm-Vollausschlag ist der Kraftendwert

$$F_M = C_F y = 0{,}5\ (mN/mm) \cdot 100\ mm = 50\ mN$$

6.2. Auflösung

Die Auflösung (resolution, definition) wird absolut oder relativ angegeben und nachstehend mit der Zeit t als Beispiel beschrieben.

Absolute Auflösung t_Q ist das kleinste Meßquant, also die kleinste erfaßbare bzw. unterscheidbare Meßwertstufe (Teil der Meßgröße). t_Q gilt sowohl für analoge als auch für digitale Meßgeräte. Bei digitalen Meßmethoden wird t_Q auch LSD (least significant digit) oder LSB (least significant bit) genannt.

Relative Auflösung Q_t, die auf den Meßbereichendwert t_M bezogen wird, ist definitionsgemäß

$$Q_t = t_Q/t_M \tag{140}$$

In Firmenunterlagen kann man oft nur aus den angegebenen Einheiten erkennen, ob es sich um die absolute Auflösung mit der Einheit der Meßgröße, oder um die relative Auflösung mit der Einheit 1 handelt. Je größer die relative Auflösung ist, um so kleiner ist hierfür der Zahlenwert, ähnlich wie eine größere Genauigkeit auch einem kleineren Zahlenwert entspricht.

Zwischen der Empfindlichkeit S und der relativen Auflösung Q muß eindeutig unterschieden werden. Die Begriffe Ansprechwert, Meßschwelle oder Reizschwelle, entsprechend dem Verhältnis eines ersten, deutlich erkennbaren Unterschieds der Anzeige zu der verursachenden Änderung der Meßgröße (DIN 1319) dürfen nicht mit der Empfindlichkeit verwechselt werden.

Bei einer Meßbereich-Variationsmöglichkeit von $10^3 : 1$ erreicht man bei analogen Meßgeräten mit 100 Skalenteilen bei der Schätzung von 1/10 Skalenteil eine relative Auflösung von $Q = 10^{-6}$. Wertangaben für die relative Auflösung bei digitalen Meßverfahren enthält das nachfolgende Beispiel 9.

Beispiel 9: Relative Auflösung von Digital-Multimetern. Für eine Übersicht des Zusammenhangs zwischen dem relativen Fehler

F_U und der relativen Auflösung Q_U bei Spannungsmessungen sollen mehrere Digital-Multimeter mit verschiedenem Anzeigeumfang bei gleichem relativem Fehler $F_U = 10^{-3}$ angenommen und F_U mit Q_U verglichen werden.

Tafel 12 Vergleich des relativen Fehlers F_U mit der relativen Auflösung Q_U von Digital-Multimetern

Anzeige- Stellen	Umfang	Rel. Auflösung $Q_U \approx$	Rel. Fehler $F_U =$	Vergleich $F_U/Q_U \approx$
3 stellig	999	10^{-3}	10^{-3}	1
3 1/2 "	1999	0,5 10^{-3}	10^{-3}	2
4 "	9999	10^{-4}	10^{-3}	10
4 1/2 "	19999	0,5 10^{-4}	10^{-3}	20
5 "	99999	10^{-5}	10^{-3}	100
6 "	999999	10^{-6}	10^{-3}	1000

Die relative Auflösung ist bei Geräten mit 3 bis 3 1/2 Stellen bzw. mit 999 bis 1999 Meßschritten nach Tafel 12 noch zweckmäßig. Mit 4 bis 4 1/2 Stellen wäre sie bei dem angenommenen Fehler normalerweise übertrieben und nur dann zu empfehlen, wenn gerade die kleinen Meßwertstufen besonders interessieren. Der zu wählende relative Auflösungswert hängt somit von der Aufgabenstellung ab. Meßgeräte größerer Auflösung müssen entsprechend kleinere Fehler aufweisen.

Anstelle der Bezeichnung "3 1/2, 3 3/4 stellig usw." wäre die Angabe von Anzeigeumfang, Anzeigebereich, Anzeigeziffern, Stufen-, Quanten- oder Meßschrittanzahl oder Zählbereich (counts) mit z.B. j = 999, 1499, 1999 oder 3000 usw. immer eindeutiger.

6.3. Meßfehler

6.3.1. Definitionen

Da die Genauigkeit von Meßgeräten durch die Angabe des Fehlers erfaßt wird (VDE 0410, VDI/VDE 2600 Blatt 4), sind nachstehend die Definitionen der verschiedenen Fehlerarten für eine Meßgröße mit dem Formelzeichen a als Beispiel zusammengestellt.

Ausgegebener (angezeigter) Wert der Meßgröße a_x, richtiger (wahrer) Wert der Meßgröße a_n, Meßbereich-Endwert a_M

Absoluter Fehler $a_F = a_x - a_n$, relativer Fehler $F_{arel} = a_F/a_n$

Relativer Anzeigefehler $F_{aA} = a_F/a_M$ (Angabe meist in %)

Die Korrektion entspricht dem relativen Anzeigefehler mit entgegengesetztem Vorzeichen.

Fehlergrenzen (Güteklasse) $F_{aK} = \pm F_{aA\ max\ zul}$

Die für Meßgeräte vom Gerätehersteller gewährleisteten Fehlergrenzen F_{aK} geben den an jeder Stelle der Skala maximal zulässigen relativen Anzeigefehler und auch die Einflußeffekte bei festgelegten Prüfbedingungen (in Prozent des Meßbereich-Endwertes) an. Der Begriff "Genauigkeit" ist besonders bei Zahlenangaben von Fehlern zu vermeiden.

Klassenbezeichnung (Genauigkeitsklasse nach VDE 0410)
0,1 - 0,2 - 0,5 - 1 - 1,5 - 2,5 - 5

Die Fehler von Meßergebnissen werden durch die Meßunsicherheit erfaßt.

6.3.2. Fehlerquellen und Fehlerarten

Fehlerquellen (VDI/VDE 2600 Blatt 4) sind Unvollkommenheiten des Meßgegenstands, der Meßgeräte und der Meßverfahren; hinzu kommen Folgefehler durch Einflüsse der Umwelt (z.B. Temperatur, Luftdruck, Feuchtigkeit, Spannung, Frequenz und fremde elektrische oder magnetische Felder) und der Beobachter sowie durch deren zeitliche Veränderungen.

Systematische Fehler. Diese entstehen durch Unvollkommenheiten der Meßgeräte, der Meßverfahren und des Meßgegenstands, sowie durch erfaßbare Einflüsse der Umwelt (z.B. Temperatur ϑ, Druck p) und durch subjektive Einflüsse der Beobachter. Sie machen das Ergebnis unrichtig. Erfaßbare systematische Fehler sollen durch Korrekturen ausgeschaltet werden.

Zufällige Fehler. Diese entstehen durch nicht direkt erfaßbare und nicht beeinflußbare Änderungen der Meßgeräte (z.B. Reibung) des Meßgegenstands, der Umwelt (z.B. durch Erschütterungen) und der Beobachter. Sie machen das Ergebnis unsicher. Sie sind im Einzelnen nicht erfaßbar, sie können aber in ihrer Gesamtheit mit der Statistik und Fehlerrechnung erfaßt, gekennzeichnet und ausgeglichen werden.

Fehlerfortpflanzung. Hierbei ermittelt man für ein Meßergebnis, das eine Funktion von mehreren Meßgrößen (Meßwerten) $x_1, x_2, ..$ mit bekannten systematischen Fehlern $\Delta x_1, \Delta x_2, ...$ ist, den Meßergebnisfehler Δy nach dem totalen Differential

$$\Delta y = \frac{\partial y}{\partial x_1} \Delta x_1 + \frac{\partial y}{\partial x_2} \Delta x_2 + \dots \qquad (141)$$

Meßunsicherheit bei zufälligen Fehlern ist mit Vertrauensfaktor t, Anzahl der Messungen n, Standardabweichung s und zusätzlich nicht erfaßbarem und nur abschätzbarem systematischem Fehler F [16]

$$u = \pm \left(\left| \frac{t}{\sqrt{n}} \right| s + |F| \right) \qquad (142)$$

Meßergebnis. Dieses ergibt sich aus dem korrigierten Meßgrößen-Mittelwert $\bar{a}_E$ und der Meßunsicherheit u

$$y = \bar{a}_E \pm u \qquad (143)$$

Da der Gesamtfehler einer Meßkette in der Praxis meist kleiner ist als die entsprechende Summe aller Einzelfehler der Meßkettenglieder, weil sich die Fehler einzelner Glieder teilweise kompensieren können, müssen die Fehler-Einflußgrößen aller

Meßglieder bekannt sein und bei der Fehlerbetrachtung berücksichtigt werden.

6.3.3. Kennlinien-Linearitätsfehler

Die Kennlinie eines Meßgeräts stellt die im Beharrungszustand vorhandene Abhängigkeit der Ausgangsgröße y von der Eingangsgröße x dar. Erwünscht sind meist lineare Kennlinien für verschiedene Meßbereiche nach Bild 88a.

Eine ausgegebene (gemessene) Kennlinie, die annähernd linear ist, z.B. nach Bild 88b, wird in der Praxis wenn möglich durch eine lineare Kennlinie (Sollkennlinie, Gerade) ersetzt, damit man bei der Messung und Auswertung mit einer konstanten Empfindlichkeit S arbeiten kann (VDI/VDE 2600, Bl. 4, DIN 19226, DIN IEC 770).

Bild 88
Lineare (a) und nichtlineare (b) Nennkennlinien y_1 und $y_2 = f(x)$ für zwei Meßbereiche (Endwerte mit Index M)

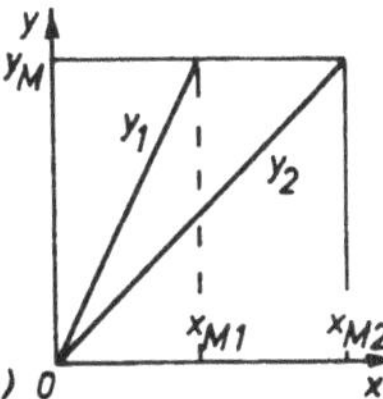

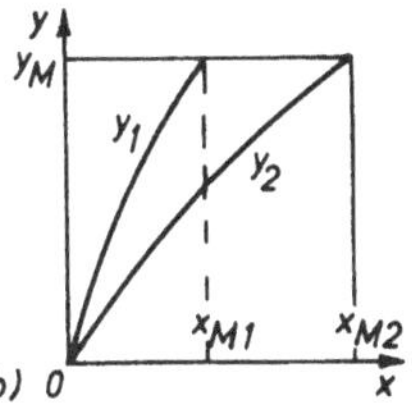

Bei Ermittlung des Linearitätsfehlers (linearity error), d.h. der Abweichung der ausgegebenen (gemessenen) Kennlinie von der Nennkennlinie (Gerade) wird je nach Vereinbarung eines der folgenden Verfahren angewandt. Die größte Abweichung ist dann der maximale Linearitätsfehler. [2]

Festpunktmethode. Durch die Anfangs- und Endpunkte der gemessenen Kennlinie $y_a = f(x)$ nach Bild 89a wird eine Gerade $y_b = S\,x$ als Sollkennlinie gelegt. Die größte absolute bzw. relative Abweichung $y_{Fmax} = (y_a - y_b)_{max}$ bzw. $F_{max} = y_{Fmax}/y_M$ wird als Linearitätsfehler angegeben.

Minimum der quadratischen Abweichung. Bei dieser Minimummethode wird die gemessene Kurve $y_a = f(x)$ durch den Nullpunkt und zur Sollkennlinie y_b = S x nach Bild 89b so gelegt, daß die Summe der Quadrate der Abweichungen der gemessenen Kurve von der Sollkennlinie ein Minimum wird.

<u>Toleranzbandmethode.</u> Die gemessene Kennlinie $y_a = f(x)$ wird nach Bild 89c so gelegt (günstigste Lage der Fehlerkurve), daß die Summe der Quadrate der Abweichungen Δy der gemessenen Kennlinie von der Sollkennlinie (Gerade) $y_b = S\,x$ ein Minimum wird mit $[\Sigma(\Delta y)^2]_{min}$.

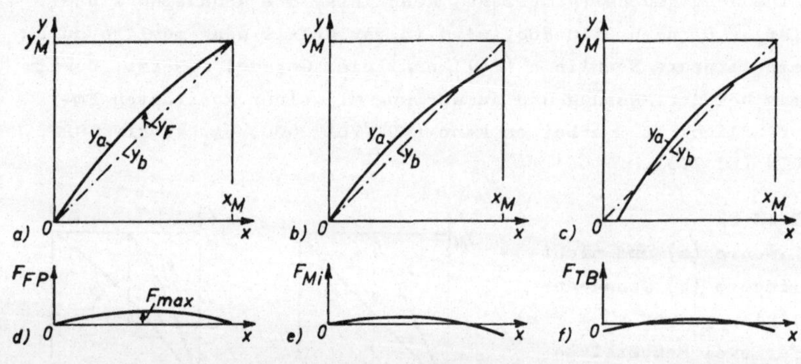

Bild 89 Bestimmung des Linearitätsfehlers
a, b, c) Kennlinien-Linearisierung mit absolutem Linearitätsfehler $y_F = y_a - y_b$
d, e, f) relativer Linearitätsfehler $F = y_F/y_M$
a, d) Festpunktmethode FP, b, e) Minimummethode Mi,
c, f) Toleranzbandmethode TB
x Eingangs-Meßgröße, y Ausgangsgröße mit Endwerten x_M und y_M, $y_a = f(x)$ gemessene Kennlinie, $y_b = S\,x$ lineare Sollkennlinie mit der Steigung S

Aus dem Verlauf der <u>Fehlerkurven</u> F = f(x) nach Bild 89d, e, f läßt sich die jeweils verwendete Methode der Bestimmung des Linearitätsfehlers erkennen.

Für Präzisionsmessungen kann der Linearitätsfehler durch eine <u>Kalibrierkurve</u> berücksichtigt werden.

6.3.4. Temperatureinflußfehler

Empfindlichkeitsfehler. Der Einfluß der Temperatur auf die Meßempfindlichkeit (Übertragungsbeiwert, Sensitivity, transfer coefficient) ist in Bild 90a als Drehung der Kennlinie um den Nullpunkt (Steigungsänderung) erkennbar. Alle Meßwerte erfahren dabei eine prozentual gleiche Änderung.

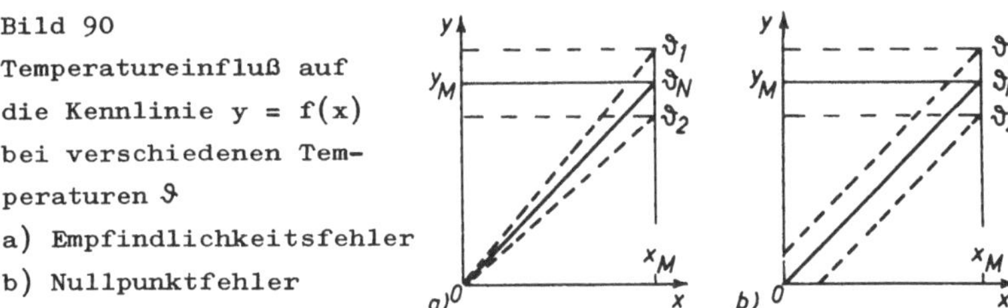

Bild 90
Temperatureinfluß auf die Kennlinie y = f(x) bei verschiedenen Temperaturen ϑ
a) Empfindlichkeitsfehler
b) Nullpunktfehler

Der Empfindlichkeitsfehler (gain error) wird oft für Temperaturänderungen $\Delta\vartheta$ = 10 K in % oder bei sehr kleinen Fehlern auch in ppm (parts per million) vom Sollwert angegeben. Innerhalb des Temperaturbereichs ϑ = (+ 10 bis + 40) °C ist z.B. der Temperatureinflußfehler F_{gain} = 0,1 % bis 1 % je 10 K.

Nullpunktfehler. Beim Nullpunktfehler (offset error) durch Temperatureinfluß verschiebt sich nach Bild 90b die Sollkennlinie parallel zu ihrer Sollage.

Dieser Fehler wird absolut oder relativ (in % oder in ppm, bezogen auf einen festgelegten Meßbereich) mit Angabe des Temperaturänderungsbereichs von meist $\Delta\vartheta = \vartheta_1 - \vartheta_2$ = 1 K oder 10 K oder auch als Langzeitdrift über 48 h nach einer Einlaufzeit von 1 h bei ϑ = (25 ± 5) °C angegeben, z.B. F_{off} = 0,01 % bis 0,1 % je 10 K.

6.3.5. Hysteresis und Umkehrspanne

Bei vorhandener Hysteresis in einem Meßglied entsteht ein Anzeigeunterschied im Ausgabegerät - die Umkehrspanne - bei langsamer stetiger oder schrittweiser Einstellung auf den gleichen Meßeingangswert von unten nach oben (zunehmend) und von oben nach unten (abnehmend). Für quantitative Angaben der Umkehrspanne bedarf es einer speziellen Meßvorschrift.

6.3.6. Zeitverhalten

Dynamische Eigenschaften. Zur Kennzeichnung der Güte des Meßgeräte-Zeitverhaltens, d.h. des zeitlichen Verlaufes der Ausgangsgröße $y(t) = f\ x(t)$ bei einem vorgegebenen Verlauf der Eingangsgröße $x(t)$ werden in der Meßtechnik vorwiegend Untersuchungen mit sprung- oder stoßförmigen Änderungen, sowie mit sinusförmigem oder stochastischem (regellosem) Verlauf der Eingangsgröße vorgenommen. [7]

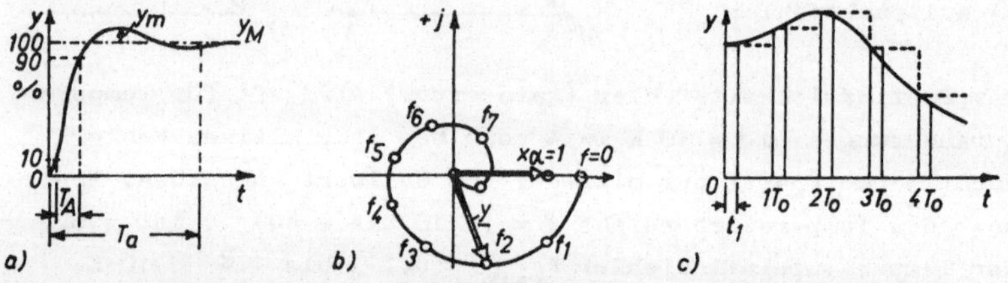

Bild 91 Beschreibung des Zeitverhaltens von dynamischen Meßgrößen
a) Sprungantwort, b) Ortskurve des Frequenzgangs,
c) Haltekreiskurve bei abtastenden Meßverfahren

Das Übertragungsverhalten eines Meßgeräts ergibt nach einer sprungweisen Eingangsgröße die Sprungantwort (bzw. die Übertragungsfunktion) nach Bild 91a, oder nach einem Einheitsstoß die Stoßantwort als Kennfunktion im Zeitbereich. Bei einer sinusförmigen Eingangsgröße erhält man die Ortskurve des Frequenzgangs nach Bild 91b als Kennfunktion im Frequenzbereich.

Für das Zeitverhalten werden folgende Kenngrößen verwendet.

Anstiegzeit T_A ist die Zeit für den Anstieg (rise time, transition time) der Ausgangssprungantwort von 10 % bis 90 % des Endwerts y_M nach Bild 91a (DIN 19229).

Einstellzeit T_a ist die Zeit, die nach einem Eingangsgrößensprung vergeht, bis die Ausgangsgröße dauernd innerhalb von vorgegebenen Grenzen bleibt.

Überschwingen. Bei schwingender (nicht bei aperiodischer oder kriechender) Einstellung der Ausgangssprungantwort wird die größte Überschwingung über den Endwert y_M mit Überschwingweite y_m nach Bild 91a bezeichnet.

Für die Frequenzabhängigkeit gibt man die Meßfrequenz-Bandbreite mit z.B. f_M = 0 bis 1000 Hz bei -1 dB an.

Die Meßfrequenz-Bandbreite umfaßt einen Bereich, bei dem das Amplitudenverhältnis entweder logarithmisch gemäß der Definition $\nu = 20 \log \hat{u}_\omega / \hat{u}_0$ in dB oder linear gemäß $\nu = \hat{u}_\omega / \hat{u}_0$ bzw. der Amplitudenabfall $\delta = (\hat{u}_0 - \hat{u}_\omega)/u_0$ von Sinusspannungsamplituden $\hat{u}_\omega$ bei einer oberen (oder eventuell auch unteren) Meßgrenzfrequenz gegenüber der Amplitude $\hat{u}_0$ einer Bezugsfrequenz (z.B. 0 Hz) einen nach Tafel 13 angegebenen Wert hat. Meßverstärker-Bandbreiten werden oft für engere Grenzen als für ν = -3 dB angegeben.

Tafel 13 Amplitudenverhältnis ν und Amplitudenabfall δ

ν (log)	- 3 dB	- 1 dB	- 0,5 dB	- 0,2 dB	- 0,1 dB
ν (lin)	0,708	0,891	0,944	0,977	0,988
δ in %	29,205	10,875	5,594	2,276	1,145

Phasenlaufzeit ist die Zeitdifferenz $t = \varphi_i / \omega_i$ zwischen Sinussignalen mit der Frequenz f_i in Meßgliedeingang und -ausgang.

Abtastende Meßverfahren. Durch fortlaufende Abtastung (sampling) eines mit der Zeit veränderlichen Meßsignals y(t) und Zeitwertspeicherung (analog oder digital) bis zum nächsten Abtastzeitpunkt T_0 entsteht eine dem Meßwertverlauf ähnliche treppenförmige Haltekreiskurve nach Bild 91c als Ausgangsgröße.

6.3.7. Rauschen

Breitbandrauschen kann mit seiner hohen Grenzfrequenz oft durch Einschaltung eines Tiefpaßfilters verringert werden.

Niederfrequentes Rauschen läßt sich durch spezielle Meßverfahren, z.B. im Trägerfrequenz-Meßverstärker (s. Abschn. 3.3.4) unterdrücken.

Das Rauschen entspricht einem zufälligen Fehler mit statistischen Schwankungen und wird als Spitze-Spitze-Wert u_{SSrand} oder Effektivwert U_{rand} des Rauschpegels (als ein am Verstärkereingang scheinbar anliegendes Signal dieser Größe), z.B. mit $u_{SSrand} = 2\ \mu V$ bzw. $U_{rand} = 0{,}7\ \mu V$ angegeben.

6.3.8. Einfluß der Betriebsspannung

Eine Änderung der Betriebsspannung kann auf verschiedene Größen, z.B. auf die Empfindlichkeit und auf den Nullpunktfehler einen Einfluß haben. Meist wird eine Spanne der Betriebsspannung angegeben, für die der Spannungseinflußfehler die Gerätefehlergrenzen nicht überschreitet.

6.3.9. Fehlerangaben für digitale Meßverfahren

Die Fehlergrenzen F_K werden z.B. durch die Summe von relativem Fehler und Anzeige- und Quantisierungsfehler erfaßt zu

$$F_K = \pm F_{rel} \pm F_A \pm \frac{1}{2}\ \text{digit} \qquad (144)$$

z.B. mit folgenden Zahlenwerten

$F_K = \pm$ 0,02 % v.A. (von der Anzeige, vom Meßwert; Rdg, input)
$\pm$ 0,01 % v.E. (vom Endwert; FS, range)
$\pm \frac{1}{2}$ LSD (Quantisierungsfehler, s. Abschn. 6.2)

6.4. Zuverlässigkeit und Sicherheit

Mit zunehmendem Umfang von Bauteilen und Geräten in Meß-, Steuer- und Regelungsanlagen ist wegen der Gefahr von wirtschaftlichen Verlusten durch Funktionsstörungen und Ausfall eine große Zuverlässigkeit (reliability) die Voraussetzung für die notwendige Sicherheit (safety) der Geräte und Anlagen in der Automatisierungstechnik.

Die Zuverlässigkeit entspricht der Fähigkeit von elektronischen Bauteilen, Meßgeräten oder Meßketten, innerhalb vorgegebener Grenzen von Eigenschaften und Betriebszeiten den durch die Verwendung bedingten Anforderungen zu genügen (DIN 40041).

Für die Bewertung der Zuverlässigkeit, d.h. für eine zahlenmäßige Erfassung von Zuverlässigkeitskenngrößen, ermittelt man die Lebensdauerverteilung von Geräten nach Bild 92a. [12]

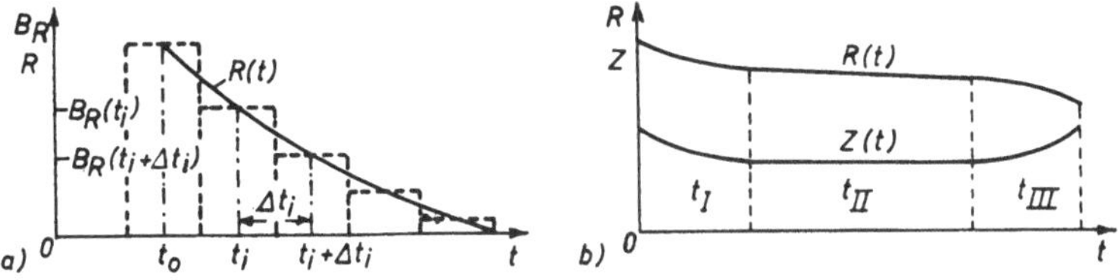

Bild 92 Lebensdauer und Ausfälle eines Gerätebestands
a) relativer Bestand $B_R(t_i)$, Bestandsfunktion R(t)
b) zeitliche Verteilungsfunktionen der Bestandsfunktion R(t) und der Ausfallrate Z(t)

Ausgehend von einem Anfangsbestand $B(t_o)$ zur Zeit t_o ermittelt man zu diskreten Zeiten t_i in den Zeitintervallen Δt_i die Ausfälle und somit die jeweils verbleibenden diskreten fehlerfreien Bestände $B(t_i)$. Die Darstellung der auf den Anfangsbestand $B(t_o)$ bezogenen relativen Bestände $B_R(t_i) = B(t_i)/B(t_o)$ ergibt in Abhängigkeit von der Zeit t die Lebensdauerverteilung im Säulendiagramm nach Bild 92a. Der stetige Zusammenhang zwischen dem relativen Bestand B_R und der Zeit t in Bild 92a ist die Bestandsfunktion R(t) (Lebensdauerverteilung).

Aus der Bestandsfunktion R(t) läßt sich die Ausfallsummenhäufigkeitsverteilung F(t) = 1 - R(t) ableiten.

Die Ausfallwahrscheinlichkeit $F(t_i;\ t_o)$ entspricht der Wahrscheinlichkeit für ein Gerät des Anfangsbestands, bis zu dem vorgegebenen Zeitpunkt auszufallen (VDI/VDE 3540).

Der zeitliche Verlauf einer Bestandsfunktion R(t) und der Ausfallrate (Failure Rate) Z(t), d.h. der prozentualen Abnahme des Bestandes an fehlerfreien Geräten (Nichtverfügbarkeit nach DIN 40 043), zeigt nach Bild 92b in drei Zeitbereichen (Region) t_I, t_{II} und t_{III} verschiedene Ausfallursachen:

Frühausfälle (Infant Mortality) im Zeitbereich t_I mit zeitlich abnehmender Ausfallrate Z(t), bedingt durch Material- und Fertigungsfehler und konstruktive Schwachstellen während der ersten Betriebszeit,

Zufallausfälle (Random Failure) im Zeitbereich t_{II} mit meist kleiner zeitlich konstanter Ausfallrate Z(t) = p = const, bedingt durch zufällige Fehler infolge von äußeren Umgebungsbedingungen über lange Betriebszeiten,

Verschleißausfälle (Wear-Out) im Zeitbereich t_{III} mit zeitlich ansteigender Ausfallrate Z(t), bedingt durch Abnutzungserscheinungen gegen Ende der normalen Lebensdauer.

Für elektronische Bauelemente und Geräte, bei denen Frühausfälle durch Qualitätskontrollen und Probebetrieb, d.h. zeitraffende Zuverlässigkeitsprüfungen mit erhöhten Beanspruchungen, ausgesondert werden und die keinem Verschleiß unterliegen, läßt sich die Zuverlässigkeitsfunktion R(t) mit einer konstanten Ausfallrate Z(t) = p = const (dem sogenannten p-Faktor) durch eine einfache Exponentialfunktion

$$R(t) = e^{-pt} \tag{145}$$

beschreiben. Für ohmsche Widerstände bedeutet die Angabe der Ausfallrate $p = 5 \cdot 10^{-8}\ h^{-1}$, daß im Mittel wahrscheinlich von $n = 1/(5 \cdot 10^{-8})$ = 20 Millionen Widerständen ein Ausfall je h zu erwarten ist.

Neben der Zuverlässigkeitsfunktion benutzt man als Zuverlässigkeitskenngröße auch den mittleren zeitlichen Abstand zweier Ausfälle (mean time between failures MTBF)

$$\bar{t}_A = \int_0^\infty R(t)\, dt = \int_0^\infty e^{-pt}\, dt = 1/p \qquad (146)$$

Für elektronische Meß- und Regelgeräte wird z.B. $\bar{t}_A \geqq 25\,000$ h $\approx$ 3 Jahre gefordert.

Für die <u>Serienstruktur</u> von Geräten und Anlagen, wobei die Funktionsfüchtigkeit bzw. Verfügbarkeit A jeder Komponente die notwendige Voraussetzung für die fehlerfreie Funktion der gesamten Anlage ist, ergibt sich die <u>Gesamtzuverlässigkeit</u> oder <u>Verfügbarkeit</u>

$$A_g = A_1\, A_2\, A_3\, \ldots\, A_n = \prod_{\nu=1}^{n} A_\nu \qquad (147)$$

Bei bekannten Ausfallraten p_ν von jeder Komponente ist

$$A_g(t) = \exp\,(-\sum_{\nu=1}^{n} p_\nu)\; t \qquad (148)$$

Für eine <u>Parallelstruktur</u> eines Geräts, bei dem auch bei Ausfall eines oder mehrerer Bauteile die Gerätefunktion noch gewährleistet ist, d.h. bei <u>Redundanz</u> (Mehrfachauslegung), ist die vergrößerte Gesamtzuverlässigkeit

$$A_g(t) = 1 - \prod_{\nu=1}^{n} (1 - A_\nu) \qquad (149)$$

<u>Maßnahmen</u>, um eine große Zuverlässigkeit von elektronischen Meßeinrichtungen zu erreichen, sind Anwendung von digitalen Meßverfahren, Einsatz von integrierten Schaltkreisen, Operationsverstärkern, Schutz- und Sicherheitsschaltungen.

Die <u>Sicherheit</u> von Anlagen gibt eine Aussage über die Auswirkung eines Ausfalls in Verbindung mit dem zu überwachenden Prozess. Bei manchen Anlagen führt die Sicherheit bei Funktionsausfall (z.B. Montageband) zu einem ungefährlichen Zustand des Prozesses. Da aber bei manchen technischen Prozessen, wie z.B. in der Raumfahrt, die Funktionsfähigkeit eine notwendige Voraussetzung für die Sicherheit ist, wird die <u>Sicherheit</u> durch eine große <u>Zuverlässigkeit</u> angestrebt.

7. Meßwertaufnehmer für mechanische Größen

In den folgenden Abschnitten über die technische Ausführung von Meßwertaufnehmern wird gezeigt, wie die Meßfühlerprinzipien in der Praxis zur Messung der verschiedenen physikalischen Größen angewendet werden.

Tafel 14 Meßfühlerprinzipien für verschiedene Meßgrößen

Meßgröße	Analoger Meßfühler							Digitaler Meßfühler		
	passiv			aktiv						
	resistiv	induktiv	kapazitiv	elektro-dynamisch	piezo-elektrisch	thermo-elektrisch	photo-elektrisch	frequenz-analog	incre-mental	absolut codiert
Dehnung	+	+								
Weg, Winkel	+	+	+						+	+
Geschwindigkeit				+						
Beschleunigung	+	+			+					
Kraft	+	+			+					
Gasdruck	+	+	+		+					
Drehmoment	+							+		
Zeit					+					
Temperatur	+					+				
Licht	+						+			
Chemische Analyse	+		+			+	+			

In der Übersicht in Tafel 14 sind die wichtigsten geeigneten Meßfühlerprinzipien für mechanische und weitere technische Meßgrößen durch + gekennzeichnet.

7.1. Dehnungsmessung

7.1.1. Dehnungsmeßstreifen

Dehnungsmeßstreifen (strain gage), allgemein DMS genannt, sind passive ohmsche Meßfühler zur Messung von Dehnung $+\varepsilon$ und Stauchung $-\varepsilon$ an der Oberfläche von Bauteilen sowie aller statischen und dynamischen mechanischen Meßgrößen, die sich auf eine proportionale Dehnung von elastischen Federkörpern zurückführen lassen, wie z.B. Weg s, Beschleunigung a, Kraft F, Biegemoment M_b, Drehmoment M, Gas- und Flüssigkeitsdruck p usw. Mit diesen Meßgrößen können auch noch weitere abgeleitete Meßgrößen der Verfahrenstechnik ermittelt werden, wie z.B. Masse (Waage), Füllstand usw.

Metalldraht- und -Folien-DMS. In diesen DMS sind Konstantandrähte von etwa 25 µm Stärke oder Widerstandsfolien von etwa 5 µm Dicke zwischen Träger- und Abdeckblättchen mit 25 µm bis 60 µm Dicke aus Papier oder Kunststoff (Acrylharz, Epoxidharz, Phenolharz oder Polyimid) eingebettet. [4]

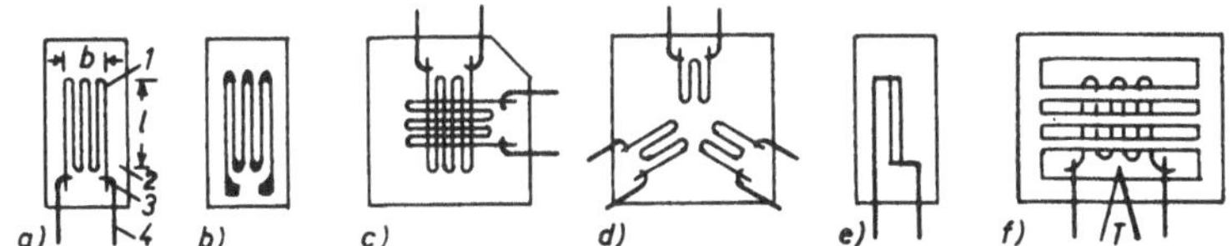

Bild 93 Grundtypen von Dehnungsmeßstreifen
a) Einfach-Draht-DMS, b) Einfach-Folien-DMS,
c) Torsions-DMS, d) DMS-Rosette ($0^\circ/60^\circ/120^\circ$-Ausführung), e) Halbleiter-DMS, f) Freigitter-DMS mit Thermoelement T
1 Widerstandsdraht, mäanderförmig, 2 Papier- oder Kunststoffträger, 3 Schweiß- oder Lötverbindungen, 4 Anschlußdrähte
l aktive Länge, b aktive Breite

Die Meßgitter sind nach Bild 93a, b, c, d in Einfach-Metalldraht- und -Folien-DMS, Torsions-DMS und in DMS-Rosetten sowie in Ketten-DMS (mit 2 bis 10 Meßgittern) mäanderförmig und in Membrantypen kreis- oder spiralförmig ausgeführt.

Die Fehlertoleranzen der Nennwiderstände werden bei Draht-DMS durch Klassieren mit Kompensatoren und bei Folien-DMS (hergestellt als gedruckte Schaltung) durch Justieren mittels Wegätzen von Leitermaterial ermittelt. Alle DMS eines zusammenhängenden Fabrikationsganges gehören dem gleichen DMS-Los (Herstellungslos) an (VDI/VDE 2635 Blatt 1).

Halbleiter-DMS. Das Halbleiter-Meßelement besteht aus P- oder N-dotierten Siliziumstreifen mit dem Piezowiderstands(piezoresistiven)-Effekt, wobei sich bei mechanischer Beanspruchung infolge der veränderten Elektronenbeweglichkeit große Widerstandsänderungen mit positiver oder negativer Charakteristik ergeben.

Halbleiterstreifen nach Bild 93e mit 0,2 mm Breite und etwa 0,02 mm Dicke gibt es ohne oder mit Träger. Ein Vorteil von Halbleiter-DMS ist die große Dehnungsempfindlichkeit S_ε nach Tafel 15. Wegen der nichtlinearen Kennlinie ist jedoch die Empfindlichkeit nur in einem Kleinen Bereich annähernd konstant, der Wert $\Delta R/R_0$ verändert sich stark mit der Dehnung ε und der Temperatur ϑ. Halbleiter-DMS sind teuer und werden nur für Sonderaufgaben verwendet.

Anschweißbare DMS. Eine dünne Stahlfolie, auf der der Meßdraht oder die Meßfolie mit keramischem Kitt befestigt ist, wird durch Punktschweißen auf der Oberfläche von schweißbaren Metallen wie z.B. Stahl, Temperguß, Aluminium usw. befestigt. Dadurch entsteht eine ideale Verbindung zwischen DMS und Meßoberfläche ohne Kriechen bei großer Meßgenauigkeit.

Freigitter-DMS. Freigitter-Draht- und -Folien-DMS haben abziehbare Hilfsträger aus Glasfaser-Teflon-Klebeband. Diese werden mit dem Flammspritzverfahren mit Aluminiumoxid auf die Meßoberfläche aufgebracht (Bild 93f).

Tafel 15 Nenndaten von Draht-, Folien- und Halbleiter-DMS

Kenngrößen bevorzugte Werte unterstrichen		Draht-DMS	Folien-DMS	Halbleiter-DMS
Nennwiderstand	R in Ω	120; 600	120; 300 350; 600	120; 600
Widerstandstoleranz je Packung	$\pm(\Delta R/R)$ in %	0,25 bis 0,5	0,2	0,5
Aktive Meßlänge	l in mm	3 bis 6 bis 150	0,6 bis 6 bis 30	1 bis 5
Dehnungs-Empfindlichkeit	$S_\varepsilon \approx$	2,1	2,1	100 bis 160
Toleranz der Dehnungs-Empfindlichkeit	$\pm F_S$ in %	0,5	1	2
Meßfrequenzgrenzen	f_M in kHz	0 bis 100	0 bis 100	
Zulässiger Meßstrom	I_M in mA	10 bis 40	20 bis 40	10 bis 20
Maximale Brückenspeisespannung	U_0 in V	2 bis 60	2 bis 20	1 bis 2
Maximale Dehnbarkeit	ε_{max} in 10^{-2} m/m	0,5 bis 5	5 bis 8	0,3 bis 0,5
Lin. Dehnungsbereich bei Linear.-Fehler ± 0,1 %	$\pm \varepsilon_M$ in µm/m	4000	4000	
Lin. Dehnungsbereich bei Linear.-Fehler ± 1 %		10000	10000	1000
Kompensations-Temperaturbereich	ϑ_K in °C	-10 bis +150	-10 bis +130	
Temperatur-Koeffizient mit Temp.-Kompensation	$\pm \alpha_K$ in (µm/m)/K	1	1	
Kriechen je Stunde bei ε = 1000 µm/m	$(\Delta\varepsilon/\varepsilon)$ in 10^{-2}	0,1 bis 1	0,1 bis 1	0,1 bis 1

Freigitter-DMS werden bei sehr <u>großen</u> Temperaturen $\vartheta = +(200$ bis $1000)$ °C und bei sehr <u>tiefen</u> Temperaturen $\vartheta = -200$ °C angewendet. Eine Temperatur-Selbstkompensation ist bei den extrem hohen oder tiefen Temperaturen nicht möglich. Wenn ein Kompensationsstreifen nicht anwendbar ist, kann der Temperaturgangfehler u.U. mit einem eingebauten Thermoelement nach Bild 93f korrigiert werden.

<u>Freidraht-Dehnungsmeßfühler.</u> Dünne freitragende Dehndrähte zwischen vier Stützen auf Membranen werden in Meßbrückenschaltungen speziell für Beschleunigungs-, Druck- und Differentialdruck-Aufnehmer verwendet.

<u>Wirkungsweise von DMS.</u> Der gestreckte Meßdraht eines DMS wird durch die über ein Spezialklebemittel übertragene Dehnung oder Stauchung der Meßoberfläche auf seiner ganzen Länge gemäß Bild 94 gedehnt oder gestaucht. Dabei entsteht eine positive oder negative Widerstandsänderung, die sowohl auf der geometrischen Veränderung des Leiters als auch auf einer Änderung des spezifischen Widerstands ρ bzw. der elektrischen Leitfähigkeit des Leiterwerkstoffs infolge von Gefügeänderungen beruht.

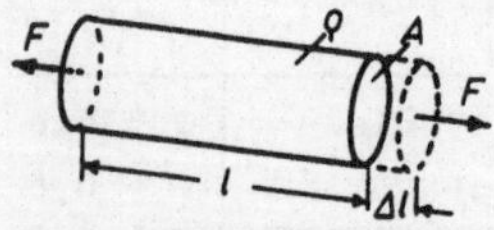

Bild 94 Längenänderung Δl des Meßdrahts eines DMS mit der Länge l, der Querschnittsfläche A und dem spezifischen Widerstand ρ

Die Änderung des Meßdraht-Widerstands $R = \rho\, l/A$ bei Beanspruchung durch eine Zugkraft F nach Bild 94 kann durch Berechnung des totalen Differentials

$$dR = \frac{\partial R}{\partial \rho}\, d\rho + \frac{\partial R}{\partial l}\, dl + \frac{\partial R}{\partial A}\, dA \qquad (150)$$

ermittelt werden. Um bei der Berechnung das Drahtvolumen $V = Al$ betrachten zu können, wird $R = \rho l/A$ umgeformt in

$$R = \frac{\rho\, l}{A} \cdot \frac{l}{l} = \frac{\rho\, l^2}{V} \qquad (151)$$

Für endliche Änderungen gilt für die Gleichung 151

$$\Delta R = \frac{\partial R}{\partial \varrho}\Delta \varrho + \frac{\partial R}{\partial l}\Delta l + \frac{\partial R}{\partial V}\Delta V \qquad (152)$$

Die Widerstandsänderung ist somit

$$\Delta R = \frac{l^2}{V}\Delta \varrho + \frac{\varrho}{V}\, 2\, l\, \Delta l - \frac{\varrho l^2}{V^2}\Delta V \qquad (153)$$

Mit der vereinfachenden Näherungsannahme $\Delta \varrho = 0$ (für $\varrho =$ const) und $\Delta V = 0$ (für V = const) folgt für die Widerstandsänderung

$$\Delta R = 2\,\frac{\varrho l}{V}\Delta l = 2\,\frac{\varrho l}{V}\cdot\frac{1}{l}\Delta l = 2\,\frac{R}{l}\Delta l \qquad (154)$$

oder in bezogener Schreibweise

$$(\Delta R/R)\;/\;(\Delta l/l) = 2 \qquad (155)$$

Da sich in Wirklichkeit auch der spezifische Widerstand ϱ ändert, folgt aus einer allgemeinen Berechnung mit der Poissonschen Querzahl μ und der Dehnung $\varepsilon = \Delta l/l$ das ausführliche Ergebnis für die Widerstandsänderung

$$\frac{\Delta R}{R} = \varepsilon\,(\underbrace{1 + 2\mu}_{a} + \underbrace{\frac{d\varrho}{d\varepsilon}\,\frac{1}{\varrho}}_{b}) \qquad (156)$$

Hierbei entspricht a dem geometrischen Anteil und b dem Gefügeanteil. Allgemein folgt hieraus die DMS-Dehnungsempfindlichkeit

$$S_\varepsilon = \left(\frac{\Delta R}{R}\right) / \left(\frac{\Delta l}{l}\right) = \frac{\text{Ausgangsgröße}}{\text{Eingangsgröße}} \qquad (157)$$

(Die bisher im Schrifttum weit verbreitete Bezeichnung "k-Faktor" für diese Dehnungsempfindlichkeit sollte zur Vermeidung von Verwechslungen mit dem Reziprokwert "Koeffizient" vermieden werden.)

Für Konstantan-DMS mit Widerstandsdraht aus einer Kupfer-Nikkel-Mangan-Legierung beträgt die Dehnungsempfindlichkeit $S_\varepsilon \approx 1 + 2\cdot 0{,}33 + 0{,}34 = 2$. Da dieser theoretische Zahlenwert für S_ε mit dem in der Praxis wirksamen Wert nicht genau übereinstimmt, wird die Dehnungsempfindlichkeit S_ε für DMS bei der Herstellung experimentell durch Stichprobenmessungen mit einer jeweils angegebenen Fehlertoleranz ermittelt. Daher kann in der Meßpraxis bei Dehnungsmessungen oft ohne zusätzliche Kalibrierung der Meßstelle gearbeitet werden.

Bei Halbleiter-DMS überwiegt die Änderung des spezifischen Widerstands; der geometrische Anteil $1 + 2\mu$ ist dagegen klein. Bei Dehnung und bei Temperaturänderung ist die Dehnungsempfindlichkeit S_ε nicht konstant. Für die Widerstandsänderung $\Delta R/R_0$ gilt mit den Konstanten k und c folgende Abhängigkeit von Dehnung ε sowie von Bezugstemperatur T_0 und Meßtemperatur T

$$\frac{\Delta R}{R_0} = \frac{T_0}{T} k\varepsilon + \left(\frac{T_0}{T}\right)^2 c\varepsilon + \ldots \qquad (158)$$

Die vom Hersteller angegebenen Werte für die Dehnungsempfindlichkeit S_ε gelten nur für den ungedehnten Zustand (Kennliniensteigung bei der Dehnung $\varepsilon = 0$) bei Raumtemperatur. Die P-dotierten Silizium-DMS haben die Dehnungsempfindlichkeit $S_\varepsilon = +$ (110 bis 130 bis 178), die N-dotierten Si-DMS dagegen $S_\varepsilon = -$ (80 bis 100 bis 138). Hiermit ergeben sich viele Variationen der Anwendungsmöglichkeiten dieser Dehnungsmeßstreifen in Meßbrückenschaltungen bei großen Ausgangsspannungen. Stärkere Dotierung (Zunahme der Fremdatome) verursacht eine Verringerung des elektrischen Widerstands und der Dehnungsempfindlichkeit, somit aber auch der Temperaturabhängigkeit.

Beim DMS ist das Meßsignal grundsätzlich der Dehnung ε direkt proportional und nicht der Längenänderung Δl einer vorgegebenen Meßbasis l, wie z.B. beim induktiven Dehnungsmesser.

Einheiten der Dehnung $\varepsilon = \Delta l/l$. Wegen $[\varepsilon] = m/m = 1$ ist die Dehnung ein reiner Zahlenwert mit der Einheit 1. In der Meßpraxis und in technischen Unterlagen werden als Hinweis auf die Dehnung die nachfolgenden Einheiten verwendet.

$$10^{-3}\ m/m = mm/m \quad \text{und} \quad 10^{-6}\ m/m = \mu m/m \qquad (159)$$

Der Ersatz der Einheiten 10^{-3} m/m durch ‰ und 10^{-6} m/m durch µD = Mikrodehnung (microstrain) ist zu vermeiden.

Temperatur-Störeinfluß. Die Änderung der Temperatur eines Bauteils mit applizierten (angebrachten) DMS hat sowohl auf das Bauteil als auch auf den DMS einen Einfluß. Da normalerweise nur die durch die mechanische Beanspruchung herrührende und nicht die durch Wärme verursachte Dehnung interessiert, sind Maßnahmen zur Ausschaltung der Temperatureinflüsse notwendig.

Bei Erwärmung eines Bauteils mit DMS kann man bei einer Temperaturänderung $\Delta\vartheta$ mit dem DMS-Meßstellen-Temperaturkoeffizienten α eine scheinbare Dehnung

$$\varepsilon_{\vartheta} = \alpha \, \Delta\vartheta \qquad (160)$$

berechnen. In den Gesamt-Temperaturkoeffizienten

$$\alpha = \frac{\alpha_R}{S_M} + \alpha_B - \alpha_M \qquad (161)$$

gehen der Temperaturkoeffizient α_R des DMS-Meßgitterwiderstands, die Dehnungsempfindlichkeit des Meßgitterwerkstoffs $S_M \approx S_\varepsilon$, sowie die Differenz der linearen Temperaturkoeffizienten α_B des Bauteilwerkstoffs und α_M des Meßgitterwerkstoffs ein.

Tafel 16 Werkstoff-Temperaturkoeffizienten bei der Temperatur $\vartheta = 20\ ^\circ C$

Werkstoff	linearer Werkstoff-Temperaturkoeffizient in (m/m)/K	Widerstands-Temperaturkoeffizient in K^{-1}
Konstantan	$\alpha_M = 15 \cdot 10^{-6}$	$\alpha_R = -\ 3{,}5 \cdot 10^{-6}$
Baustahl	$\alpha_B = (11 \text{ bis } 12) \cdot 10^{-6}$	
Aluminium	$\alpha_B = (22 \text{ bis } 24) \cdot 10^{-6}$	

Da die in Tafel 16 zusammengestellten Temperaturkoeffizienten nicht konstant sondern temperaturabhängig sind, ergibt sich für Baustahl mit Konstantan-DMS z.B. im Temperaturbereich $\vartheta = (20 \text{ bis } 70)\ ^\circ C$ die scheinbare Meßstellen-Temperaturdehnung

$$\varepsilon_\vartheta = \left[(2 \text{ bis } 14 \text{ bis } 30)\cdot 10^{-6}\ (\text{m/m})/\text{K}\right]\Delta\vartheta \qquad (162)$$

In der Praxis wird der Temperatureinfluß meist nicht durch Berechnung, sondern durch andere nachfolgend beschriebene Kompensationsmaßnahmen eliminiert.

Die Arbeitstemperaturen ϑ_M von DMS liegen in den Bereichen ϑ_M = (-200 bis +200) °C für Draht-DMS, ϑ_M = (-250 bis +400) °C für Folien-DMS und ϑ_M = (0 bis 200) °C für Halbleiter-DMS.

<u>Temperaturgangangepaßte DMS.</u> Die meisten DMS werden aus Speziallegierungen als Dehnungsmeßstreifen mit angepaßtem Temperaturkoeffizienten so hergestellt, daß für einen gegebenen Temperaturkoeffizienten α_B des Bauteilwerkstoffs der Temperaturkoeffizient des Meßgitterwiderstands

$$\alpha_R \approx S_M\,(\alpha_M - \alpha_B) \qquad (163)$$

ist und daher der Gesamt-Temperaturkoeffizient α nach Gl. (161) etwa Null wird. Diese DMS mit einem an den linearen Wärmeausdehnungskoeffizienten des Bauteilwerkstoffs (z.B. Titan, Stahl, Kupfer, Aluminium, Beton) angepaßten Temperaturkoeffizienten kompensieren die Wärmedehnung der Meßstellen selbsttätig in einem festgelegten Temperaturbereich von maximal etwa ϑ_M = (-10 bis +150) °C.

Da die Temperaturabhängigkeit des Temperaturkoeffizienten der Metalle und des elektrischen Meßdrahtwiderstands nicht ganz linear ist, verbleibt immer ein kleiner <u>Temperaturgang</u> der Meßstellen-Temperaturdehnung von etwa

$$\varepsilon_\vartheta = \left[\pm\ (0{,}5 \text{ bis } 1 \text{ bis } 2)\cdot 10^{-6}\ (\text{m/m})/\text{K}\right]\Delta\vartheta \qquad (164)$$

Ein einzelner temperaturkompensierter DMS muß in der Dreileiterschaltung nach Bild 47 angeschlossen werden, um Kabeleinflußfehler auszuschalten.

<u>Temperaturkompensation in der Meßschaltung.</u> Die günstigste automatische Korrektur des temperaturbedingten Meßfehlers erfolgt in Meßbrückenschaltungen entweder durch Reihenschaltung von zwei DMS mit positivem und negativem Temperaturkoeffizien-

ten α oder meist durch günstige Zusammenschaltung von gleichwertigen (aus einer Lieferpackung bzw. einem Herstellungslos entnommenen) aktiven und passiven oder mehreren aktiven DMS in Halb- oder Vollbrückenschaltungen bei Anwendung bis zu maximal 32 DMS in einer Meßschaltung. Die aktiven DMS erfassen hierbei die Dehnung der Meßstelle, und die passiven Kompensations-DMS werden so auf das Bauteil aufgebracht, daß sie auf gleichem Material die gleiche Temperatur wie die Meßstelle, aber keine Dehnung erfahren. Die Verwendung der Begriffe "passiv" und "aktiv" weicht hier von der sonst üblichen Anwendung im Zusammenhang mit der Energieversorgung ab.

Feuchtigkeitseinfluß. Um Meßfehler durch Feuchtigkeitseinflüsse vernachlässigbar klein zu halten, müssen die DMS gegen Feuchtigkeit geschützt werden. Die Isolationswiderstände von DMS gegen geerdete Meßoberflächen sollen mehr als das 10^6-fache ihrer Nennwiderstände betragen.

Befestigungsmittel. Über die notwendigen Klebstoffe und Abdeckmittel für die Anwendung der DMS können kaum allgemeine Aussagen gemacht werden. Die Mittel müssen unter Beachtung der jeweiligen Firmenvorschriften beschafft und verarbeitet werden. Durch richtige Klebstoffe wird vor allem ein Kriechen vermieden.

Fehler bei Messungen mit DMS. Meßfehler können entstehen durch Nichtlinearität, mechanische und thermische Hysterese, Temperatureinflüsse, Thermospannungen an den DMS-Anschlüssen, Feuchte, Druck, Kriechen und Frequenzgang.

7.1.2. Dehnungsmeßstreifen-Meßschaltungen

Für Messungen mit Dehnungsmeßstreifen, DMS genannt, werden hauptsächlich Widerstandsmeßbrücken (s. Abschn. 2.2.4) verwendet. Serienmäßige Dehnungsmeßgeräte (Anpasser) sind oft so geeicht, daß die Meßergebnisanzeige der Dehnung ε_1 mit nur einem DMS mit der Dehnungsempfindlichkeit $S_\varepsilon = 2$ in einer Viertelbrücke entspricht. [11]

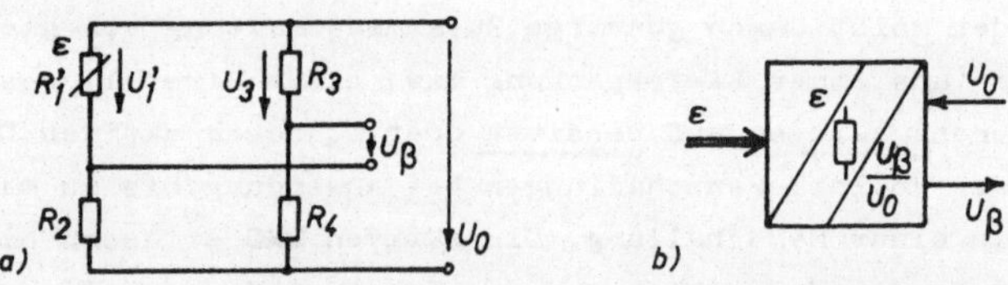

Bild 95 Viertelmeßbrücke zur Messung einer Dehnung ε mit einem aktiven DMS R_1, der sich bei Dehnung auf $R_1' = R_1 + \Delta R_1$ ändert

a) Meßschaltung, b) Blockschaltbild mit Brückenspeisespannung U_0 und Ausgangsspannung U_β

Die Diagonalausgangsspannung U_β für einen aktiven Dehnungsmeßstreifen R_1 in einer Viertelmeßbrücke nach Bild 95a, der sich bei Dehnung auf $R_1' = R_1 + \Delta R_1$ ändert, wird berechnet aus der Maschenregel

$$U_\beta = U_1' - U_3 = \left(\frac{R_1 + \Delta R_1}{R_1 + \Delta R_1 + R_2} - \frac{R_3}{R_3 + R_4}\right) U_0 \tag{165}$$

Für die in der Praxis vor Messungsbeginn abgeglichene gleicharmige Brücke folgt mit $R_3 = (R_1/R_2)R_4$ eingesetzt die Brückenausgangsspannung

$$U_\beta = \left(\frac{R_1 + \Delta R_1}{R_1 + \Delta R_1 + R_2} - \frac{R_1}{R_1 + R_2}\right) U_0 \tag{166}$$

Auf gleichen Nenner gebracht ergibt sich nach Umformung

$$U_\beta = \frac{R_2\,\Delta R_1}{(R_1 + R_2)^2 + \Delta R_1(R_1 + R_2)}\, U_0 \tag{167}$$

oder schließlich wird die Ausgangsspannung

$$U_\beta = \frac{R_2\,\Delta R_1}{(R_1 + R_2)^2\left(1 + \frac{\Delta R_1}{R_1 + R_2}\right)}\, U_0 \tag{168}$$

Für kleine Widerstandsänderungen $\Delta R_1 \ll (R_1 + R_2)$ folgt als Näherungslösung für die Brückenausgangsspannung

$$U_\beta \approx \frac{R_2\,\Delta R_1}{(R_1 + R_2)^2}\,U_0 \qquad (169)$$

Durch diese Näherung entsteht ein relativer Linearitätsfehler

$$F_{rel} = \Delta R/(R_1 + R_2) \qquad (170)$$

Für gleiche Brückenwiderstände $R_1 = R_2 = R$ ist die bezogene Brückenausgangsspannung für einen aktiven DMS in der Viertelbrücke (s. Abschn. 2.2.4)

$$\frac{U_\beta}{U_0} \approx \frac{1}{4}\cdot\frac{\Delta R}{R} \qquad (171)$$

Bei der Messung einer Dehnung ε mit einem DMS mit der Empfindlichkeit $S_\varepsilon = 2$ in der Viertelbrücke entsteht die Meßbrückendiagonal-Ausgangsspannung je V Speisespannung

$$U_\beta/V = (\Delta R/R)/4 = S_\varepsilon\,\varepsilon/4 = 2\,\varepsilon/4 = \varepsilon/2 \qquad (172)$$

In einer Halbbrücke z.B. verdoppelt sich die Ausgangsspannung

$$U_\beta/V = \varepsilon \qquad (173)$$

Bei der Verwendung von DMS mit einer anderen Empfindlichkeit $S_\varepsilon \neq 2$ muß die angezeigte Dehnung ε_A korrigiert werden für den wahren Dehnungswert

$$\varepsilon_w = \varepsilon_A \cdot 2/S_\varepsilon \qquad (174)$$

Bemessung von Meßstellen. Für die Anwendung eines aktiven DMS gilt als Grundlage für die Festlegung der Dehnung ε_1 an der Meßstelle, z.B. in einem Aufnehmer für andere mechanische Größen meist folgende Annahme für die Meßstellendehnung

$$\varepsilon_1 = 1\cdot 10^{-3}\ \text{m/m} \qquad (175)$$

Mit der Dehnungsempfindlichkeit $S_\varepsilon = (\Delta R/R)/\varepsilon = 2$ ergibt sich für den DMS die relative Widerstandsänderung

$$\Delta R/R = 2\cdot 10^{-3} \qquad (176)$$

In der Praxis werden meist mehrere aktive DMS verwendet. In

einer Ausschlagvollbrücke mit 4 aktiven DMS nach Bild 12f erhält man bei gleichen Widerstandspaaren $R_1 = R_2$ und $R_3 = R_4$ für kleine Änderungen der Meßwiderstände, d.h. für die Bedingung $\Delta R_i \ll R_i$ nach Gl. (37) näherungsweise die bezogene Brückendiagonal-Ausgangsspannung

$$U_\beta/U_0 = [(\Delta R_1/R_1) - (\Delta R_2/R_2) - (\Delta R_3/R_3) + (\Delta R_4/R_4)]/4 \quad (177)$$

Da für den Anwender von Dehnungsmessungen die Dehnung ε meist wichtiger ist als die Widerstandsänderung ΔR, berechnet man in der Praxis mit der Dehnungsempfindlichkeit $S_\varepsilon = (\Delta R/R)/\varepsilon$ bzw. $\Delta R/R = S_\varepsilon \varepsilon$ die bezogene Brückenausgangsspannung

$$U_\beta/U_0 = (\varepsilon_1 - \varepsilon_2 - \varepsilon_3 + \varepsilon_4)\, S_\varepsilon/4 \quad (178)$$

Wenn man die relativen Widerstandsänderungen $\Delta R_i/R_i$ bzw. die Dehnungen ε_i algebraisch, d.h. mit ihren Vorzeichen, in Gl. (177) bzw. (178) einsetzt, erhält man die Polarität der Brückenausgangsspannung U_5 bzw. U_β nach Bild 12 bzw. 95.

Beim Einsatz von mehreren aktiven DMS auf dem Meßobjekt und in der Meßbrücke wirkt nach Gl. (178) für Meßketten eine gegen die Meßstellendehnungen vergrößerte fiktive Meßdehnung

$$\varepsilon_f = \varepsilon_1 - \varepsilon_2 - \varepsilon_3 + \varepsilon_4 \quad (179)$$

Mit dieser fiktiven Dehnung ε_f würde sich die Brückenausgangsspannung U_β bzw. der Ausschlag des Meßkettenausgebers gegenüber einer Meßstellendehnung ε_1 mit nur einem DMS in der Viertelbrücke um den Brückenfaktor $B = \varepsilon_f/\varepsilon_1$ vergrößern.

Bei vorgegebener Empfindlichkeit bzw. Ausgangsspannung U_β einer Dehnungsmeßeinrichtung für eine Meßbereich-Nenndehnung $\varepsilon_M = \varepsilon_f$ kann die Meßstellendehnung des einzelnen DMS

$$\varepsilon_1 = \frac{1}{B} \cdot \frac{4}{S_\varepsilon} \cdot \frac{U_\beta}{U_0} \quad (180)$$

um den Brückenfaktor B kleiner gewählt werden.

Anordnung und Verteilung von Dehnungsmeßstreifen. Durch eine sinnvolle Anordnung der DMS auf dem Meßobjekt und Verteilung in der Meßbrückenschaltung lassen sich bei der experimentellen Spannungsanalyse (Messung der Oberflächendehnung an Maschinenbauteilen, experimental stress analysis) oder in Meßwertaufnehmern (Messung von weiteren physikalischen Größen) durch Addition oder Subtraktion von Meßwerten in der Meßbrücke die Nutzdehnungen von Zug- oder Druckbeanspruchungen, Biegung oder Torsion usw. kombiniert oder selektiv erfassen oder Stördehnungen durch Temperatur, Feuchtigkeit, Druck, Kernstrahlung usw. durch Kompensation eliminieren. Für die Herstellung von Meßwertaufnehmern werden bis zu 32 aktive und passive DMS für einen Aufnehmer verwendet. Nachfolgend werden als Beispiele einige Einsatzmöglichkeiten von DMS für bestimmte Meßaufgaben geschildert.

Bei der Anwendung von mehreren DMS in Brückenschaltungen nach Bild 12 gilt in Bezug auf Gl. (178) folgende Regel:

> Eine Brückendiagonal-Ausgangsspannung erhält man, wenn die Dehnungen von zwei nebeneinanderliegenden DMS (R_1 und R_2; R_1 und R_3; R_3 und R_4; R_4 und R_2) verschiedene Vorzeichen und von zwei diametral gegenüberliegenden DMS (R_1 und R_4; R_2 und R_3) gleiche Vorzeichen haben. Die Brückendiagonalspannung bleibt Null, wenn gleich große Dehnungen von zwei nebeneinanderliegenden DMS gleiche Vorzeichen und von zwei gegenüberliegenden DMS verschiedene Vorzeichen haben.

Kompensation von Störungen durch Änderungen der Meßstellen-Temperatur oder Meßleitungs-Widerstände. Bei Temperaturänderungen am Meßobjekt entstehen neben den mechanischen Dehnungen ε_i Störungen durch Wärmedehnungen ε_ϑ. Dann erhält man in einer Vollbrücke die bezogene Brückendiagonal-Ausgangsspannung

$$\frac{U_\beta}{U_0} = \frac{1}{4}\left[(\varepsilon + \varepsilon_\vartheta)_1 - (-\varepsilon + \varepsilon_\vartheta)_2 - (-\varepsilon + \varepsilon_\vartheta)_3 + (\varepsilon + \varepsilon_\vartheta)_4\right] s_\varepsilon \tag{181}$$

Eine gewünschte Temperaturkompensation entsteht, wenn sich alle DMS auf gleichem Material und auf gleicher Temperatur befinden, da dann für alle DMS die Wärmedehnung ε_ϑ gleich groß ist und die Störung verschwindet.

Durch die Spannungsabfälle an den Meßsignalleitungs-Widerständen R_L in einer Vollbrückenschaltung nach Bild 17a verbleibt am Brückenquerwiderstand

$$R_B = \frac{(R_1 + R_2)(R_3 + R_4)}{R_1 + R_2 + R_3 + R_4} \tag{182}$$

eine gegenüber der Meßgerätespeisespannung U_O verkleinerte Brückenspeisespannung

$$U_{OB} = U_O R_B/(R_B + R_{L1} + R_{L2}) \tag{183}$$

Somit ergibt sich mit den Dehnungen ε_i eine korrigierte bezogene Meßbrücken-Ausgangsspannung

$$\frac{U_\beta}{U_O} = \frac{S_\varepsilon}{4} (\varepsilon_1 - \varepsilon_2 - \varepsilon_3 + \varepsilon_4) \frac{R_B}{R_B + R_{L1} + R_{L2}} \tag{184}$$

Der Einfluß der Signalleitungswiderstände R_{L3} und R_{L4} in Bild 17a ist vernachlässigbar, da sie in der Praxis mit dem hochohmigen Eingang eines Meßverstärkers oder Kompensators in Reihe liegen. Die Störungen durch Signalleitungswiderstände können mit Mehrleiterschaltungen (s. Abschn. 3.3.9) eliminiert werden.

Messungen mit DMS auf einem Meßfederstab. Für eine Dehnungsmessung an der Oberfläche eines einseitig eingespannten Meßfederstabs zeigt Bild 96a die Anordnung des Längs-DMS R_1 und des Quer-DMS R_2 auf dem Meßfederstab und Bild 96b die Verteilung der DMS in einer Halbbrücke. Der Meßfederstab wird durch die Längskraft F und das Biegemoment M_b bei veränderlicher Temperatur beansprucht.

Für die mechanischen und elektrischen Größen werden die in Tafel 17 genannten Zusammenhänge für die nachfolgenden Größen festgelegt.

Die Längszugkraft ist positiv (+F), die Druckkraft negativ (-F), die Normalspannung $\sigma_F = \varepsilon E = F/A$ mit dem Elastizitätsmodul E und der Meßfederstab-Querschnittfläche A hat auf der Stabober- und -unterseite die gleichen Vorzeichen wie die Kraft F, die Längsdehnung ist positiv ($+\varepsilon_{F1}$) und die Längsstauchung negativ ($-\varepsilon_{F1}$), die Querdehnung ist $\varepsilon_{Fq} = \mp \mu\, \varepsilon_{F1}$ mit der Poisson'schen Zahl $\mu \approx 0,3$, die relativen DMS-Meßwiderstandsänderungen sind $\pm \Delta R/R$, und man erhält positive und negative Ausgangsspannungsanteile U_β.

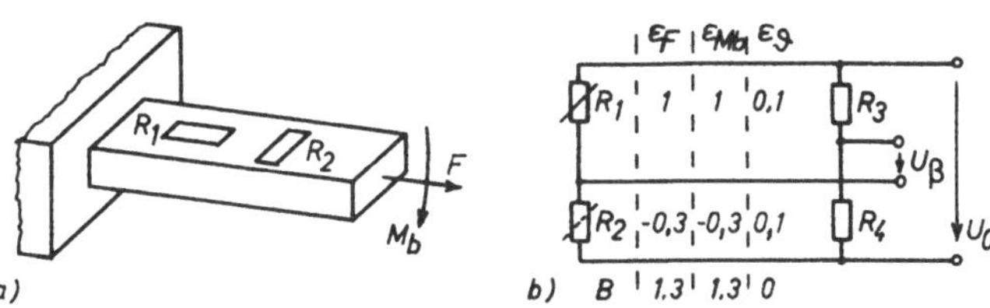

Bild 96 Dehnungsmessung auf einem Meßfederstab bei Beanspruchung durch Kraft F und Biegemoment M_b
a) Anordnung eines Längs-DMS R_1 und eines Quer-DMS R_2
b) Meßbrücke mit eingetragenen Dehnungsnennwerten in 10^{-3} m/m für Zugkraftdehnung ε_F, Biegemomentdehnung ε_{Mb} und Temperaturdehnung ε_ϑ für DMS R_1 und R_2 sowie Brückenfaktor B

Für ein Biegemoment M_b entsteht bei symmetrischem Meßfederstabquerschnitt mit dem Widerstandsmoment W die Biegespannung $\sigma_{Mb} = M_b/W$ auf Stabober- und -unterseite mit entgegengesetzten Vorzeichen und weiter die Dehnung ε_{Mb} bis zur Ausgangsspannung U_β ähnlich wie bei der Kraft F.

Tafel 17 Meßgrößen am Meßfederstab

Längskraft F	mechanische Spannung σ	elastische Dehnung ε	Widerstandsänderung	Ausgangsspannung U_β
Zug	positiv	$+ \varepsilon_{F11}$	$+ \Delta R_1/R_1$	positiv
Zug	positiv	$- \varepsilon_{Fq2} = \mu\, \varepsilon_{F11}$	$- \Delta R_2/R_2$	positiv
Druck	negativ	$- \varepsilon_{F11}$	$- \Delta R_1/R_1$	negativ

Eine Übersicht über die Wirkungen der Anordnung der DMS auf dem Meßfederstab und der Verteilung in der Meßbrücke bei verschiedenen Dehnungswerten ε durch Zugkraft F, Biegemoment M_b und Temperatur ϑ kann man durch die Eintragung der zugehörigen Dehnungswerte in Bild 96b gewinnen. Als Dehnungsnennwerte werden hierbei für die Zugkraft und das Biegemoment $\varepsilon_1 = 1 \cdot 10^{-3}$ m/m und $\varepsilon_q = 0{,}3 \cdot 10^{-3}$ m/m sowie für die Temperatur für eine Temperaturerhöhung um etwa $\vartheta = 10$ °C die Meßstellendehnung $\varepsilon_\vartheta = 0{,}1 \cdot 10^{-3}$ m/m angenommen.

Die Werte für den <u>Brückenfaktor</u> B in Bild 96b, die aus den Dehnungen ε für die verschiedenen Beanspruchungsursachen unter Berücksichtigung der Vorzeichen in der Brückenschaltung ermittelt werden, geben Hinweise auf das Entstehen einer Brückenausgangsspannung

$$U_\beta = B\, U_{\beta 1} \tag{185}$$

gegenüber der Ausgangsspannung $U_{\beta 1}$ einer Viertelmeßbrücke. Bei B = 0 entsteht keine Brückenausgangsspannung, d.h., die Wirkung der Dehnung der entsprechenden Ursache wird eliminiert.

In Bild 96b erkennt man aus den Werten B = 1,3; 1,3 und 0 für den Brückenfaktor, daß über ε_F die <u>Zugkraft</u> F und ε_{Mb} das <u>Biegemoment</u> M_b <u>zusammen</u> gemessen, <u>Temperatureinflüsse</u> über ε_ϑ aber <u>eliminiert</u> werden.

Die gesamte Meßstellendehnung ist nach Gl. (180)

$$\varepsilon = \varepsilon_F + \varepsilon_{Mb} = \frac{1}{1+\mu} \cdot \frac{4}{S_\varepsilon} \cdot \frac{U_\beta}{U_0} \tag{186}$$

<u>Meßfeder-Biegestab mit zwei DMS in einer Halbbrücke.</u> Auf dem einseitig eingespannten Meßfederstab nach Bild 97a befinden sich auf der Ober- und Unterseite die beiden DMS R_1 und R_2, die nach Bild 97b in einer Halbbrücke zusammengeschaltet sind. Wie aus den Eintragungen in Bild 97b (ähnlich wie in Bild 96b) die Werte des Brückenfaktors B erkennen lassen, werden bei dieser Anordnung das <u>Biegemoment</u> M_b <u>gemessen</u>, während die Dehnungen ε durch die <u>Zugkraft</u> F und die <u>Temperatur</u> ϑ <u>eliminiert</u>

werden.

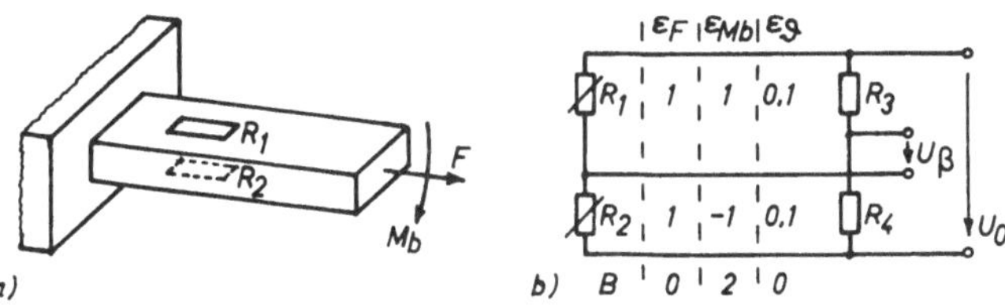

Bild 97 Zwei Dehnungsmeßstreifen R_1 und R_2 auf einem Meßfeder-Biegestab (a) und in einer Halbbrücke (b) zur Messung des Biegemoments M_b

Die Meßstellendehnung ist nach Gl. (180)

$$\varepsilon = \varepsilon_{Mb} = \frac{1}{2} \cdot \frac{4}{S_\varepsilon} \cdot \frac{U_\beta}{U_0} = \frac{2}{S_\varepsilon} \cdot \frac{U_\beta}{U_0} \qquad (187)$$

Die Torsionsdehnung wird bei der Drehmomentmessung (s. Abschn. 7.9) behandelt.

Beispiel 10: Meßfederstab mit zwei DMS in einer Zweiviertelbrücke. Man ermittle die Dehnungswirkungen bei Beanspruchungen eines Meßfederstabs durch Zugkraft F, Biegemoment M_b und Temperatur ϑ, wenn zwei DMS R_1 und R_4 nach Bild 98a auf dem Meßfederstab oben und unten aufgeklebt und nach Bild 98b in einer Zweiviertelbrücke geschaltet sind.

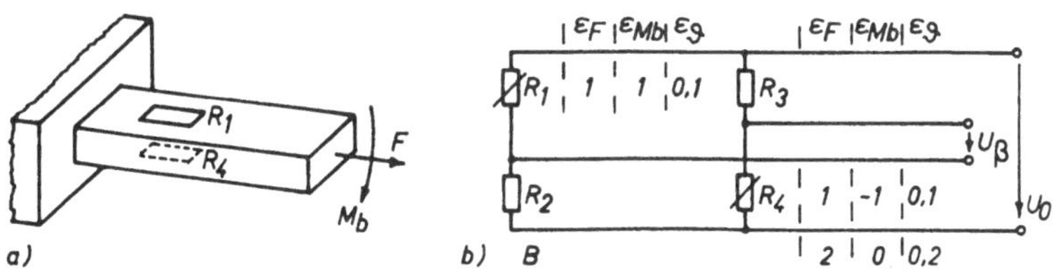

Bild 98 Zwei DMS R_1 und R_4 auf einem Meßfederstab (a) und in einer Zweiviertelbrücke (b)

Aus den Werten für den Brückenfaktor B in Bild 98b erkennt man, daß bei dieser Verteilung der DMS die Kraftdehnung ε_F gemessen, die Biegemomentdehnung ε_{Mb} eliminiert, die Temperaturdehnung ε_ϑ aber nicht eliminiert wird. Die <u>Meßstellendehnung</u> ist nach Gl. (180)

$$\varepsilon = \frac{1}{2} \cdot \frac{4}{S_\varepsilon} \cdot \frac{U_\beta}{U_0} - \varepsilon_\vartheta \qquad (188)$$

Für die Temperaturkompensation müßten zusätzlich zwei passive oder auf dem Meßfederstab querliegende aktive DMS R_2 und R_3 in die Meßbrücke eingeschaltet werden.

<u>Beispiel 11: Meßfederstab mit vier DMS in einer Vollbrücke.</u>
Man bestimme eine Anordnung zur Messung des Biegemoments M_b mit großer Meßempfindlichkeit und berechne die je V Speisespannung auftretende Brückenausgangsspannung U_β/V für eine bei Messungsbeginn symmetrische Meßbrücke mit gleichen Brückenwiderständen R_i = 100 Ω. Die verwendeten DMS mit der Dehnungsempfindlichkeit S_ε = 2 befinden sich auf Meßstellen mit gleichen Meßstellendehnungen $\varepsilon_i = 1 \cdot 10^{-3}$ m/m.

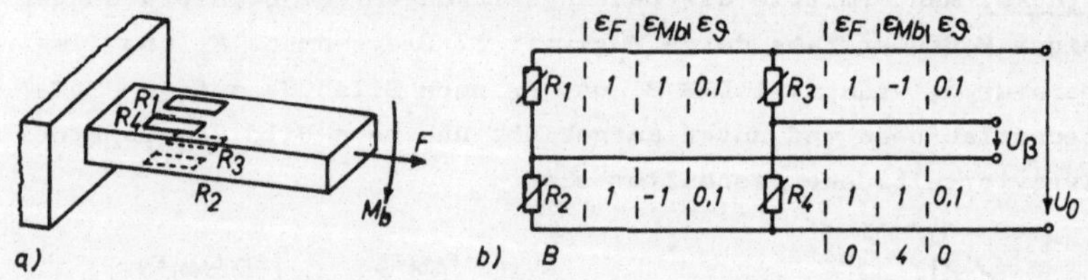

Bild 99 Biegemomentmessung mit vier DMS R_1 bis R_4 auf einem Meßfederstab (a) und in einer Vollbrücke (b)

Die Lösung ist in Bild 99 dargestellt mit der Anordnung der vier DMS auf dem Meßfederstab (a) und mit ihrer Verteilung in der Vollbrücke (b). Aus den in Bild 99b eingetragenen Zahlenwerten für den Brückenfaktor B erkennt man, daß die Kraftdehnung ε_F eliminiert, die Biegemomentdehnung ε_{Mb} gemessen und die Temperaturdehnung ε_ϑ eliminiert wird.

Mit dem Brückenfaktor B = 4 ergibt sich durch das Biegemoment die Meßstellendehnung nach Gl. (180)

$$\varepsilon = \varepsilon_{Mb} = \frac{1}{4} \cdot \frac{4}{S_\varepsilon} \cdot \frac{U_\beta}{U_0} = \frac{1}{S_\varepsilon} \cdot \frac{U_\beta}{U_0} \qquad (189)$$

Die bezogene Ausgangsspannung je V Speisespannung beträgt

$$U_\beta / V = \Delta R/R = S_\varepsilon\, \varepsilon = 2 \cdot 1 \cdot 10^{-3}\ m/m = 0{,}002 \qquad (190)$$

Für 1 V Speisespannung ist die Ausgangsspannung U_β = 2 mV.

Die bei einer Messung zulässige Speisespannung $U_0 = 2R_1 I_{zul}$ errechnet sich aus dem DMS-Nennwiderstand R_1 und dem maximal zulässigen Meßstrom I_{zul}, der je nach DMS-Typ im Bereich von I_{zul} = 10 mA bis 40 mA liegt (s. Tafel 15).

Beispiel 12: Meßfederstab mit vier DMS in einer Halbbrücke.
Man bestimme eine DMS-Anordnung zur Messung des Biegemoments M_b mit vier DMS in einer Halbbrücke und berechne die bezogene Brückenausgangsspannung U_β/V für gleiche Brückenwiderstände R = 100 Ω mit der DMS-Empfindlichkeit S_ε = 2 für gleiche Meßstellendehnungen $\varepsilon_i = 1 \cdot 10^{-3}$ m/m.

Für die Lösung werden nach Bild 100a je zwei DMS R_{11} und R_{12} auf der Oberseite und R_{21} und R_{22} auf der Unterseite des Meßfederstabs befestigt. Diese DMS werden nach Bild 100b in die linke Brückenhälfte geschaltet.

Für die Halbbrückenschaltung nach Bild 100b kann man die Brükkendiagonal-Ausgangsspannung aus der Maschenregel $U_\beta = U_1' - U_3$ (s. Abschn. 2.2.4) berechnen. Die bezogene Brückenausgangsspannung ergibt sich direkt nach Gl. (177) zu

$$U_\beta / U_0 = \left[(\Delta R_1/R_1) - (\Delta R_2/R_2) \right] / 4$$

Nach Einsetzen der vorhandenen Meßwiderstände folgt

$$\frac{U_\beta}{U_0} = \frac{1}{4} \left(\frac{\Delta R_{11} + \Delta R_{12}}{R_{11} + R_{12}} - \frac{-\Delta R_{21} - \Delta R_{22}}{R_{21} + R_{22}} \right)$$

Mit vier gleichen Widerständen R und gleichen Widerstandsänderungen ΔR ergibt sich schließlich die bezogene <u>Ausgangsspannung</u>

$$\frac{U_\beta}{U_o} = \frac{1}{4}\left(\frac{2\,\Delta R}{2R} - \frac{-2\,\Delta R}{2R}\right) = \frac{1}{2}\cdot\frac{\Delta R}{R} \qquad (191)$$

Mit den im vorliegenden Beispiel gegebenen Größen ist die bezogene Ausgangsspannung $U_\beta/V = (1/2)\cdot 2\cdot 10^{-3}$ m/m = 0,001 und die Ausgangsspannung für 1 V Speisespannung U_β = 1 mV.

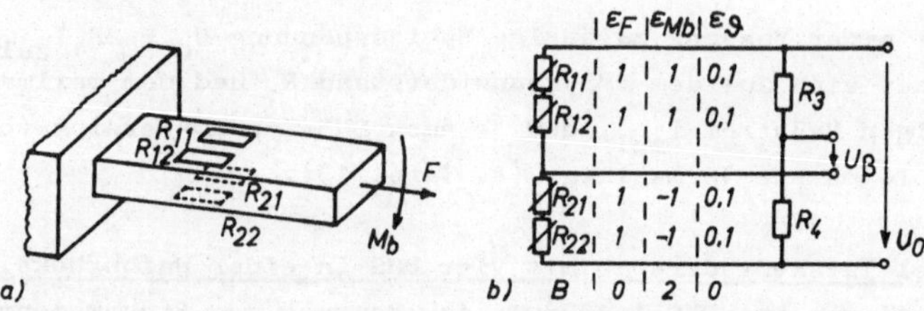

Bild 100 Messung des Biegemoments M_b mit vier DMS auf dem Meßfederstab (a) und in einer Halbbrücke (b)

Die errechnete bezogene Brückenausgangsspannung nach Gl. (191) ist nur halb so groß wie bei der Anwendung von vier aktiven DMS in der Vollbrücke nach Beispiel 11. Daher ergibt sich für die vorliegende Halbbrückenanordnung ein in Bild 100b nicht einfach erkennbarer Brückenfaktor B = 2.

Die <u>Meßstellendehnung</u> ist nach Gl. (180)

$$\varepsilon = \varepsilon_{Mb} = \frac{1}{2}\cdot\frac{4}{S_\varepsilon}\cdot\frac{U_\beta}{U_o} = \frac{2}{S_\varepsilon}\cdot\frac{U_\beta}{U_o} \qquad (192)$$

Bei Verwendung dieser Meßschaltung nach Bild 100 in einem Meßwertaufnehmer zur Messung einer beliebigen physikalischen Größe hätte der Aufnehmer die Meßempfindlichkeit 1 mV/Meßgrößenendwert je V Speisespannung. Mit vier gleichen aktiven DMS ergeben die vorliegende Halbbrückenanordnung mit zulässiger Brückenspeisespannung $U_o = 4\,R\,I_{zul}$ und die Vollbrücke mit $U_o = 2\,R\,I_{zul}$ gleiche Brückenausgangsspannungs-Endwerte U_β .

7.1.3. Induktive Dehnungs-Aufnehmer

Induktive Dehnungs-Aufnehmer nach Bild 101a sind Längenänderungs-Aufnehmer mit einem passiven induktiven Meßfühler für kleine Meßwege, entweder mit Differentialdrossel (inductive transducer) nach Bild 22 oder mit Differentialtransformator (differential transformer) nach Bild 23. Der Aufnehmerkörper mit den Spulen 2 nach Bild 101a und dem beweglichen Eisenkern 1 wird mit Tastspitzen oder -schneiden und einer Haltevorrichtung an die Meßoberfläche gedrückt.

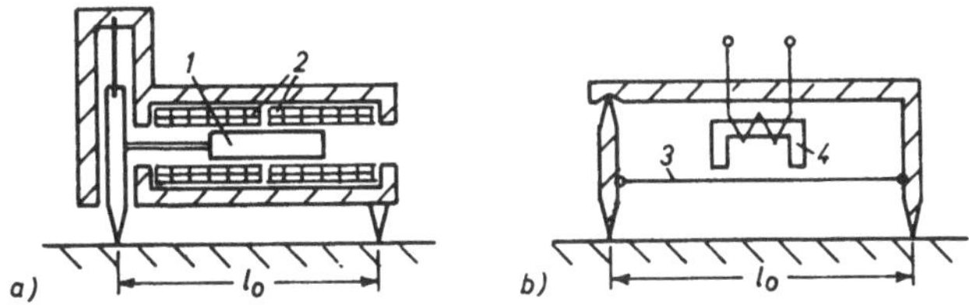

Bild 101 Dehnungs-Aufnehmer mit der Meßbasislänge l_0
a) Längenänderungs-Aufnehmer mit verschiebbarem Eisenkern 1 und Differentialdrossel 2
b) Saitendehnungs-Aufnehmer mit Saite 3 und Elektromagnet 4 zum Anzupfen der Saite und zur Aufnahme der Schwingfrequenz

Die induktiven Aufnehmer messen die Dehnung $\varepsilon = \Delta l/l_0$ über die Längenänderung Δl der Meßbasislänge (Bezugslänge) l_0. Dehnungsmeßstreifen dagegen messen direkt die Dehnung ε unabhängig von der Länge l des Meßelements.

Induktive Längenänderungs-Aufnehmer haben als Nenndaten Meßbasislängen zwischen den Tastspitzen l_0 = 5 mm bis 200 mm, maximal meßbare Längenänderungen $\Delta l = \pm$ 20 µm bis $\pm$ 10 mm, maximal meßbare Dehnungen $\varepsilon = 20 \cdot 10^{-3}$ m/m und einen Meßfrequenzbereich f_M = 0 bis 1000 Hz.

Induktive Längenänderungs-Aufnehmer sind zwar im Gegensatz zu Dehnungsmeßstreifen wiederholt anwendbar, haben aber eine viel größere Masse und messen die Längenänderung mehrere mm oberhalb der Meßoberfläche, was leicht zu Meßfehlern führen kann.

7.1.4. Saitendehnungs-Aufnehmer

Dehnungs-Aufnehmer nach dem Schwingsaitenverfahren sind Vibrationsmeßfühler, deren mechanisches Schwingungssystem z.B. aus einer gespannten Saite nach Bild 101b besteht. Diese Meßsaite 3 wird über den Elektromagneten 4 mit einer impulsförmigen magnetischen Kraft zu intermittierenden (oder auch dauererregten) Transversalschwingungen mit der Eigenfrequenz

$$f_0 = [1/(2l)]\cdot\sqrt{E/\rho}\cdot\sqrt{\Delta l/l} \qquad (193)$$

der Grundschwingung bei dem Elastizitätsmodul E und der Dichte ρ der Saite mit der Länge l erregt.

Die zu messende Dehnung $\varepsilon = \Delta l/l$, die dem Quadrat der Eigenfrequenz f_0 der angezupften Meßsaite proportional ist, wird aus der mit dem Elektromagneten erfaßten veränderten Schwingfrequenz mit einem Frequenz-Strom-Umsetzer ermittelt. Die Meßbereich-Eigenfrequenzen liegen im Bereich f_0 = 700 Hz bis 1000 Hz; die verhältnismäßig große Meßkraft beträgt an den Tastspitzen etwa F = 40 N bis 100 N.

Saitendehnungs-Aufnehmer eignen sich besonders für Langzeit- und Fernmessungen unter rauhen Bedingungen und werden auch für Weg-, Neigungswinkel-, Kraft-, Drehmoment-, Druck- und Temperatur-Aufnehmer als Meßfühler verwendet. Sie sind mit intermittierend schwingender Meßsaite nur für statische, mit dauernd schwingender Meßsaite für statische und dynamische Messungen brauchbar.

<u>Beispiel 13: Messung einer elastischen Spannung mit einem Dehnungs-Aufnehmer.</u> Mit einem Dehnungs-Aufnehmer wird die mechanische Oberflächenspannung eines Bauteils aus Stahl mit dem Elastizitätsmodul $E = 20{,}6\cdot10^4$ N/mm^2 gemessen. Die Meßkettenempfindlichkeit der Meßeinrichtung beträgt $S_\varepsilon = y_M/\varepsilon_M$ = 100 mm/(10^{-3} m/m). Man ermittle die mechanische Oberflächen-

spannung σ, wenn das Ausgabegerät den Ausschlag y = 75 mm zeigt.

Aus der Meßkettenempfindlichkeit $S_\varepsilon = y/\varepsilon$ ergibt sich die gemessene Dehnung

$$\varepsilon = \frac{y}{S_\varepsilon} = \frac{75\ \text{mm}}{100\ \text{mm}/(10^{-3}\ \text{m/m})} = 0{,}75 \cdot 10^{-3}\ \text{m/m}$$

Hiermit ist die gesuchte Oberflächenspannung

$$\sigma = \varepsilon E = 0{,}75 \cdot 10^{-3} (\text{m/m})\ 20{,}6 \cdot 10^{4}\ \text{N/mm}^2 = 154{,}5\ \text{N/mm}^2$$

7.2. Wegmessung

Weg-Aufnehmer (displacement transducer) messen Verschiebungen eines Meßpunkts am Meßobjekt gegen einen Festpunkt.

Analoge Weg-Aufnehmer werden hauptsächlich mit passiven Widerstands-Meßfühlern mit Meßwiderständen oder mit Dehnungsmeßstreifen sowie mit induktiven Meßfühlern nach Bild 102a bis d hergestellt. Inkrementale Weg-Aufnehmer für beliebig lange Meßwege mit ohmschen, induktiven, elektrodynamischen und photoelektrischen Meßfühlern nach Bild 102e bis h liefern dem Meßweg proportionale Impulse. Digitale Weg-Aufnehmer verwenden codierte Verfahren mit Absolutmaßstab.

7.2.1. Analoge Weg-Aufnehmer

Potentiometer-Weg-Aufnehmer mit ohmschem Meßfühler R nach Bild 102a ergeben bei richtiger Wahl der Widerstandsmeßschaltung nach Abschn. 2.2.5 eine zum Meßweg s lineare Meßsignalspannung. Die maximalen Nennmeßwege liegen im Bereich s_M = 10 mm bis 1500 mm mit Widerstandswerten R = 10 Ω bis 50 kΩ. Die maximal erreichbare relative Wegauflösung beträgt bei Potentiometern mit Widerstandsdraht etwa $Q_s \leqq 0{,}05$ % und mit leitendem Kunststoff $Q_s = 0$. Der kleinste relative Linearitätsfehler ist $F_{slin} = 0{,}01$ %. Die maximal zulässige Bewegungsgeschwindigkeit des Schleifers ist etwa $v_m = 0{,}25$ m/s, die größte Lebensdauer beträgt bis über 30 Millionen Schleiferbewegungen.

In einem Weg-Aufnehmer mit Feldplatte als ohmschem Meßfühler wird eine Halbleiter-Magnetfeldplatte in einem permanenten Magnetfeld verschoben und ändert dabei ihren Widerstand im Bereich von 100 Ω bis 500 Ω linear mit der Verschiebung. Der Widerstand als Maß für den Meßweg oder anderer dazu proportionaler Meßgrößen kann mit Widerstandsmeßgeräten angezeigt werden.

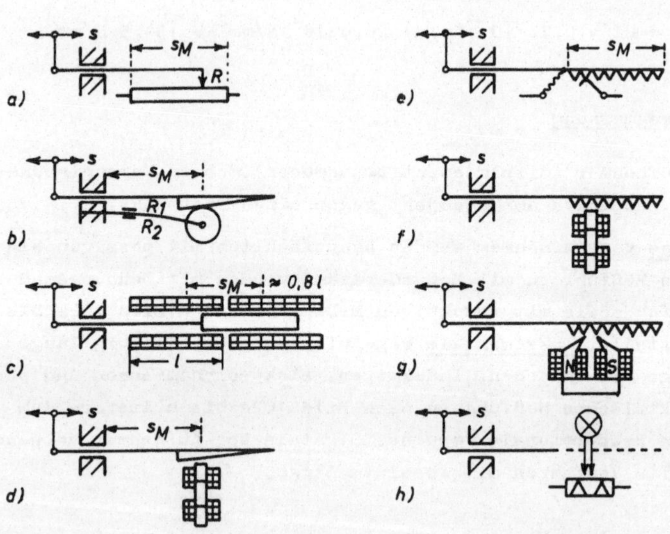

Bild 102 Weg-Aufnehmer
a) bis d) analog und e) bis h) inkremental mit verschiedenen Meßfühlern für den Nennmeßweg s_M
a) Widerstands-Meßfühler R, b) Dehnungsmeßstreifen R_1 und R_2, c) induktiv und d) induktiv berührungslos;
e) Schaltelement, f) induktiv berührungslos,
g) elektrodynamisch (Induktionsspule oder Magnetband-Hörkopf über magnetisierter Schicht) und
h) photoelektrisch

Bei einer Wegmeßeinrichtung nach Bild 102b mit Dehnungsmeßstreifen R_1 und R_2 ist die Dehnung ε an der Biegefeder linear zu deren Durchbiegung und daher auch zum Meßweg s.

Induktive Längenänderungs- und Weg-Aufnehmer mit Differentialdrossel nach Bild 22c oder mit Differentialtransformator nach Bild 23 als Meßfühler werden z.B. in Halbbrückenschaltungen mit Trägerfrequenz-Meßverstärkern betrieben.

Die Nennmeßwege s_M von serienmäßigen induktiven Weg-Aufnehmern entsprechen etwa 80 % der Spulenlänge l und haben Endwerte von $s_M = \pm 0,5$ mm bis ± 500 mm. Die maximale Empfindlichkeit der Aufnehmer ergibt je V Speisespannung eine Ausgangsspannung von etwa $U_\beta = 80$ mV für den Meßwegendwert. Der Meßfrequenzbereich beträgt $f_M = 0$ bis 1250 Hz.

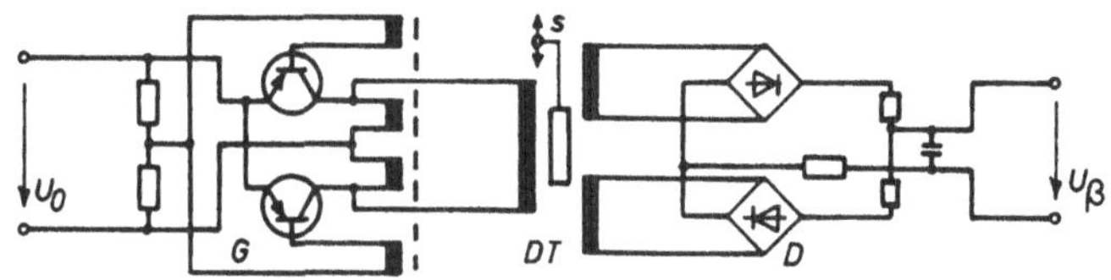

Bild 103 Weg-Kombinationsaufnehmer für Meßweg s mit integriertem Differentialtransformator DT, Trägerfrequenzgenerator G und Demodulator D
U_0 Speisespannung, U Meßsignalausgangsspannung

Weg-Kombinationsaufnehmer nach Bild 103 enthalten den Differentialtransformator DT als Weg-Meßfühler, sowie den Trägerfrequenzgenerator G und den Demodulator D integriert als Anpaßschaltung in einer Miniatureinheit. Sie werden mit Gleichspannung $U_0 = 6$ V bis 24 V gespeist und haben bei Meßweg-Endwerten $s_M = \pm 1$ mm bis ± 100 mm maximale Gesamtempfindlichkeiten $S_s = 5$ V/mm bis 0,1 V/mm.

Berührungslose induktive Weg-Aufnehmer nach Bild 102d mit passiver Einfachdrossel nach Bild 22a als Meßfühler (non-contacting displacement or proximity transducer) weisen keine Reibungskräfte auf und sind für Abstandsmessungen zu allen metallischen Objekten, d.h. auch für nicht-ferromagnetische Anker, geeignet. Als Meßschaltung wird entweder eine trägerfrequenzgespeiste Meßbrücke oder am gebräuchlichsten eine Hochfrequenz-Oszillatorschaltung verwendet. Hierbei ist die Spule L Teil eines Schwingkreises (ähnlich Bild 30), der z.B. mit der Resonanzfrequenz f_0 = 4 MHz schwingt. Das Spulen-Hochfrequenzfeld erzeugt im metallischen Anker Wirbelströme; es ändert sich die Güte des Schwingkreises und daher die Stromaufnahme des Oszillators in Abhängigkeit vom Ankerabstand und allerdings auch vom Meßobjektwerkstoff. Durch eine Linearisierung in der elektronischen Anpaßschaltung erreicht man eine lineare Abhängigkeit der Ausgangsspannung vom Abstand zwischen Spule und Meßoberfläche. Meßfühlerspule und Anpaßschaltung können auch im Aufnehmer integriert sein.

Die linearen Meßwegbereiche von berührungslosen induktiven Weg-Aufnehmern liegen je nach Aufnehmertyp innerhalb von Abstandsbereichen d = 0,1 mm bis 1 mm und d = 3 mm bis 30 mm. Die Empfindlichkeit kann für Stahloberflächen bei S_s = 10 V/mm liegen, der Meßfrequenzbereich beträgt f_{Mm} = 0 Hz bis 10 kHz. Diese Aufnehmer sind auch für Verschiebungsmessungen von durch Öl und Staub verschmutzten Maschinenbauteilen und für die Dikkenmessung von nicht leitenden Materialschichten geeignet.

7.2.2. Inkrementale Weg-Aufnehmer

Inkrementale Weg(und auch Drehwinkel)-Aufnehmer mit Widerstands-, induktiven und elektrodynamischen Meßfühlern nach Bild 102e bis g verwenden Meßverfahren mit einfacher Abzählung von Wegrasterstücken (Inkremente) relativ zum gewählten Nullpunkt. Jeder Rasterteilung, d.h. jedem Wegquant s_Q, wird ein Zählimpuls zugeordnet; der Zählstand z eines Zählers bestimmt den Weg $s = s_Q z$. Jeder Zählfehler macht jedes nachfolgende Ergebnis der Abtastung falsch. Der Nullpunkt kann leicht neu gesetzt werden, die Meßinformation besitzt jedoch keine Redundanz; sie geht bei Störungen z.B. durch Stromausfall verloren.

Inkremental-analoge Synchron-Induktions-Meßverfahren verwenden Spulenanordnungen, wobei Wechselspannungen längs der in der Ebene abgewickelten Spule abgetastet werden. Mit Maßstäben von 250 mm Länge wird bei einer Zykluslänge der aufgebrachten Mäanderspule von 2 mm eine maximale Auflösung s_Q = 1 µm erreicht.

Weg-Aufnehmer mit photoelektrischem Meßfühler verwenden entweder inkrementale Auf- oder Durchlichtverfahren mit einer Rasterscheibe nach Bild 102h oder digital codierte Verfahren mit Absolutmaßstäben nach Bild 104a und b.

Eine Richtungserkennung bei inkrementalen Verfahren ist z.B. mit Hilfe von zwei Photomeßfühlern und logischen Verknüpfungsschaltungen möglich.

Bei inkrementalen translatorischen Wegmeßverfahren beträgt die maximale Nennmeßlänge bis s_M = 3 m, der kleinste absolute Maßstabfehler etwa $s_F = \pm$ 1 µm, die maximale absolute Auflösung s_Q = 0,5 µm.

7.2.3. Digital codierte Weg-Aufnehmer

Codierte Wegmeßverfahren setzen die analoge Größe Weg mit binär codierter Rasterscheibe (Codelineal oder Winkel mit runder Codescheibe) mit absoluter Zuordnung von binären Ausdrücken zu jedem Wegrasterstück in codierte elektrische Signale, z.B. im Dual-Code (Bild 104a) oder im BCD-Code, um.

Zur Vermeidung von Fehlabtastungen verwendet man die V-Abtastlogik mit doppelter Abtastung oder einschrittige Codes nach Gray (Bild 102b), Glixon, O'Brien, Tompkins oder Libaw-Craig.

Beim codierten Wegmeßverfahren ist der Geräteaufwand für die Abtastung und für die Signalauswertung groß, da man n Abtastspuren braucht, um 2^n verschiedene diskrete Lagen unterscheiden zu können. Eine Nullpunktverschiebung ist nur über eine Rechnereinheit möglich. Diese Verfahren werden hauptsächlich bei besonders großen Genauigkeitsanforderungen im Flugzeug- und Turbinenbau, in der Flugsicherung, in der Raumfahrt und in der Kernreaktortechnik angewendet.

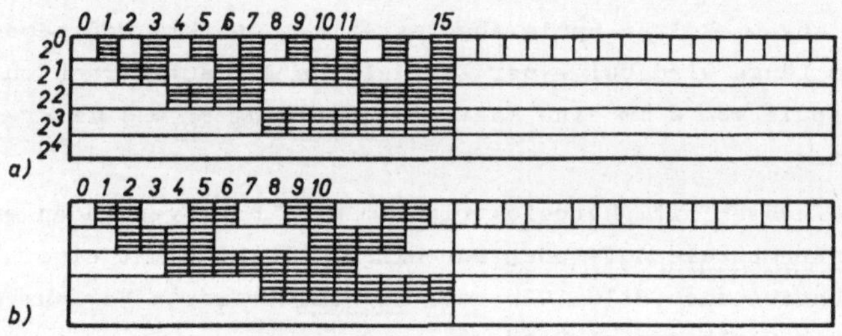

Bild 104 Absolutmaßstab mit fünf Spuren mit Coderaster im Dual-Code (a) und im einschrittigen Gray-Code (b) mit freien Feldern zum Ergänzen durch den Leser

Neben dem direkten translatorischen Wegmeßverfahren, wobei zur Messung einer linearen Bewegung ein translatorisches Wegmeßsystem mit linearem Maßstab verwendet wird, gibt es noch das indirekte rotatorische Wegmeßverfahren. Hierbei wird der Verschiebungsmeßweg mit Hilfe von mechanischen Übertragungsgliedern (Zahnstange mit Ritzel oder Gewindespindel mit Mutter) in einen Drehwinkel umgesetzt und mittels Winkel-Aufnehmer gemessen (s. Abschn. 7.3). Diese Verfahren werden in der Fertigungsmeßtechnik bei numerisch gesteuerten Werkzeugmaschinen angewendet.

7.2.4. Sonder-Wegmeßverfahren

Weg-Aufnehmer mit kapazitivem Meßfühler (in Schwingkreisschaltung nach Bild 30 oder Differential-Kondensator in Meßbrücke nach Bild 29) haben Wegmeßbereiche von $s_M = 0$ bis 2 mm mit maximalem absolutem Fehler $s_F = 1{,}5\ \mu m$ und von $s_M = 0$ bis 20 mm mit $s_F = 2\ \mu m$ mit maximalen absoluten Auflösungen $s_Q = 0{,}02\ \mu m$ und sehr große Meßfrequenzbereiche $f_M = 0$ bis 100 kHz.

Bei einer Laser-Abstandsmeßeinrichtung beruht die Wegmessung auf einer Laufzeitmessung von einigen Hundert Laserimpulsen je Sekunde vom Laser als Sender zur Meßobjektoberfläche als Reflektor und zurück zu einer Photodiode als Empfänger. Der Meßbereich beträgt z.B. s_M = 35 mm bis 5 m bei einem relativen Fehler $F_s \leqq 10^{-4}$.

Weg-Aufnehmer können für die Messung vieler weiterer Meßgrößen, die sich auf Wegänderungen zurückführen lassen, als Meßfühler eingesetzt werden.

7.3. Drehwinkel-Aufnehmer

Rotatorische Drehwinkel-Meßverfahren sind in vielen Fällen den translatorischen Weg-Meßverfahren analog (DIN 43812).

7.3.1. Analoge Drehwinkel-Aufnehmer

Analoge Drehwinkel-Aufnehmer für große Winkel messen bis 360° oder mehr.

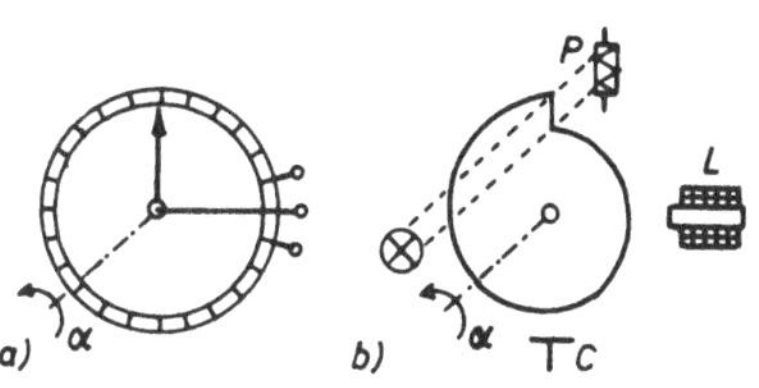

Bild 105
Analoge Drehwinkel-Aufnehmer für Meßwinkel
a) Feindraht-Drehspannungsteiler, b) Kurvenscheibe mit induktivem L, kapazitivem C oder photoelektrischem Meßfühler P

Feindraht-Schleifwiderstände als passive ohmsche Meßfühler für Drehwinkel-Aufnehmer nach Bild 105a werden in Widerstands-Meßschaltungen (s. Abschn. 2.2.5) betrieben.

Kurvenscheiben mit archimedischer Spirale nach Bild 105b oder mit exzentrisch gelagerter Kreisscheibe ergeben mit passiven induktiven Meßfühlern L, kapazitiven Meßfühlern C oder mit passiven bzw. aktiven photoelektrischen Meßfühlern P verschiedene Kennlinien.

Drehfeldsysteme (s. Abschn. 2.3.3.2) messen und übertragen Drehwinkel $\alpha \lesseqgtr 360°$ bei kleinstem absolutem Anzeigefehler

$\alpha_F = \pm 0,1^\circ$.

Analoge Drehwinkel-Aufnehmer für kleine Meßwinkel enthalten passive induktive Meßfühler mit Differentialdrossel nach Bild 106a, kapazitive Meßfühler mit Differentialkondensator nach Bild 106b oder elektrolytische Meßfühler mit Differentialwiderständen zwischen den Plattenelektroden A nach Bild 106c. Sie messen z.B. in einem Winkel-Meßbereich von $\alpha_M = \pm 45^\circ$ für die Fernübertragung von Meßgeräte-Zeigerausschlägen.

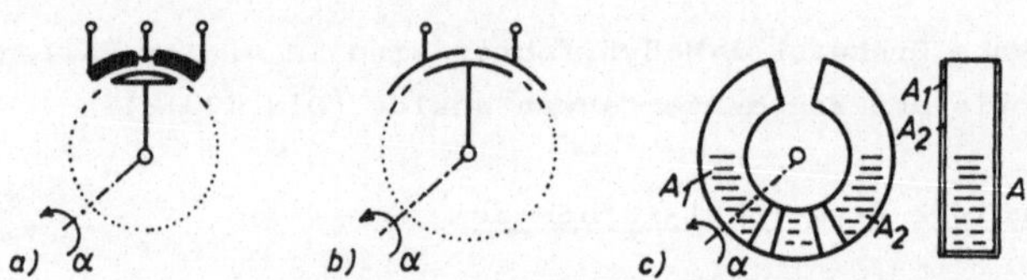

Bild 106 Analoge Drehwinkel-Aufnehmer für kleine Meßwinkel mit induktiven (a), kapazitiven (b) und elektrolytischen (c) Meßfühlern

Neigungswinkel-Aufnehmer messen sehr kleine Winkeländerungen im Bereich von wenigen Grad in Bezug auf die Erdbeschleunigungsrichtung.

7.3.2. Digitale Drehwinkel-Aufnehmer

Inkrementale und codiert absolute Drehwinkel-Aufnehmer nach Bild 107 und 108 werden besonders in der Fertigungsmeßtechnik, z.B. zur Positionierung in numerisch gesteuerten Werkzeugmaschinen verwendet.

Inkrementale Drehwinkel-Aufnehmer gibt es serienmäßig in vielen Ausführungen nach Bild 107a bis c. Zahnscheiben enthalten nach Bild 107a als Meßfühler passive induktive berührungslose Einzeldrosseln L in trägerfrequenzgespeister Meßbrückenschaltung oder in Hochfrequenz-Oszillatorschaltung (s. Abschn. 2.3.5 und 2.4.3.2) für statisch-dynamische Winkelabtastung oder aktive Induktionsspulen E (pickoff coil) für dynamische

Winkelabtastung bei Langzeitmessungen.

Dauermagnet-Polscheiben oder -Trommeln nach Bild 107b enthalten als Meßfühler eine Hallsonde H (s. Abschn. 4.1.1) oder Magnetfeldplatten für statisch-dynamische Winkelabtastung.

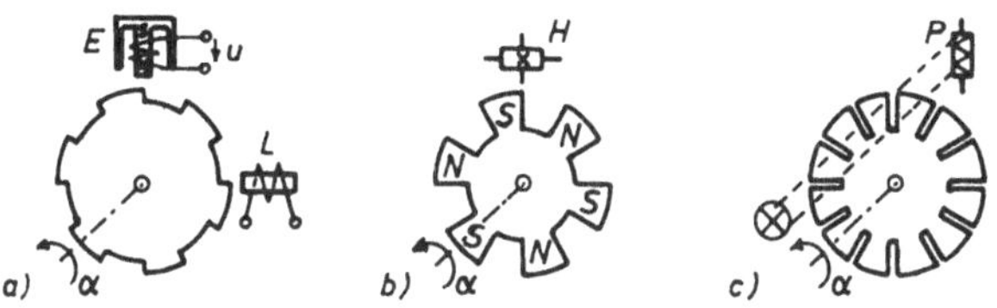

Bild 107 Inkrementale Drehwinkel-Aufnehmer für Meßwinkel
a) Zahnscheibe mit passiver induktiver Einzeldrossel L oder mit aktiver Induktionsspule E
b) Dauermagnetscheibe mit Hallsonde H
c) Spaltscheibe mit Licht und passiven oder aktiven photoelektrischen Meßfühlern, z.B. Photodiode P

Spalt- oder Lochscheiben für Durchlicht (oder Trommeln mit Reflexionsraster für Auflicht) haben Glühlampen- oder GaAs-Dioden-Licht mit photoelektrischen Meßfühlern, z.B. Si-Dioden oder Phototransistoren. Bei photoelektrischen Meßfühlern wird der Meßstelle keine Energie entzogen.

Photoelektrische inkrementale Drehwinkel-Aufnehmer erreichen mit zwei phasenverschobenen Ausgangsspannungen mit je 5000 Teilungen 20 000 Schritte auf 360° mit der absoluten Winkelauflösung $\alpha_Q = 360^\circ/20000 \approx 0{,}018^\circ = 1{,}08'$ bzw. die relative Auflösung $Q_\alpha = 0{,}05$ ‰ je Umdrehung.

Codierte absolute Drehwinkel-Aufnehmer (Winkelcodierer, shaft encoders) haben runde Codescheiben mit Kontaktbürsten oder mit magnetischer bzw. photoelektrischer Abtastung. Ein 10-bit-Code (mit 10 Spuren) ergibt z.B. die absolute Winkelauflösung $\alpha_Q = 360^\circ/2^{10} = 360^\circ/1024 \approx 0{,}35^\circ \approx 21'$. Mit n = 13 Binärstellen ergibt sich die absolute Winkelauflösung $\alpha_Q = 360^\circ/8192 \approx 0{,}0439^\circ \approx 2{,}64'$. Maximal erreichbar sind $j = 2^{14}$ Schritte.

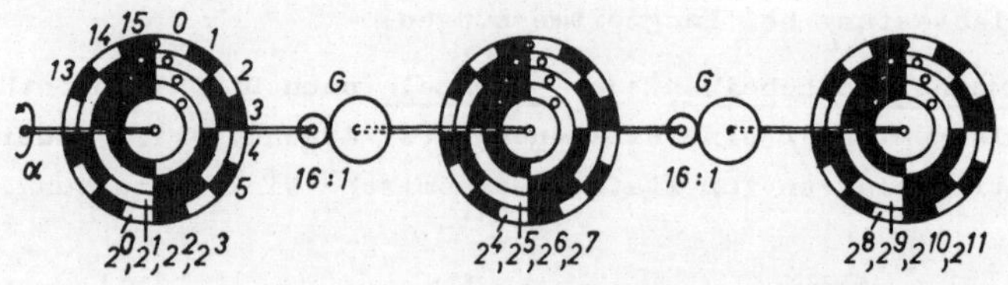

Bild 108 Prinzipaufbau eines dual-codierten Winkelcodierers mit sechzehnteiligen Codescheiben mit V-Abtastung für Meßbereiche von mehr als 360°
G Untersetzungsgetriebe 16 : 1

Für eine Vergrößerung der Winkelauflösung muß die Anzahl der Spuren auf der direkt angetriebenen Scheibe erhöht oder ein Vorsatzgetriebe verwendet werden. Treibt man nach Bild 108 weitere Codescheiben über Untersetzungsgetriebe an, so läßt sich der Winkelmeßbereich über 360° hinaus praktisch beliebig vergrößern. Mit Ausführungen für maximal 10^5 Umdrehungen erreicht man 10^6 Schritte. [15]

7.4. Drehzahl- und Winkelgeschwindigkeits-Aufnehmer

Drehzahlen (auch Umdrehungsfrequenz nach DIN 1301) im Drehzahlbereich von $n = 0$ bis $200\ s^{-1} = 0$ bis $12\ 000\ min^{-1}$ und langsame Drehzahlschwankungen werden elektrisch einfach mit Wechsel- oder Gleichspannungs-Generatoren (tachometer) mit der Spannung $U = c\ \Phi_E n$ beim Erregerfluß Φ_E bis $U_M = 220$ V und Leistungen von wenigen W mit linearer Kennlinie gemessen.

Tachogeneratoren mit Magnetfeldplatten in einer Widerstandsmeßbrücke, die durch die Wirbelströme in einer rotierenden Scheibe verstimmt wird, eignen sich zur Messung von Drehzahlen und schnellen Drehzahländerungen bei einer Empfindlichkeit von etwa $S_n = 10\ mV/(1000\ min^{-1})$.

Digitale inkrementale oder absolut codierte Drehwinkel-Aufnehmer (s. Abschn. 7.3) für die Drehzahlmessung haben oft im Aufnehmer integrierte elektronische Anpaßschaltungen und geben der Drehzahl proportionale digitale oder analoge Ausgangswerte.

Drehzahl-Aufnehmer mit Zahnscheibe und berührungsloser Induktionsspule oder Einfachdrossel als Meßfühler haben übliche Zähnezahlen von p = 1, 6, 60, 180, 200, 250 und 600. Für eine Mindestimpulsfrequenz von f_p = 10 Imp/s (für eine zitterfreie Anzeige) ergibt sich für die kleinste meßbare Drehzahl n_{min} die Mindestzahnzahl $p = 600/n_{min}$ für n_{min} in min^{-1}. Die obere Meßfrequenzgrenze f_{Mmax} einer Meßschaltung nach Bild 109a liegt für eine größte zu messende Drehzahl n_{max} bei $f_{Mmax} = p\, n_{max}/60$ in Imp/s.

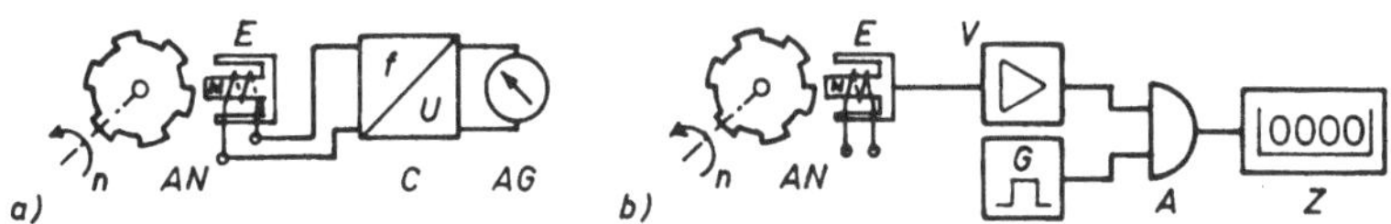

Bild 109 Prinzipschaltungen zur Drehzahlmessung mit inkrementalem Drehwinkel-Aufnehmer AN
a) frequenzanaloge Messung der Drehzahl n
b) digitale Drehzahl-Meßschaltung
E elektrodynamische Induktionsspule als Meßfühler,
C Frequenz-Spannungs-Umsetzer, AG Ausgabegerät,
V Verstärker, G Impulsgenerator für die Torzeit,
A Und-Glied, Z Zähler

Eine Drehzahl-Meßschaltung nach Bild 109b gibt bei der Zahnzahl p = 60 und der Torzeit t_T = 1 s im Zähler Z als Ausgabegerät die Drehzahl direkt in min^{-1} an. Die Anzeige ist prinzipiell (s. Abschn. 6.3) um $\pm$ 1 unsicher.

Drehzahldifferenzen oder Schlupfwerte können z.B. mit zwei Drehzahl-Aufnehmern entweder mit elektrischen Differenz- oder Quotientenschaltungen oder mit elektronischen Universalzählern ermittelt werden.

Winkelgeschwindigkeiten $\omega = d\alpha/dt$ lassen sich bei konstanten oder veränderlichen Meßwerten z.B. aus der registrierten Pulsfolgefrequenz von digitalen Drehwinkel-Aufnehmern (s. Abschn. 7.3.2) ermitteln. Für schnell veränderliche Winkelgeschwindigkeiten werden rotierende Mittelfrequenzgeneratoren (s. Abschn. 2.5.3) oder Tachogeneratoren mit Magnetfeldplatten mit linearer Kennlinie angewendet.

7.5. Schwingungsmessung

Relative Schwingungen werden mit Weg-Aufnehmern (s. Abschn. 7.2) gemessen, wobei die Verschiebung zwischen zwei definierten Bezugspunkten erfaßt wird. Bei Aufnehmern mit einem im Gehäuse federnd gelagerten Taststift muß die kritische Meßfrequenz beachtet werden, bei der die Tastspitze abzuheben beginnt.

Absolute Schwingungen werden mit Längsschwingungssystemen gemessen, wobei über die Schwingmasse auf die Erdoberfläche bezogen wird. Mit diesen seismischen Schwingungs-Aufnehmern können lineare Schwingwege, -geschwindigkeiten und -beschleunigungen ohne Festpunkt z.B. von Maschinenbauteilen, Gebäuden, Land-, Wasser- und Raumfahrzeugen und bei geophysikalischen Untersuchungen erfaßt werden (DIN 45661).

Aufbau und Wirkungsweise von absoluten Längsschwingungs-Aufnehmern. In einem Gehäuse G befindet sich nach Bild 110 ein mechanisches Längsschwingungssystem mit einem Freiheitsgrad, das mit Masse m, Federkonstante c und Dämpfungsfaktor δ ein federkrafterregtes System mit Relativdämpfung (zwischen Masse und Gehäuse) darstellt. [3]

Das mit dem Meßobjekt starr verbundene Aufnehmergehäuse G folgt der Meßobjektbewegung s(t) im Raum. Wird das Gehäuse mit der Beschleunigung $a = d^2s/dt^2$ beschleunigt, wird die einwirkende Kraft über die Feder c auf die Masse m übertragen, und diese führt infolge ihrer Trägheit eine andere Raumbewegung y(t) aus. Zwischen Gehäuse G und Schwingmasse m entsteht eine entgegengerichtete Relativbewegung $r = -(s - y) = y - s$, die z.B. mit einem induktiven Weg-Aufnehmer W nach Bild 110 gemessen werden kann. Die Schwingmasse m führt eine absolute Bewegung im Raum aus, und zwar

$$y = r + s \tag{194}$$

Bild 110
Seismischer Längsschwingungs-Aufnehmer
m Masse, δ Dämpfungsfaktor, c Federkonstante, F Kräfte
s Schwingweg des mit dem Meßobjekt verbundenen Gehäuses G im Raum,
y Schwingweg der Masse m im Raum,
r relativer Schwingweg zwischen Masse m und Gehäuse G,
W Weg-Aufnehmer, E Erdoberfläche

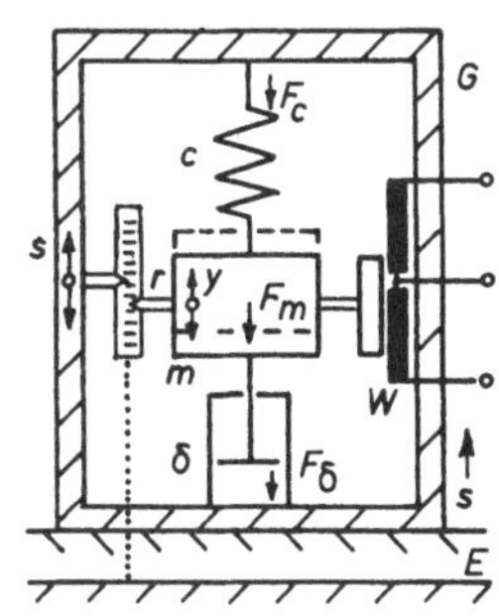

Der interessierende Zusammenhang zwischen der Massenrelativbewegung r und der Gehäusebeschleunigung $a = d^2s/dt^2$ läßt sich aus der Kraft-Gleichgewichtsbedingung $\Sigma F = 0$ ermitteln. Dies ergibt mit der Massenkraft $F_m = m\ d^2y/dt^2$, der geschwindigkeitsproportionalen Dämpfungskraft $F_\delta = \delta\ dr/dt$ und der Federkraft $F_c = c\ r$ die Schwingungsgleichung für das mechanische Längsschwingungssystem

$$m \frac{d^2(r + s)}{dt^2} + \delta \frac{dr}{dt} + c\ r = 0 \tag{195}$$

Diese stellt eine lineare, inhomogene Differentialgleichung zweiter Ordnung mit konstanten Koeffizienten dar. Nach Einsetzen der Kreiseigenfrequenz $\omega_0 = 2\pi f_0 = \sqrt{c/m}$ mit der Kennfrequenz f_0 und dem Dämpfungsgrad $D = \delta/(2\sqrt{m\ c}) = \delta/(2\ m\ \omega_0)$ folgt nach Umformung aus Gl. (195)

$$\frac{d^2r}{dt^2} + 2\ D\ \omega_0 \frac{dr}{dt} + \omega_0^{\ 2}\ r = - \frac{d^2s}{dt^2} = - a \tag{196}$$

Hieraus kann man für verschiedene Werte von c, m und D die

nachfolgenden drei verschiedenen Eigenschaften des Schwingungssystems näherungsweise ableiten.

Hochabgestimmtes System zur Beschleunigungsmessung. Enthält ein Schwingungssystem eine steife Feder (c groß), eine geringe Masse (ω_0 groß) und einen kleinen Dämpfungsgrad D, so ergibt sich aus Gl. (196) durch Überwiegen von ω_0^2 näherungsweise

$$a \approx - \omega_0^2 \; r \tag{197}$$

Mit diesem Schwingungssystem mit großer Eigenkreisfrequenz ω_0 kann somit über die Relativverschiebung r (zwischen Masse m und Gehäuse G) mit Weg-Meßfühlern die Gehäusebeschleunigung $a = d^2s/dt^2$ gemessen werden. Nach Umformung mit $\omega_0^2 = c/m$ erhält man die Beschleunigung in Abhängigkeit von der Federkraft F_c

$$a \approx - c\; r/m = F_c/m \tag{198}$$

Daraus erkennt man, daß die Beschleunigung a auch durch Messen der Federkraft F_c mit Kraft-Meßfühlern erfaßt werden kann.

Stark gedämpftes System zur Geschwindigkeitsmessung. Hat ein Schwingungssystem eine weiche Feder (c klein), eine geringe Masse (ω_0 groß) und einen sehr großen Dämpfungsgrad D, ergibt sich aus Gl. (196) durch Überwiegen des Dämpfungsgrads D näherungsweise $d^2s/dt^2 \approx - 2\, D\, \omega_0\; dr/dt$. Nach Integration gilt für die Geschwindigkeit

$$ds/dt = v \approx - 2\, D\, \omega_0\; r \tag{199}$$

Dieses stark gedämpfte System ist geschwindigkeitsempfindlich; über die Relativverschiebung r kann die Gehäusegeschwindigkeit v gemessen werden.

Tiefabgestimmtes System zur Wegmessung. Hat ein Schwingungssystem eine weiche Feder (c klein), eine große Masse (ω_0 sehr klein) und einen kleinen Dämpfungsgrad D, ergibt sich aus Gl. (196) durch Überwiegen des Gliedes d^2r/dt^2 näherungsweise $d^2s/dt^2 \approx d^2r/dt^2$.

Nach zweimaliger Integration gilt für den Weg

$$s \approx - r \tag{200}$$

Mit dem Schwingungssystem mit kleiner Eigenkreisfrequenz ω_0 kann über die Relativverschiebung r mit Weg-Meßfühlern die Gehäuseverschiebung und somit der Weg s gemessen werden. Die große Masse bleibt praktisch im Raum stehen und bildet so einen künstlichen Bezugspunkt.

Amplituden-Frequenzabhängigkeit. Für eine sinusförmige Bewegung des Gehäuses $s(t) = \hat{s} \sin(\omega t)$ und eine um φ verzögerte Relativbewegung $r(t) = \hat{r} \sin(\omega t - \varphi)$ ergeben sich als Lösung aus der Differentialgleichung des Schwingungssystems mit der normierten Frequenz (Frequenzverhältnis) $\eta = \omega/\omega_0$ für den interessierenden frequenzabhängigen Zusammenhang zwischen der Relativbewegungsamplitude $\hat{r}$ und der Gehäusebeschleunigungsamplitude $\hat{a}$

$$\hat{r} = \hat{a}/\left[\omega_0^2 \sqrt{(1 - \eta^2)^2 + (2\,D\,\eta)^2}\,\right] \tag{201}$$

und für den Phasenverschiebungswinkel

$$\varphi = \arctan\left[2\,D\,\eta/(1 - \eta^2)\right] \tag{202}$$

Zur Veranschaulichung des Ergebnisses von Gl. (201) sind in Bild 111 die normierten Amplitudenkurven des Frequenzganges, der Amplitudengang, dargestellt. Über der normierten Kreisfrequenz $\eta = \omega/\omega_0$ sind für die Aufnehmer-Schwingbeschleunigung a der Amplitudenfaktor $A_a = \hat{r}/(\hat{a}/\omega_0^2)$, für die Schwinggeschwindigkeit $A_v = A_a\eta$ und für den Schwingweg $A_s = A_v\eta$ für verschiedene Dämpfungsgrade D aufgetragen.

Für beschleunigungs- und wegempfindliche Schwingungs-Aufnehmer ist bei dem maximalen Anzeigefehler $F = \pm 1{,}5\ \%$ vom Sollwert der ausnutzbare Meßfrequenzbereich bei dem optimalen Dämpfungsgrad $D = 0{,}65$ am größten. Bei diesen Werten für Dämpfung und Fehler kann ein Beschleunigungs-Aufnehmer bis zu Meßfrequenzen $f_M \leq 0{,}62\ f_0$ im eingezeichneten Bereich a in Bild 111 und ein Schwingweg-Aufnehmer für Meßfrequenzen $f_M \geqq 1{,}65\ f_0$ im Bereich s in Bild 111 verwendet werden.

Der Amplitudengang A_v hat für geschwindigkeitsempfindliche Schwingungssysteme, die im Resonanzbereich $\omega_M \approx \omega_0$ mit ausreichend großem Dämpfungsgrad D betrieben werden, nach Bild 111 eine zu große Abhängigkeit vom Dämpfungsgrad D, so daß diese Systeme für die Praxis nicht geeignet sind.

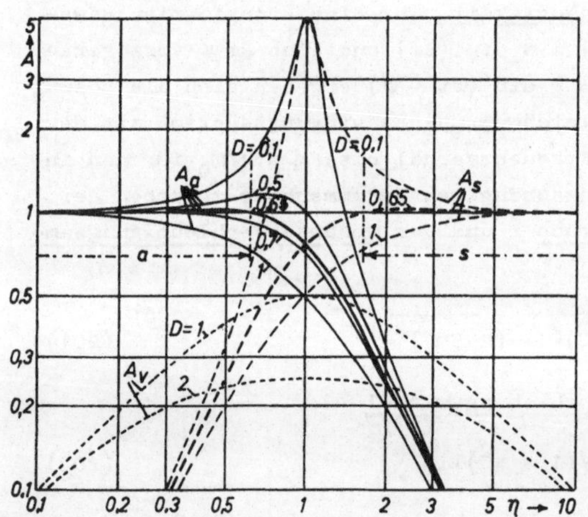

Bild 111 Schwingungs-Aufnehmer-Amplitudengang A_a Beschleunigungs-, A_v Geschwindigkeit-, A_s Schwingweg-Amplitudenfaktor η normierte Kreisfrequenz, D Dämpfungsgrad a Meßfrequenzbereich für Beschleunigungs- und s für Schwingweg-Aufnehmer

Bei der Verwendung von Schwingungs-Aufnehmern ist auf den Phasenverschiebungswinkel φ gemäß Gl. (202) bzw. auf die Phasenlaufzeit $t = \varphi/\omega$ zwischen Gehäuse- und Relativbewegung zu achten.

Schwingungs-Aufnehmer-Ausführung. Schwingweg-Aufnehmer (vibration transducer) in der in Bild 112a prinzipiell dargestellten Ausführung enthalten Schwingungssysteme mit kleinen Eigenfrequenzen und den Weg-Meßfühler W mit folgenden Nenndaten: Schwingmassen m = 500 g bis 20 g und gesamte Aufnehmermassen m_g = 12 kg bis 1 kg, Eigenfrequenzen f_0 = 0,5 Hz bis 10 Hz, Meßfrequenzbereiche $f_{Mmin} = 1{,}65\ f_0$ bis f_{Mmax} = 1 kHz,

Weg-Meßbereichendwerte $s_M = \pm$ (25 mm bis 1 mm), die Empfindlichkeiten ergeben z.B. 50 mV je V Brückenspeisespannung für den Meßweg-Endwert. In USA wird als Einheit für den Schwingweg auch mil = (1/1000) inch verwendet.

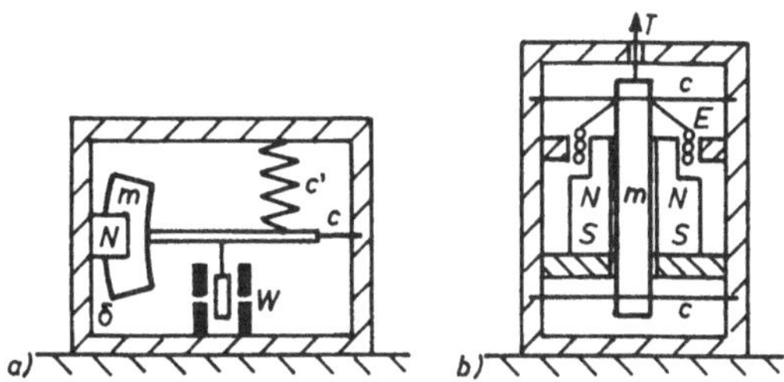

Bild 112 Absolute Schwingweg- und Schwinggeschwindigkeits-Aufnehmer mit Schwingmasse m, Federkonstante c und Dämpfungsfaktor δ

a) Schwingweg-Aufnehmer mit passivem induktivem relativem Weg-Meßfühler W, c' Kompensationsfeder für das Erdschwerefeld, Dämpfung δ durch bewegte Metallplattenmasse m im Dauermagnetfeld N

b) Schwinggeschwindigkeits-Aufnehmer mit dem aktiven elektrodynamischen Induktions-Meßfühler E mit Dauermagnet N-S

Schwinggeschwindigkeits-Aufnehmer (velocity transducer) enthalten nach Bild 112b einen aktiven elektrodynamischen Induktions-Meßfühler (Tauchspule im Magnetfeld) E, mit einer der Schwinggeschwindigkeit v proportionalen Ausgangsspannung (s. Abschn. 2.5). Mit dem Aufnehmer können mit der Tastspitze T auch relative Schwinggeschwindigkeiten mit kleinen Meßfrequenzen gemessen werden.

Die Schwingungssystem-Kennwerte ähneln denen von Schwingweg-Aufnehmern, die Empfindlichkeit beträgt maximal $S_v = u / v =$ 1 V/(cm/s). Als Beurteilungsmaßstab für mechanische Schwingungen ist die Schwingstärke als größter Effektivwert der Schwinggeschwindigkeit an Maschinen (VDI 2056) definiert.

Beschleunigungs-Aufnehmer (accelerometer) gibt es serienmäßig in sehr vielen Varianten für kleinste Beschleunigungs-Endwerte z.B. 10^{-6} g bei der Trägheitsnavigation sowie für Messungen an Fahrzeugen und Maschinen bis zu größten Meßwerten, z.B. 10^{5} g bei Explosionsvorgängen.

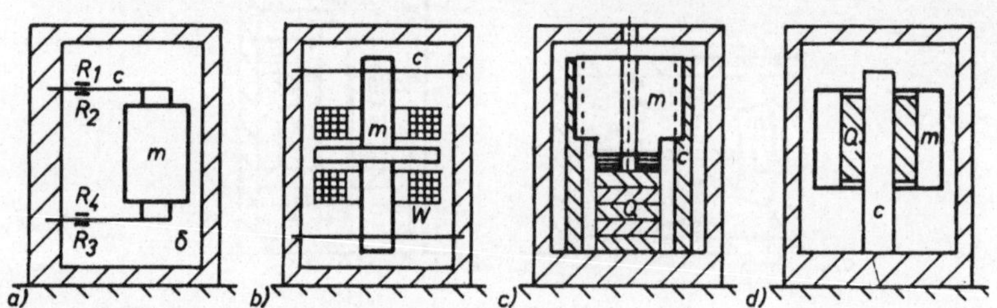

Bild 113 Beschleunigungs-Aufnehmer mit Schwingmasse m, Federkonstante c und Dämpfungsfaktor δ

a) Dehnungsmeßstreifen R_1 bis R_4 als passive Weg-Meßfühler (oder auch hochempfindliche piezoresistive passive Meßfühler)

b) passiver induktiver Weg-Meßfühler W

c) und d) aktiver piezoelektrischer Kraft-Meßfühler Q in Grund-Kompressions-Konstruktion (c) und in Schub-Konstruktion mit Scherplatten in Grundriß-Dreieckanordnung (d)

Beschleunigungs-Aufnehmer enthalten Längsschwingungssysteme nach Bild 110 mit großen Eigenfrequenzen, meist mit Silikonöl gedämpft, entweder mit passivem Widerstands- oder induktivem Weg-Meßfühler nach Bild 113a und b (s. Abschn. 2.2, 2.3 und 7.1) oder mit aktivem piezoelektrischem Kraft-Meßfühler Q nach Bild 113c und d (s. Abschn. 2.6).

Die Aufnehmer-Nenndaten liegen etwa in folgenden Bereichen: Beschleunigungs-Meßbereichendwert $a_M = 10^{-6}$ g bis 10^{+5} g (mit der Normalerdbeschleunigung $g = 9{,}80665\ m/s^2$ nach DIN 1305), Gesamtmasse des Aufnehmers m_g = 50 g bis 0,2 g, Eigenfrequenz f_0 = 15 Hz bis 100 kHz, Meßfrequenzbereiche von Aufnehmern mit

Widerstandsmeßfühlern ab 0 Hz bzw. mit piezoelektrischem Meßfühler ab f_M = 0,1 Hz bis f_{Mmax} = 0,62 f_0, Betriebstemperatur ϑ = - 75 °C bis 400 °C. Die Empfindlichkeit $S_a = u_\beta / a_M$ der Aufnehmer ergibt für den Meßbeschleunigungs-Endwert a_M mit passiven Widerstands-Meßfühlern Ausgangsspannungen $\hat{u}_\beta$ = 1 mV bis 50 mV, mit passiven induktiven Meßfühlern $\hat{u}_\beta$ = 0,1 mV bis 1 mV (je V Brückenspeisespannung) und mit aktiven piezoelektrischen Meßfühlern Ladungswerte $\hat{q}$ = 5 nC bis 50 nC bzw. Ausgangsspannungen $\hat{u}_\beta$ = 5 V.

Mit elektrischen Differentiations- und Integrationsschaltungen (s. Abschn. 4.1.3) können die Schwingmeßgrößen vom Weg s über die Geschwindigkeit v zur Beschleunigung a und umgekehrt sowie zum Ruck da/dt (Differentialquotient der Beschleunigung nach der Zeit) umgewandelt werden. In der Praxis wird die Integration ausgehend von der Beschleunigungsmessung bevorzugt, wobei hohe Störfrequenzen unterdrückt werden.

7.6. Drehschwingungs- und Drehbeschleunigungs-Aufnehmer

Entsprechend den für mechanische Längsschwingungssysteme beschriebenen Eigenschaften (s. Abschn. 7.5) werden bei Drehbewegungen mechanische Drehschwingungssysteme zur Messung von absoluten Drehschwingungswinkeln α, Drehschwinggeschwindigkeiten ω und Drehbeschleunigungen (torsional accelaration) $\dot{\omega} = d\omega/dt$, eventuell unter Einschaltung elektrischer Differentiations- oder Integrationsschaltungen verwendet. [12]

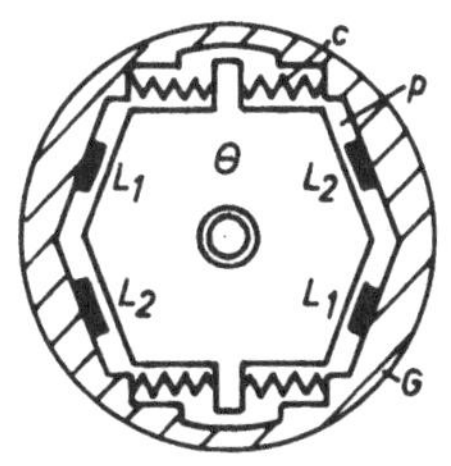

Bild 114
Drehschwingwinkel-Aufnehmer mit Drehschwingungssystem und Differentialdrosseln L_1, L_2 im Gehäuse G
Θ Massenträgheitsmoment, c Federkonstante, p Drehdämpfungsfaktor

Drehschwingwinkel-Aufnehmer nach Bild 114 mit tief abgestimmten Schwingungssystem haben Winkel-Meßbereichendwerte von $\alpha_M = \pm (2^\circ \text{ bis } 5^\circ)$, die Eigenfrequenzen liegen im Bereich von $f_0 = 3$ Hz bis 5 Hz, die Meßfrequenzen im Bereich $f_M = 10$ Hz bis 2 kHz. Die Empfindlichkeit S_α der Aufnehmer ergibt für die Meßschwingwinkel-Endwerte α_M bei passiven induktiven Differentialdrosseln L_1 und L_2 als Meßfühler eine Meßschaltungs-Ausgangsspannung $U_\beta \approx 50$ mV je V Speisespannung und bei kapazitiven Meßfühlern eine Kapazitätsänderung von etwa $\Delta C = 0{,}5$ pF.

<u>Drehbeschleunigungs-Aufnehmer</u> haben hochabgestimmte Schwingungssysteme mit Meßbereichendwerten $\dot{\omega} = 10$ rad/s^2 bis 100 rad/s^2, die Eigenfrequenzen liegen im Bereich $f_0 = 50$ Hz bis 500 Hz, der Meßfrequenzbereich reicht von 0 bis $f_{Mmax} = 0{,}62\, f_0$. Die Empfindlichkeit $S_{\dot{\omega}}$ der Aufnehmer ergibt bei induktiven Meßfühlern für die Drehbeschleunigungs-Meßendwerte eine Ausgangsspannung $U_\beta \approx 3$ mV je V Speisespannung.

7.7. Kraftmessung

Kräfte werden über die Deformation (Durchbiegung oder Dehnung) von <u>Meßfederelementen</u> gemessen. In Bild 115 sind die wichtigsten Meßfederprinzipien dargestellt. [13]

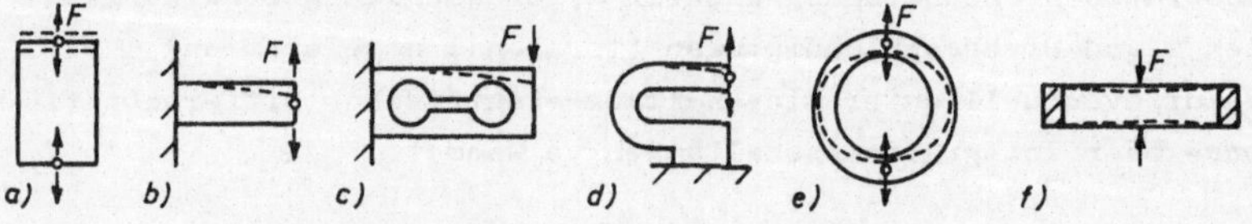

Bild 115 Meßfederelemente für Kraft-Aufnehmer
a) Hohl- oder Vollzylinder, b) einseitig eingespannter Biegebalken, c) Doppelbiegebalken, d) Federbügel, e) Ringfeder, f) Doppelmembran

Die Verformung in Kraft-Aufnehmern wird mit passiven Feindrahtpotentiometern, Dehnungsmeßstreifen, Schwingsaiten, induktiven oder kapazitiven Meßfühlern oder mit aktiven piezoelektrischen Meßfühlern (mit deren typischen Ausgangswerten) gemessen. Bild 116 zeigt Beispiele für Ausführungen von Zug- und Druckkraft-Aufnehmern (tensile-compressive load transducer) mit verschiedenen Meßfühlerprinzipien.

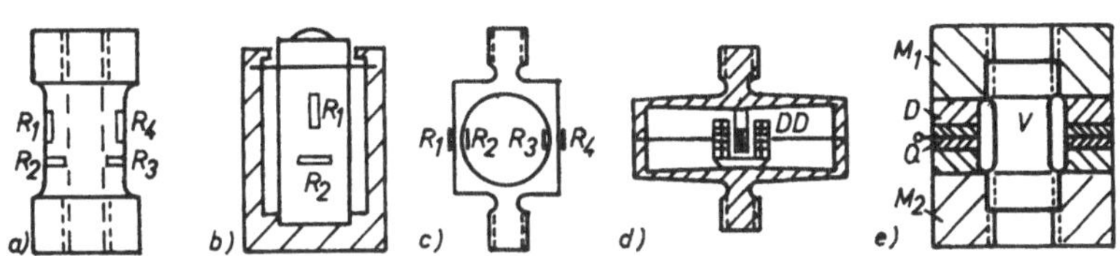

Bild 116 Kraft-Aufnehmer

a) Hohlzylinder-Zug- und Druckkraft-Aufnehmer mit Dehnungsmeßstreifen R_1 bis R_4, b) Vollzylinder-Druckkraft-Aufnehmer mit Dehnungsmeßstreifen R_1, R_2, c) Ringkraft-Aufnehmer mit Dehnungsmeßstreifen R_1 bis R_4, d) Doppelmembran-Zug- und Druckkraft-Aufnehmer mit Differentialdrossel DD, e) Zug- und Druckkraft-Aufnehmer mit Vorspanndehnbolzen V und Druckkraft-Meßscheibe D mit zwei piezoelektrischen Meßfühlerscheiben Q zwischen den Muttern M_1 und M_2

Kraft-Aufnehmer (force transducer) mit Dehnungsmeßstreifen R_1 bis R_4 als passive ohmsche Meßfühler nach Bild 116a bis c enthalten in der Brückenmeßschaltung zusätzlich noch Kompensationswiderstände für die Nullpunkts- und Empfindlichkeitskonstanz, sowie für die Linearität und für den Nennwiderstandsabgleich, insgesamt z.B. 19 Widerstände.

Kraft-Aufnehmer mit passiven induktiven Meßfühlern, z.B. mit Differentialdrosseln nach Bild 116d, haben beim Meßkraftendwert meist den Meßweg s_M = 0,1 mm bis 0,3 mm.

In piezoelektrischen Zug- und Druckkraft-Aufnehmern nach Bild 116e ist die Druckkraft-Meßscheibe D mit zwei elektrisch gegeneinander geschalteten piezoelektrischen Meßfühlerscheiben Q (s. Abschn. 2.6) über den Vorspanndehnbolzen V mit den Muttern

M_1 und M_2 von außen vorgespannt. Zugkräfte können somit über die Vermińderung der Vorspannkraft gemessen werden. Die Druckkraft-Meßscheibe D wird auch in reinen Druckkraft-Aufnehmern oder in anderen Kraftmeßanordnungen verwendet.

Zug- oder Druckkraft-Aufnehmer mit magnetoelastischen Meßfühlern, in denen die Permeabilität μ von ferromagnetischen Stoffen durch eine mechanische Beanspruchung verändert wird, haben einen verhältnismäßig großen relativen Linearitätsfehler bis zu $F_{lin} \leqq \pm 1,5$ %.

Kraft-Aufnehmer mit Kraftmeßbereich-Endwerten F_M = 50 mN bis 200 kN für Zug- und Druckkraft-Aufnehmer und F_{Mmax} = 20 MN für reine Druckkraft-Aufnehmer nach Bild 116 müssen in den Kraftfluß einer Konstruktion geschaltet werden, wodurch sich unter Umständen bei der Aufnehmersteifigkeit von z.B. 1000 N/ m die Steifigkeit und somit das Schwingungsverhalten von Konstruktionsteilen verändern können. Gegebenenfalls lassen sich Kräfte auch ohne Eingriffe in die Konstruktion über die elastischen Verformungen von Konstruktions-Bauteilen mit Dehnungsmeßstreifen messen. Kraft-Aufnehmer werden auch serienmäßig mit integrierten Meßverstärkern hergestellt. Die Aufnehmer-Eigenfrequenzen liegen im Bereich f_0 = 1 kHz bis 100 kHz, die Meßfrequenzen bei passiven Meßfühlern f_M = 0 bis 5 kHz und bei aktiven Meßfühlern f_M = 2 Hz bis 80 kHz.

Die Nennempfindlichkeit S_F der Kraft-Aufnehmer bezogen auf den Meßkraftendwert F_M (bei passiven Meßfühlern je V Speisespannung) ist bei passiven Widerstandsmeßfühlern S_F = 5 mV/(F_M V) und mit Halbleiter-Dehnungsmeßstreifen S_F = 100 mV/(F_M V); mit passiven induktiven Meßfühlern ist S_F = 1 mV/(F_M V) bis 80 mV/(F_M V) und mit aktiven piezoelektrischen Meßfühlern maximal S_F = 100 nC/F_M oder bezogen auf 1 N z.B. S_F = 50 pC/N.

Präzisions-Kraft-Aufnehmer haben Güteklassen von 0,1 bis 0,05. Die größte gewichtsbelastete Kraft-Normalmeßeinrichtung zum Kalibrieren von Kraftmeßgeräten hat z.Zt. die maximale Meßkraft F_{max} = 16,5 MN bei der relativen Meßunsicherheit F_F = 10^{-2} % = 10^{-4}.

7.8. Flüssigkeits- und Gasdruckmessung

Mit Druck-Aufnehmern (pressure transducer) werden Absolut- oder Überdruck-Flüssigkeits- und Gasdrücke über die Durchbiegung bzw. elastische Dehnung von Meßmembranen oder Hohlzylindern gemessen. Differenzdruck-Aufnehmer (differential presure transducer), z.B. für Strömungsgeschwindigkeitsmessungen, haben auf beiden Seiten von Meßmembranen abgeschlossene Druckkammern.

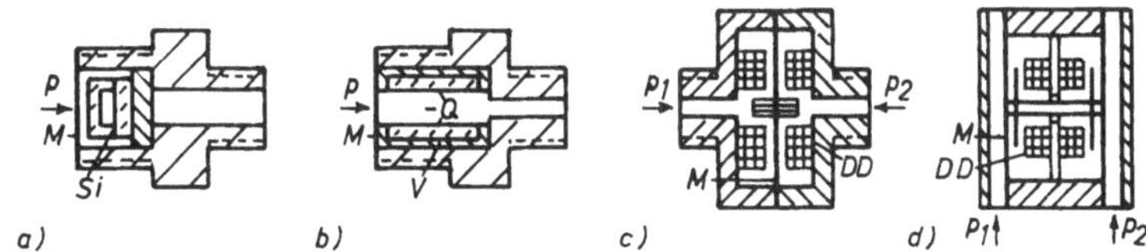

Bild 117 Membran-Flüssigkeits- oder Gasdruck-Aufnehmer in verschiedenen Ausführungen mit den Meßmembranen M für die Meßdrücke p

a) Absolutdruck-Aufnehmer mit einem piezoresistiven Siliziummeßfühler Si

b) Überdruck-Aufnehmer mit piezoelektrischem Transversal-Quarzsäulen-Meßfühler Q und Vorspannhülse V

c) Differenzdruck-Aufnehmer mit induktiven Längsanker-Differentialdrosseln DD

d) Doppelmembran-Differenzdruck-Aufnehmer mit induktiven Queranker-Differentialdrosseln DD

Bei serienmäßigen Membrandruck-Aufnehmern werden die vielfältigsten Meßfühlerprinzipien, und zwar passive Widerstands-Meßfühler (Dehnungsmeßstreifen, Dehndrähte, piezoresistive Meßfühler, s. Abschn. 7.1.1), induktive (Differentialdrossel und Differentialtransformator, s. Abschn. 2.3), kapazitive (s. Abschn. 2.4), Schwingsaiten (s. Abschn. 7.1.4) oder aktive piezoelektrische Meßfühler (s. Abschn. 2.6) oder solche mit einem Kraftkompensationssystem (s. Abschn. 3.2.3) mit deren typischen Empfindlichkeiten verwendet.

Membranabsolutdruck-Aufnehmer mit passivem piezoresistivem Meßfühler nach Bild 117a enthalten Vollbrückenwiderstände auf einer Silizium-Membran Si mit eindiffundierten P-Regionen. Von der Meßmembran M wird der Meßdruck p über Öl zur Si-Membran übertragen.

Membranüberdruck-Aufnehmer mit aktivem piezoelektrischem Transversalmeßfühler, z.B. nach Bild 117b mit drei Quarzsäulen Q mit dem Transversal-Piezoeffekt, die mit einer Vorspannhülse V vorgespannt sind, geben die negative Ladung Q ab und ermöglichen auch die Messung von Unterdrücken.

Differenzdruck-Aufnehmer für die Meßdrücke p_1 und p_2 enthalten z.B. nach Bild 117c und d entweder Einfach- oder Doppelmembranen mit Längsanker- oder Queranker-Differentialdrosseln DD als induktiver Meßfühler und messen $\Delta p = p_1 - p_2$.

Druck-Meßbereichendwerte sind für Überdruck-Aufnehmer p_M = 2 mbar bis 7500 bar und für Differenzdruck-Aufnehmer p_{Mmax} = ± 35 bar mit der Einheit 1 bar = 10^5 Pa = 10^5 N/m^2. Die Eigenfrequenzen liegen im Bereich f_0 = 100 Hz bis 800 kHz, die Meßfrequenzen bis maximal f_{Mmax} = 350 kHz, die zulässigen Temperaturen ϑ = - 200 °C bis 350 °C bzw. 1800 °C bei Wasserkühlung. Kapazitive Meßfühler ergeben maximal 1 pF bis 20 pF Kapazitätsänderung für den Meßdruckendwert.

Druckempfindliche Transistoren als Druckmeßfühler mit Meßdruckendwerten im Bereich p_M = 10 mbar bis 1 bar haben im Arbeitsbereich eine etwa lineare Kennlinie für die Kollektor-Emitter-Spannung U_{CE} in Abhängigkeit vom Meßdruck p.

Für Vakuummessungen verwendet man besondere Absolutdruck-Meßverfahren für besonders kleine Meßdruckendwerte im Bereich von etwa p_M = 100 Pa bis 10^{-10} Pa.

7.9. Drehmoment- und Leistungsmessung

Drehmomente werden hauptsächlich über die bei der Torsion auftretende Torsionsdehnung ε auf der Oberfläche von Maschinenwellen oder von besonderen Meßwellen in Drehmoment-Aufnehmern mit Dehnungsmeßstreifen oder eventuell mit Hilfe des relativen Torsionswinekls zweier benachbarter Wellenquerschnitte gemessen.

Für einen Hohlzylinder mit dem Außen- und Innendurchmesser d_a und d_i und dem Schubmodul G = 0,385 E, dem Elastizitätsmodul E des Zylinderwerkstoffs, z.B. für Stahl $E = 20{,}6 \cdot 10^4\ N/mm^2$ ergibt sich aus der Festigkeitslehre für das Drehmoment M die <u>Torsionsdehnung</u>

$$\varepsilon = 8\ M\ d_a\ \sin(2\alpha) / \left[\pi(d_a^4 - d_i^4)G\right] \qquad (203)$$

auf der Zylinderoberfläche unter dem Winkel α zur Zylinderlängsachse. Die maximale Dehnung gilt für $\alpha = 45^\circ$ mit $\sin 2\alpha = \sin 90^\circ = 1$.

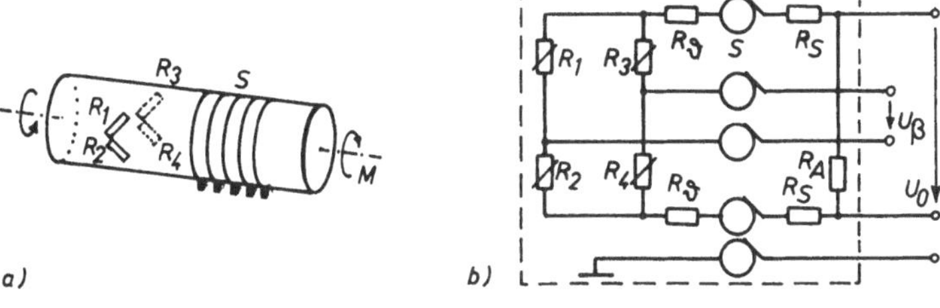

Bild 118 Drehmoment-Aufnehmer zur Drehmomentmessung über Schleifringe S mit der Anordnung der Dehnungsmeßstreifen R_1 bis R_4 auf der Meßwellenoberfläche (a) und ihrer Verteilung in der Meßbrücke (b) mit Widerständen für Temperaturkompensation R_ϑ, Empfindlichkeitsabgleich R_S und Nennwiderstandsabgleich R_A

In <u>Drehmoment-Aufnehmern</u> (torque transducer) werden vier Dehnungsmeßstreifen R_1 bis R_4 zur Messung der Oberflächendehnung ε nach Gl. (203) auf der Meßwelle nach Bild 118a angeordnet und in einer Vollbrücke mit Ergänzungswiderständen nach Bild 118b verteilt. Die Meßbrücken-Speisespannung U_0 und Ausgangsspannung U_β können entweder über Schleifringe (slip ring) oder kontaktlos (non-contacting) zu- oder abgeleitet werden.

Beim <u>kontaktlosen</u> <u>frequenzanalogen</u> Frequenzmodulations-Drehmomentmeßverfahren enthält der Drehmoment-Aufnehmer nach Bild 119 eine Dehnungsmeßstreifen-Vollbrücke B, die aus einer Gleichstromquelle über den Wechselrichter W und über die induktiv verketteten ruhenden und drehenden Wicklungen T transformatorisch und über den Gleichrichter G mit Stabilisator mit Gleichspannung gespeist wird.

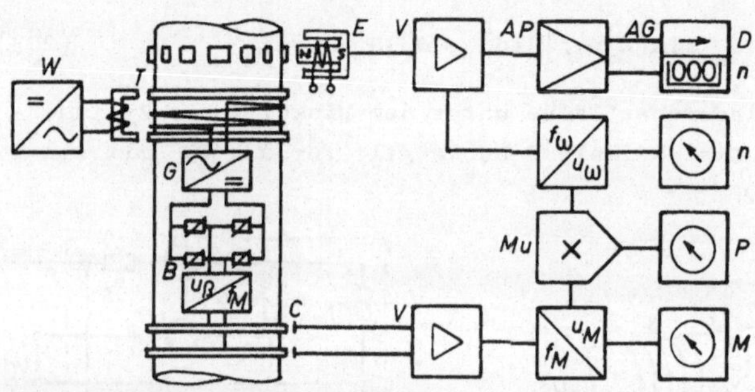

Bild 119 Frequenzanaloge Meßanlage für Drehrichtung D, Drehzahl n, Drehmoment M und Drehleistung P
E Elektrodynamischer Drehzahl-Induktions-Aufnehmer, V Verstärker, AP Anpaßschaltung, AG Ausgabegeräte, W Wechselrichter, T **Drehtransformator**, G Gleichrichter, B Dehnungsmeßstreifen-Vollbrücke, u/f Spannungs-Frequenz- und f/u Frequenz-Spannungs-Umsetzer, C Kopplungskapazität, Mu Multiplizierer

Die <u>Brückendiagonal-Ausgangsspannung</u> u_β wird in einem Spannungs-Frequenz-Umsetzer u_β/f_M oder die Brückenwiderstandsänderungen ΔR werden in einem NF-FM-Oszillator nach Abschn.3.6.3 in eine drehmomentproportionale Ausgangsfrequenz f_M umgesetzt. Die frequenzmodulierte Meßsignalspannung mit Frequenzen z.B. zwischen 5 kHz und 15 kHz mit der Mittenfrequenz 10 kHz wird mit kapazitiv gekoppelten Ringelektroden C (oder mit induktiv gekoppelten Dreh-Transformator-Wicklungen) für Umdrehungsfrequenzen von maximal $n = 1000\ s^{-1}$ von der drehenden Welle zum ruhenden Verstärker V und Frequenz-Spannungs-Umsetzer f_M/u_M geführt, der eine meßwertproportionale eingeprägte Ausgangsspannung $\hat{u}_M = \pm 1$ V oder ± 10 V oder den eingeprägten Ausgangsstrom $\hat{i}_M = \pm 20$ mA mit der Meßgrenzfrequenz von z.B. $f_M = 1600$ Hz liefert. Die Ergänzung dieses frequenzanalogen Drehmomentverfahrens durch einen Sender und Empfänger ergibt eine Meßwert-Nahübertragungsanlage für die berührungslose Meßwertübertragung über Entfernungen von 1 cm bis 100 cm (s. Abschn. 3.6.3).

Drehmoment-Aufnehmer haben Meßbereich-Endwerte $M_M = 10$ Nm bis 50 kNm, Eigenfrequenzen von maximal $f_0 = 8$ kHz und Meßfrequenzen im Bereich $f_M = 0$ bis 2 kHz. Die Empfindlichkeit liegt bei $S_M = (1\ \text{mV bis } 100\ \text{mV})/(M_M V)$.

Zur gleichzeitigen Drehzahlmessung enthalten Drehmoment-Aufnehmer meist nach Bild 119 auch Drehzahl-Aufnehmer, z.B. mit Zahnrad und einem aktiven elektrodynamischen Induktionsmeßfühler (s. Abschn. 7.3.2) mit je Umdrehung 30 um $\pi/2$ gegeneinander phasenverschobenen Impulsen.

Zur Ermittlung der mechanischen Leistung $P = M\omega$ werden nach Bild 119 dem Drehmoment M und der Drehzahl n bzw. der Umdrehungs-Winkelgeschwindigkeit $\omega = \pi n/30$ proportionale elektrische Ströme oder Spannungen $u_M \sim M$ und $u_\omega \sim \omega$ mit einem elektronischen Multiplizierer Mu miteinander multipliziert.

Eine einfache Leistungsmeßschaltung ergibt sich, wenn die Vollbrücke des Drehmoment-Aufnehmers in Bild 118b mit einer winkelgeschwindigkeitsproportionalen Spannung $u_\omega = U_0$ gespeist wird. Dann ist die Ausgangsspannung u_β der mechanischen Leistung P proportional

$$u_\beta = (\Delta R/R)U_0 \sim M\omega = P \tag{204}$$

Eine Drehleistungs-Meßeinrichtung kann mit statischen Drehmomenten M und drehzahlproportionalen Spannungen u_ω statisch kalibriert werden.

7.10. Zeitmessung

Für die elektronische Zeitmessung werden Quarz- und Atomuhren verwendet. In kleinen Quarzuhren mit Batteriespeisung und elektronischer Anzeige nach Bild 120 wird im Oszillator G mit dem Schwingquarz Q (z.B. als Stab-Biegeschwinger) eine Normalfrequenz von $f_n = 2^{15}$ Hz = 32 768 Hz erzeugt. Diese Frequenz, die über den Frequenzteiler f_n/f_t auf $f_t = 64$ Hz herabgesetzt wird, steuert über die Treiberstufe T mit weiterer Reduzierung der Frequenz auf $f_1 = 1$ Hz die meist siebenstellige Leuchtdioden(LED)- oder Flüssigkristall(LCD)-Anzeige DAG.

Bild 120 Prinzipschaltung einer Quarzuhr mit Schwingquarz Q
G Normalfrequenz-Oszillator, f_n/f_t Frequenzteiler,
T Impulsformer und Treiberstufen, DAG Ausgabe

Quarz-Großuhren verwenden eine Oszillator-Normalfrequenz $f_n = 2^{22}$ Hz = 4,194304 MHz, die über den Frequenzteiler auf $f_1 = 1$ s herabgesetzt wird.

Für die Steuerung von öffentlichen Normalzeituhren sendet die Physikalisch-Technische Bundesanstalt PTB in Braunschweig über den Langwellensender DCF 77 mit der Trägerfrequenz f_{tr} = 77,5 kHz mit einer relativen Unsicherheit $F_f < 10^{-13}$ im Dauerbetrieb Zeitsignale in kodierter Form (mit Cs-133-Atomnormal).

Zeitintervalle t_x von Kontakteinschaltzeiten, Periodendauern, Impulslängen oder Impulsabständen können mit elektronischen Universalzählern gemessen werden. Die Grundschaltung einer elektronischen Zeitintervallmessung mit Zählung von z Zählimpulsen der Zeitbasis-Normalfrequenz f_n in der Meßzeit t_x ist in Bild 121 dargestellt. Während der Meßzeit t_x wird über die durch t_x gesteuerte Flip-Flop-Kippschaltung das Tor T geöffnet, und $z = t_x\ f_n$ Zählimpulse der Zeitbasis-Normalfrequenz f_n vom Generator G laufen in den digitalen Ausgabezähler Z ein. Die

Meßzeit $t_x = z/f_n$ wird im Zeitmaßstab angezeigt. Mit der Normalfrequenz $f_n = 10^6$ Hz ergibt sich z.B. mit dem Zählwert z = 7654321 die Meßzeit $t_x = 7654321/10^6\ s^{-1} = 7{,}654321$ s.

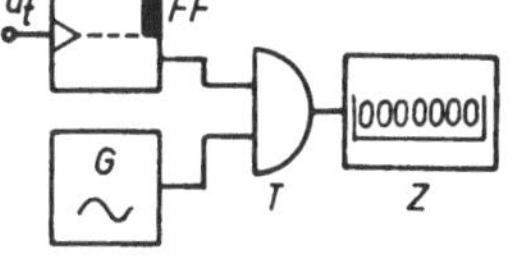

Bild 121
Prinzipschaltung einer elektronischen Zeitintervallmessung
u_t Meßsignal mit der Meßzeit t_x, FF Flip-Flop, G Zeitbasis-Normalfrequenzgenerator, T UND-Glied als Tor, Z Ausgabe-Zähler

Die relative Zeitauflösung $Q_t = 1/z = 1/(t_x f_n)$ wird besser für größere Zeitbasis-Normalfrequenzen f_n, die in der Praxis meist bei $f_n = 1$ MHz oder 10 MHz liegen.

<u>Beispiel 14: Vergleich von Fehler und Auflösung von Zeitmeßgeräten.</u> Es soll der relative Fehler F_t mit der relativen Auflösung Q_t an Hand der in Tafel 18 zusammengestellten Werte für verschiedene Zeitmeßgeräte verglichen werden.

Wenn man mit einer mechanischen Armbanduhr mit dem relativen Fehler $F_t = t_F/t_M = 10^{-4}$ die Zeitdauer eines Tages mit t_M = 86 400 s mit der absoluten Auflösung $t_Q = 1$ s entsprechend der relativen Auflösung $Q_t = t_Q/t_M \approx 10^{-5}$ mißt, erhält man als Vergleichsergebnis $F_t \approx 10\ Q_t$. Bei diesem großen relativen Fehler F_t gegenüber der großen relativen Auflösung Q_t wird die Messung mit dem absoluten Zeitfehler $t_F \approx 10$ s sehr ungenau, die Meßmethode ist unwirtschaftlich ausgelegt.

Für eine Stoppuhr mit relativem Fehler $F_t = 10^{-4}$ und absoluter Auflösung $t_Q = 0{,}01$ s sind in Tafel 18 zwei verschiedene Meßzeiten t_M angenommen. Für $t_M = 100$ s ergibt sich als Vergleichsergebnis $F_t = Q_t$. Dies ist für Vergleichsmessungen eventuell, für absolute Messungen, z.B. bei Rekordmessungen im Sport, aber kaum brauchbar. Für die Meßzeit $t_M = 10$ s beschreibt das Ergebnis $F_t = 0{,}1 Q_t$ eine brauchbare Meßeinrichtung.

Tafel 18 Vergleich von Fehler und Auflösung verschiedener Zeitmeßgeräte

Zeit-meßgerät	Meß-zeitdauer t_M	Fehler abs. t_F/s	Fehler rel. F_t	Auflösung abs. t_Q/s	Auflösung rel. Q_t	Vergleich F_t/Q_t
Armbanduhr	86400 s	8,64	10^{-4}	1	10^{-5}	10
Stoppuhr	100 s	10^{-2}	10^{-4}	0,01	10^{-4}	1
Stoppuhr	10 s	10^{-3}	10^{-4}	0,01	10^{-3}	0,1
Quarzuhr	300 Jahre	1	10^{-10}			
Cs-Uhr	30000 "	1	10^{-12}			
PTB-Uhr	> 300000 "	1	$<10^{-13}$			

Als Ergebnis erkennt man aus Tafel 18, daß die Beziehung $F_t > Q_t$ ungünstig, $F_t \approx Q_t$ eventuell brauchbar, und $F_t < Q_t$ günstig ist.

Die unteren drei Zeilen in Tafel 18 enthalten Angaben über sehr genaue Zeitmeßgeräte. Bei einer Cäsium-Cs-Uhr mit dem relativen Fehler $F_t = 10^{-12}$ beträgt der absolute Fehler t_F = 1 ps für den Meßwert t_M = 1 s, was einem absoluten Zeitfehler t_F = 1 s in der Meßzeitdauer t_M = 30000 Jahre entspricht. Die genaueste Zeitmessung hat einen absoluten Zeitfehler t_F = 1 s in t_M > 300000 Jahre.

Bei digitalen Meßgeräten wählt man auch dann eine besonders große relative Auflösung, wenn vor allem diese kleinen Meßwertstufen erfaßt werden sollen. Für eine große relative Auflösung ist der Zahlenwert Q klein und für eine kleine Auflösung groß.

Zeiteinheit. Als Basiseinheit für die Zeit ist die Sekunde definiert als das 9 192 631 770-fache der Dauer einer durch den Übergang zwischen den Hyperfeinstrukturniveaus F = 4 und 3 bestimmten Eigenschwingung des ungestörten Cäsium-Atoms 133.

8. Temperaturmessung

8.1. Widerstandsthermometer

Diese temperaturempfindlichen passiven Widerstands-Meßfühler (temperature transducer) bestehen aus Nickel- oder Platindraht, der auf dünne Glimmer- oder Hartpapierstreifen gewikkelt oder in Hartglas eingebettet ist. Die genormten Nennwiderstände betragen $R_{\vartheta n} = 100\ \Omega$, in Sonderfällen $50\ \Omega$. [9]

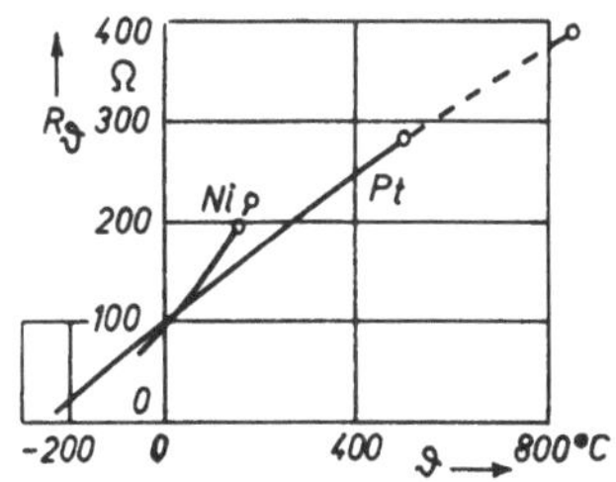

Bild 122
Widerstandsthermometer-Kennlinien Ni 100 DIN und Pt 100 DIN nach DIN 43 760 für Dauerbetrieb (—) und für Kurzbetrieb (---)
R_ϑ Meßwiderstand
ϑ Meßtemperatur

Aus den in Bild 122 dargestellten nicht linearen Kennlinien $R_\vartheta = f(\vartheta)$ für die Abhängigkeit des Meßwiderstands R_ϑ von der Meßtemperatur ϑ ergibt sich der mittlere Temperaturbeiwert im Temperaturbereich $\vartheta = 0\ °C$ bis $100\ °C$ für Ni-100-DIN $\alpha_{Ni} = (0{,}617 \pm 0{,}007)\ 10^{-2}\ K^{-1}$ und für Pt-100-DIN $\alpha_{Pt} = (0{,}385 \pm 0{,}0012)\ 10^{-2}\ K^{-1}$ oder besser die Widerstandsthermometer-Temperaturempfindlichkeit $S_\vartheta = \Delta R/\Delta\vartheta$; für Pt-100-DIN ist $S_\vartheta = 0{,}385\ \Omega/K$ und Ni-100-DIN $S_\vartheta = 0{,}617\ \Omega/K$.

Tafel 19 Widerstandswerte in Ω von Ni-100-DIN- und Pt-100-DIN-Widerstandsthermometern nach DIN 43 760 in Abhängigkeit von der Temperatur ϑ

ϑ in °C	- 220	- 60	0	100	150	180	500	850
Ni-100-DIN		69,5	100,0	161,7	198,7	223,1		
Pt-100-DIN	10,41		100,0	138,5	157,32	168,47	280,93	390,38

In Tafel 19 sind einige Thermometer-Widerstandswerte mit unterstrichenen Grenztemperaturwerten für Dauerbetrieb zusammengestellt.

Halbleiterwiderstände haben mit ihren großen negativen Temperaturkoeffizienten von etwa $\alpha = (-3 \text{ bis } -6) \cdot 10^{-2}\ K^{-1}$ bei $\vartheta = 20\ ^\circ C$ eine höhere Temperaturempfindlichkeit, aber eine geringere Genauigkeit. Wegen ihrer äußeren Abmessungen bis unter 0,5 mm können mit ihnen kleine, schnell anzeigende elektrische Thermometer auch für Oberflächentemperaturen hergestellt werden. Die Meßheißleiter (auch NTC-Widerstände, Thermistor oder Thernewid genannt) haben Meßtemperatur-Endwerte $\vartheta_M = 100\ ^\circ C$ bis $1000\ ^\circ C$ und Meßkaltleiter (PTC-Widerstände) $\vartheta_M = -10\ ^\circ C$ bis $500\ ^\circ C$ bei maximalen absoluten Auflösungen $\vartheta_Q = 0{,}1\ ^\circ C$.

Meßschaltungen. Die Widerstandsänderungen ΔR als Maß für die Temperatur ϑ werden in Brücken- und Konstantstromschaltungen mit Drehspulmeßwerk mit absoluter Auflösung bis $\vartheta_Q = 0{,}001$ K, in Stromverhältnisschaltungen mit Quotienten-(Kreuzspul- oder T-Spul)-Meßwerk oder mit digitalen Meßmethoden und Ausgaben angezeigt oder registriert.

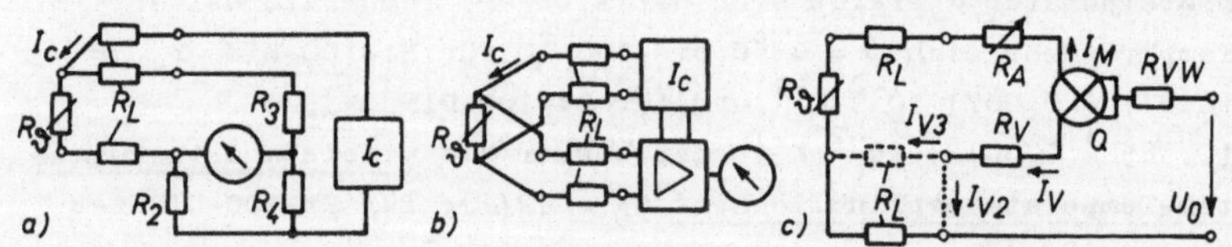

Bild 123 Meßschaltungen für Widerstandsthermometer R
a) Dreileiter-Viertelbrückenschaltung, b) Vierleiter-Konstantstromschaltung, c) Stromverhältnisschaltung mit Quotientenmeßwerk Q in Zweileiterschaltung (punktierte Verbindung) und Dreileiterschaltung (gestrichelte Verbindung)
R_2 bis R_4 Brückenwiderstände, R_V Vergleichs-, R_A Abgleich-, R_{VW} Vor- und R_L Leitungswiderstände
I_c Konstant- und I_V Vergleichsströme

Zweileiter-Viertelbrückenschaltungen nach Bild 16a und Zweileiter-Quotientenschaltungen nach Bild 123c (mit punktierter Verbindung) werden nur bis etwa 400 m Leitungslänge bei kleinen Leitungswiderständen und Temperaturschwankungen eingesetzt, da Widerstandsänderungen der Leitungen Meßfehler verursachen. Der Leitungswiderstand $2R_L$ muß bei der Installation auf den vorgeschriebenen Wert von meist 10 Ω abgeglichen werden.

Dreileiter-Viertelbrückenschaltungen nach Bild 47 und 123a und Dreileiter-Quotientenschaltungen nach Bild 123c (mit gestrichelter Verbindung) haben kleinere Leitungswiderstandseinflüsse und werden für längere Meßkabel bis etwa 10 km verwendet. Obwohl bei Quotientenmeßschaltungen die Anzeige für Schwankungen der Speisespannung U_0 von etwa 30 % unabhängig ist, verlieren sie gegenüber den Brückenschaltungen mit Drehspulmeßwerk an Bedeutung (VDE/VDI 3511).

Vierleiterschaltungen mit Speisung des Meßwiderstands R_ϑ mit Konstantstrom $I_c \leqq 10$ mA nach Bild 123b (s. auch Bild 6) und hochohmigem Meßverstärkereingang sind vom Leitungswiderstand R_L weitgehend unabhängig.

Beispiel 15: Temperaturmeßfehler durch Änderung des Meßleitungswiderstands. In einer Zweileiter-Viertelbrückenschaltung nach Bild 16a wird ein Widerstandsthermometer Pt-100-DIN über ein Kupferkabel mit der Länge l = 100 m und dem Aderquerschnitt A = 1,5 mm^2 bei der Umgebungstemperatur $\vartheta_k = 20$ °C angeschlossen. Es ist der Temperaturmeßfehler für eine Temperaturerhöhung des Meßkabels auf $\vartheta_w = 30$ °C bei konstanter Meßstellentemperatur zu bestimmen.

Der Leitungsgesamtwiderstand ist $R_{LL} = 2\,l/(A\,\gamma) = 2 \cdot 100$ m/ (1,5 mm$^2 \cdot 56$ m/Ωmm^2) = 2,38 Ω. Bei Erwärmung um $\Delta\vartheta = 10$ K erhöht sich dieser Leitungswiderstand mit dem Temperaturbeiwert $\alpha = 3{,}93 \cdot 10^{-3}$ K^{-1} um $\Delta R = R\alpha\Delta\vartheta = 2{,}38\ \Omega \cdot 3{,}93 \cdot 10^{-3}$ K$^{-1} \cdot 10$ K = 0,0936 Ω. Diese Widerstandsänderung entspricht bei der Widerstandsthermometer-Temperaturempfindlichkeit $S_\vartheta = \Delta R/\Delta\vartheta$ = 0,385 Ω/K einer vorgetäuschten Meßstellen-Temperaturerhöhung und damit einem absoluten Temperaturmeßfehler $\vartheta_F = \Delta\vartheta = \Delta R/S_\vartheta = 0{,}0936\ \Omega/(0{,}385\ \Omega/K) = 0{,}243$ K.

8.2. Thermoelemente

Diese aktiven Temperatur-Meßfühler bestehen aus dem Thermopaar (thermocouple), also aus zwei Drähten aus verschiedenen Metallen oder Metallegierungen, die an einem Ende verschweißt sind. Bei Erwärmung der Schweißstelle (Meßstelle) entsteht an den Leitungsanschlußklemmen in der Schaltung nach Bild 125a eine Thermoquellenspannung U_q. Ihr Betrag hängt von der Art der verwendeten Metalle und vom Temperaturunterschied $\vartheta = \vartheta_M - \vartheta_V$ zwischen der Meßstelle und der Vergleichsstelle ab.

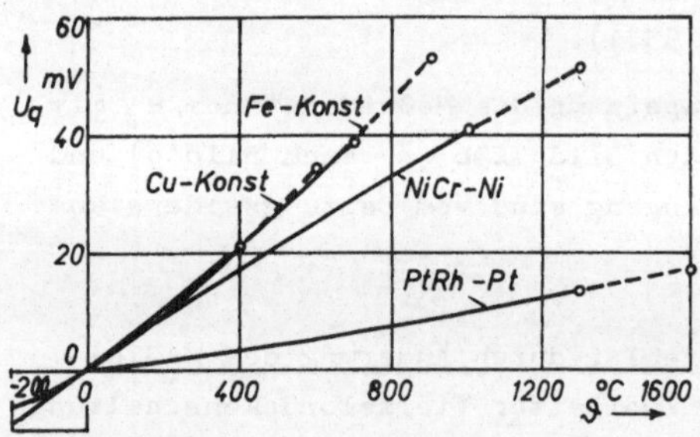

Bild 124
Thermoelementen-Kennlinien nach DIN 43 710 für Dauerbetrieb (——) und Kurzbetrieb (---)
U_q Thermoquellenspannung
ϑ Meßtemperatur

Die Kennlinien $U_q = f(\vartheta_M - \vartheta_V) = f(\vartheta)$ sind für einige Thermopaare in Bild 124 dargestellt. Aus diesen nicht linearen Kennlinien ergeben sich im Meßtemperaturbereich $\vartheta = 0\ ^oC$ bis 100^oC Näherungswerte der Thermoelementen-Temperaturempfindlichkeit für Kupfer-Konstantan $S_\vartheta = 0{,}0425$ mV/K, Eisen-Konstantan $S_\vartheta = 0{,}0537$ mV/K, Nickelchrom-Nickel $S_\vartheta = 0{,}041$ mV/K und Platinrhodium-Platin $S_\vartheta = 0{,}00643$ mV/K.

Bei der Temperaturmessung muß die Vergleichsstellentemperatur ϑ_V auf einer bekannten möglichst konstanten Temperatur $\vartheta_V = 0\ ^oC$, $20\ ^oC$ oder $50\ ^oC$ (z.B. mit einem Thermostat) gehalten werden, oder deren Änderungen müssen berücksichtigt werden.

Für eine konstante Vergleichsstellentemperatur ϑ_V = const ist die Thermoquellenspannung

$$U_q \sim \vartheta_M \qquad (205)$$

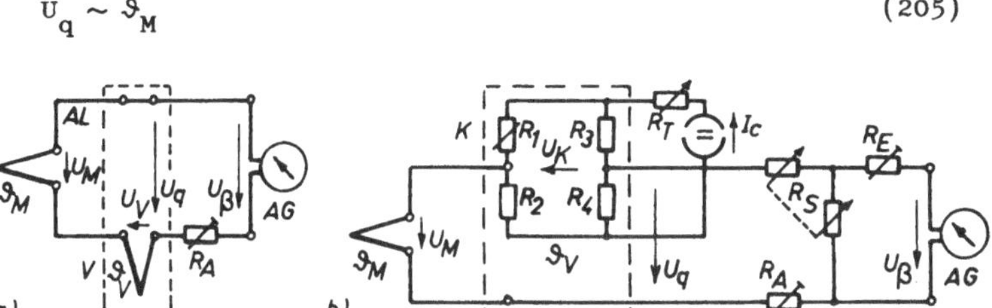

Bild 125 Meßschaltungen für Thermoelemente
a) mit Vergleichsstellen-Thermoelement V
b) mit Kompensationsdose K nach VDE/VDI 3511
ϑ_M Meßstellen-, ϑ_V Vergleichsstellen-Temperatur
U Thermo- und Meßspannungen, AL Ausgleichsleitung, R_A Abgleich-, R_S Empfindlichkeits- und Dämpfungsanpassungs-, R_T Thermoelementenart-Einstell- und R_E Kalibrier-Widerstand, R_1 temperaturabhängiger Kupferdrahtwiderstand, R_2 bis R_4 Manganin-Brückenwiderstände, I_c Konstantstromquelle, AG Drehspulanzeige- oder -registriergerät

Die selbsttätige Berücksichtigung von Änderungen der Vergleichsstellentemperatur ϑ_V mit einer Brückenschaltung in der Kompensationsdose K zeigt Bild 125b. Die Brücke mit den Widerständen R_1 bis R_4 wird bei ϑ_V = 20 °C abgeglichen. Bei Änderungen der Vergleichsstellentemperatur ϑ_V entsteht in der Brückendiagonale eine entsprechende positive oder negative Korrigierspannung U_K. Im Bereich ϑ_V = 10 °C bis 70 °C ergibt eine durch die Vergleichsstellen-Temperaturabweichung beeinflußte Thermoquellenspannung $U_q = U_M \pm U_V \mp U_K$ jeweils die richtige Meßstellenthermospannung U_M und damit die Meßstellentemperatur ϑ_M. Die Ausgangsspannung U_β wird mit einem hochohmigen Drehspul-Meßwerk AG oder einem Kompensator gemessen bzw. registriert.

Thermoelemente haben gegenüber Widerstandsthermometern die Vorteile kleiner, fast punktförmiger Meßstellen und größerer Meßtemperatur-Endwerte. Für Messungen mit besonders geringer Wärmeableitung und bei schnellen Temperaturänderungen verwendet man Mantelthermometer mit verschiedenen besonders dünnen Thermopaaren mit 0,05 mm bis 0,6 mm Drahtdurchmesser bzw. 0,25 mm bis 3,0 mm Schutzmanteldurchmesser für Meßtemperaturen im Bereich ϑ_M = - 220 °C bis 2400 °C.

Für die Messung von Oberflächentemperaturen gibt es spezielle aufklebbare Flach-Widerstandsthermometer und -Thermoelemente.

8.3. Strahlungspyrometer

Diese Meßumformer werden besonders für hohe Temperaturen bei glühenden Körpern und Schmelzflüssen verwendet.

Spektralpyrometer. Am gebräuchlichsten sind Vergleichspyrometer, bei denen die Strahlungsdichte des Meßgegenstands durch subjektiven Vergleich mit der eines Vergleichsstrahlers in einem engen Bereich des sichtbaren Spektrums ermittelt wird (VDE/VDI 3511).

Das Vergleichspyrometer nach Bild 126a wirkt als Glühfadenpyrometer, wobei der Heizstrom I der Vergleichslampe G mit dem Vorwiderstand R_{VW} verändert wird (oder als Graukeilpyrometer, wenn bei konstanter Lampenspannung die Strahlungsdichte des Meßgegenstands mit einem Graukeilfilter F_1 geschwächt wird), bis sich die Bilder von Glühfaden und Meßgegenstand nicht mehr voneinander abheben, so daß beide gleiche Strahlungsdichte aufweisen. Nach dem Abgleich ist der Heizstrom des Glühfadens (bzw. Lampenspannung oder Stellung des Graukeils) ein Maß für die spektrale Strahlungstemperatur ϑ_S des Meßgegenstands. Dies entspricht der Temperatur ϑ_S, auf die man einen Schwarzen Strahler bringen müßte, damit er die gleiche Strahlungsdichte wie der Meßgegenstand hat.

Gesamt- und Bandstrahlungspyrometer. Gesamtstrahlungspyrometer messen die Wärmestrahlung des glühenden Gutes in einem geschlossenen Ofen (Schwarzer Körper) über den gesamten wirksamen Spektralbereich der Temperaturstrahlung, die nach dem Gesetz von Stefan und Boltzmann der 4. Potenz der absoluten Temperatur T des Strahlers verhältnisgleich ist. Die von der Fläche A ausgesandte Gesamtstrahlungsleistung P beträgt mit der Konstanten $\sigma = 5{,}67 \cdot 10^{-8}$ W $m^{-2}K^{-4}$

$$P = \sigma A T^4 \qquad (206)$$

Bandstrahlungspyrometer nutzen nur einen mehr oder weniger breiten Spektralbereich der Temperaturstrahlung aus.

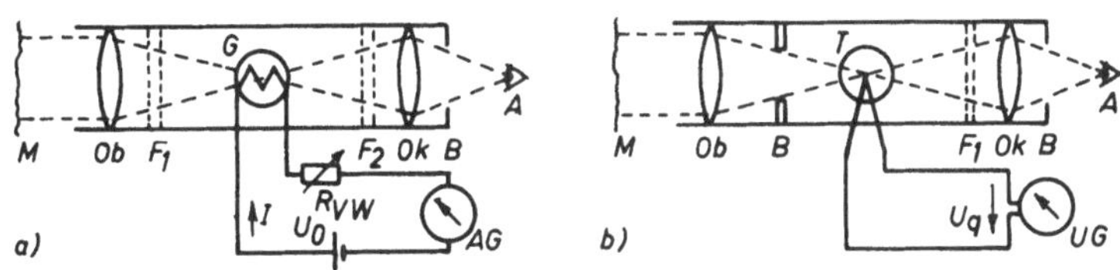

Bild 126 Strahlungspyrometer
a) Spektralpyrometer (Vergleichspyrometer)
b) Gesamtstrahlungspyrometer
M strahlende Fläche, Ob Objektiv, Ok Okular, F_1 und F_2 Grau- und Farbfilter, B Blende, A Beobachterauge, G Glühfaden, U_0 Speisespannung, R_{VW} Stromsteller, I Lampenmeßstrom, AG Strommesser, T Thermoelement, U_q Thermoquellenspannung, UG Spannungsmesser

Bild 126b zeigt das Prinzip eines Gesamtstrahlungspyrometers mit geschwärztem Thermoelement T, das von der Strahlung erwärmt wird. Die erzeugte Thermoquellenspannung U_q wird in einem empfindlichen Drehspulmeßgerät UG angezeigt und ist ein Maß für die gesuchte Temperatur ϑ.

Als Strahlungsempfänger dienen auch Bolometer (mit einem temperaturempfindlichen Widerstand), Photoelemente, Photodioden, Photozellen oder Photowiderstände (s. Abschn. 9). Die Temperatur-Meßbereiche von Pyrometern sind ϑ_M = 300 °C bis 3000 °C.

8.4. Sonder-Temperaturmeßverfahren

Der gesamte in der Forschung interessierende Temperaturbereich zwischen den Grenzwerten $\vartheta = 10^{-6}$ K bis 10^{12} K läßt sich nur mit Sondermeßverfahren erfassen.

Wenn in der Umgebung von Lichtbögen wegen Störeinflüssen nicht mit Thermoelementen gemessen werden kann, läßt sich durch Ausmessen der Ablenkung von Laserstrahlen die Temperaturverteilung bis zu einigen Tausend °C quantitativ bestimmen. Bei höheren Temperaturen läßt sich die Strahlung des selbst leuchtenden Gases zerlegen, und aus der Intensität und der Breite der Spektrallinien kann die zu messende Temperatur unmittelbar bestimmt werden.

Mit Thermographiegeräten können im Infrarot-Wärmebild sowohl kleine als auch große Temperaturgradienten oder Emissionsänderungen von kleinen oder großen Objekten in der Biologie, Medizin sowie in der Technik nachgewiesen werden. Hiermit können die Wärmeleitfähigkeit, die Wärmeverteilung oder auch die Wärmeverluste von elektronischen Strukturen, Geräten, Maschinen und auch von Gebäuden untersucht werden. Die Infrarotstrahlung wird durch einen HgCdTe-Infrarot-Detektor erfaßt und auf einem Monitor dargestellt. Die Meßbereiche erstrecken sich über ϑ_M = 250 K bis 850 K = - 20 °C bis 580 °C, die absolute Temperaturauflösung beträgt ϑ_Q = 0,2 K.

Thermoschalter für vorgegebene Schalttemperaturwerte werden mit Bimetall oder mit NTC-Halbleiterwiderständen, bestehend aus Metall-Oxiden und -Sulfiden auf einer Saphirscheibe hergestellt.

9. Photoelektrische Meßumformer

Als lichtempfindliche Meßfühler werden photoelektronische Bauelemente verwendet, in denen durch den photoelektrischen Effekt beim Bestrahlen mit Photonen Elektronen ausgelöst werden, wobei sich elektrische Größen ändern. Sie werden für objektive Beleuchtungsstärke-, Strahlungs- und Temperaturmessungen, sowie als Meßfühler in Meßwert-Aufnehmern und in Zähl-, Schalt-, Steuer- und Regelgeräten eingesetzt.

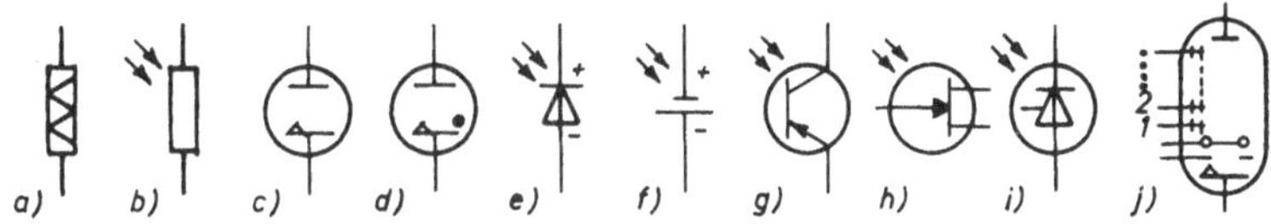

Bild 127 Schaltzeichen für photoelektronische Bauelemente nach DIN 44 020
a) allgemeines photoelektronisches Bauelement,
b) Photowiderstand, c) Vakuum- und d) gasgefüllte Photozelle, e) Photodiode, f) Photoelement, g) Phototransistor, h) Photofeldeffekt-Transistor, i) Photothyristor, j) Photovervielfacher (Photomultiplier)

Die Schaltzeichen für passive Meßfühler in Bild 127b bis e zeigen Photowiderstand, Vakuum- und gasgefüllte Photozelle und Photodioden, sowie für aktive Meßfühler in Bild 127f bis j Photoelemente, Phototransistor, Photofeldeffekt-Transistor, Phototyristor und Photovervielfacher. Die verschiedenen photoelektrischen Meßfühler unterscheiden sich hauptsächlich durch die relative spektrale Empfindlichkeit S_λ nach Bild 128, sowie durch die absolute Empfindlichkeit S, die Größe der lichtempfindlichen Fläche, die Grenzfrequenz f_{Mg} bzw. die Anstiegzeit T_A und den Dunkelstrom I_0. [1]

Bild 128 zeigt Kurven der relativen spektralen Empfindlichkeit S_λ für einige photoelektrische Meßfühler und zum Vergleich die Augenempfindlichkeit (DIN 44021 Bl. 1 und 2).

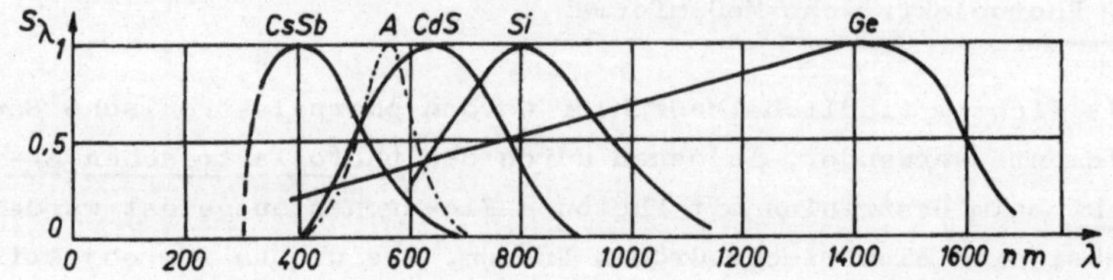

Bild 128 Relative spektrale Empfindlichkeit S_λ in Abhängigkeit von der Lichtwellenlänge λ für verschiedene photoelektrische Meßfühler
CdS Cadmiumsulfid-Photowiderstand, CsSb Cäsium-Antimonkathoden-Photozelle, Ge photoelektronisches Germanium- und Si Silizium-Bauelement, A menschliches Auge

9.1. Photowiderstände und Photodioden

In diesen passiven Widerstands-Meßfühlern, bestehend aus lichtempfindlichen Halbleitern ohne Sperrschicht, erhöht sich infolge des inneren photoelektrischen Effektes die Leitfähigkeit annähernd linear mit der Beleuchtungsstärke E. Die bedeutendsten Halbleitermaterialien sind Cadmiumsulfid CdS für sichtbare Strahlung und Indium-Antimonid InSb für infrarote Strahlung (DIN 44028 Bl. 4).

Für einen CdS-Photowiderstand ergibt die Kennlinie $R_P \sim E^{-\gamma}$ des Photowiderstands R_P in Abhängigkeit von der Beleuchtungsstärke E in der doppelt logarithmischen Darstellung nach Bild 130a eine Gerade mit der Steilheit $\gamma = -$ (0,5 bis 1). Bei E = 0 lx betragen die Dunkelwiderstände R_{P0} = 1 MΩ bis 100 MΩ.

Germanium-Photodioden sind Halbleiterbauelemente mit Sperrschicht, die als passive Widerstandsmeßfühler mit Stromänderung durch Bestrahlung bei konstanter Vorspannung U_0 betrieben werden. Sie haben bei linearer Kennlinie eine Lichtempfindlichkeit von z.B. S_E = 0,05 µA/lx bei der Anstiegzeit von T_A = 20 µs. Die spektrale Empfindlichkeit zeigt Bild 128.

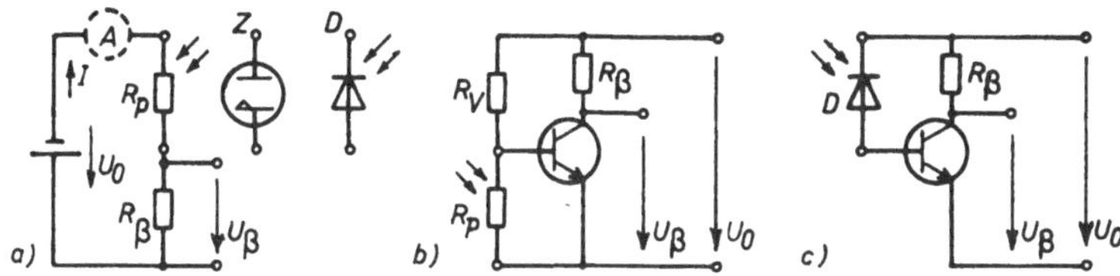

Bild 129 Meßschaltungen für passive photoelektrische Meßfühler
a) Spannungsteiler- oder Strom-Meßschaltung für Photowiderstand R_P, Photozelle Z und Photodiode D, mit Speisespannung U_0 und Ausgangsspannung U_β am Arbeitswiderstand R_β
b) Photowiderstand R_P und c) Photodiode D (in Sperrrichtung gepolt) in Transistorschaltung

Die Verringerung des Photowiderstands R_P mit zunehmender Beleuchtungsstärke E wird in Spannungsteiler- oder Strom-Meßschaltungen mit der Speisespannung (Saugspannung) U_0 = 10 V bis 100 V nach Bild 129a durch Messung der Ausgangsspannung U_β oder des Stromes I, weiter in Brückenschaltungen (s. Abschn. 2.2.4) oder in Transistorschaltungen nach Bild 129b erfaßt. In der Spannungsteilerschaltung nach Bild 129a erhöht sich bei Beleuchtung durch Verkleinerung von R_P die Ausgangsspannung

$$U_\beta = U_0\, R_\beta/(R_P + R_\beta) \qquad (207)$$

CdS-Photowiderstände haben z.B. bei der Beleuchtungsstärke E = 50 lx, der Farbtemperatur 2700 K und der Saugspannung U_0 = 10 V die Lichtempfindlichkeit S_E = 10 µA/lx bis etwa 1000 µA/lx. Die Grenzfrequenz liegt bei f_{Mg} = 2 kHz.

Eine Photodioden-Transistor-Meßschaltung mit einer in Sperrrichtung gepolten Photodiode D und dem Lastwiderstand R_β im Kollektorkreis ist in Bild 129c dargestellt.

Bei PIN-Photodioden liegt zwischen der P- und N-Zone eine Intrinsic-Zone, d.h. eine nichtdotierte Zone mit der Eigenleitfähigkeit des reinen Halbleiters.

9.2. Photozellen und Photovervielfacher

Photozellen sind Elektronenröhren, in denen bei Lichteinfall auf die Alkalimetall-Kathode infolge des äußeren photoelektrischen Effektes Elektronen ausgelöst werden, die im elektrischen Feld zur Anode wandern. Beim Betrieb von passiven Photozellen in der Meßschaltung nach Bild 129a ergeben sich die in Bild 130b dargestellten Kennlinienfelder.

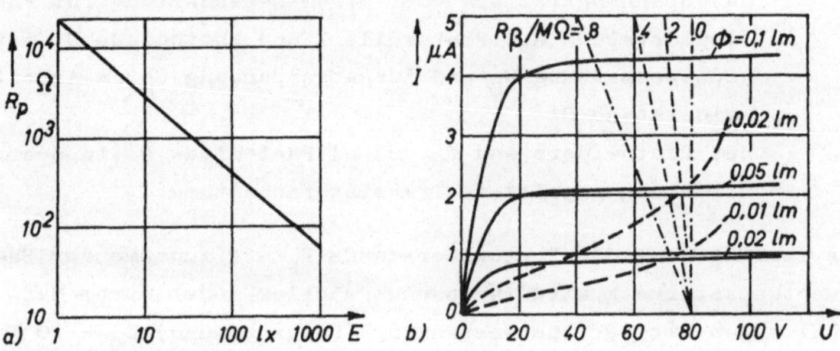

Bild 130 Kennlinien von passiven photoelektrischen Bauelementen
a) Widerstand R_P in Abhängigkeit von der Beleuchtungsstärke E für einen CdS-Photowiderstand
b) Kennlinienfelder I = f(U) (Parameter: Lichtstrom in lm) von Vakuum-Photozellen (——) und gasgefüllten Photozellen (---) mit Widerstandsgeraden R_β (-·-·-·-)

Vakuumphotozellen haben bei der Farbtemperatur 2700 K eine Lichtempfindlichkeit im Bereich S_E = 1 nA/lx bis 10 nA/lx; bei gasgefüllten Photozellen ist sie infolge Stoßionisation zwischen Photoelektronen und Gasmolekülen größer im Bereich S_E = 10 nA/lx bis 100 nA/lx.

Hochvakuum-Photozellen mit ihrer linearen Kennlinie im Sättigungsgebiet werden für Meßzwecke bis zu Lichtgrenzfrequenzen von einigen MHz, gasgefüllte Photozellen für Tonabtastung beim Tonfilm, sowie in Hell-Dunkel-Schaltungen bis zu Grenzfrequenzen von etwa f_{Mg} = 10 kHz verwendet. Die relative spektrale Empfindlichkeitskurve einer Photozelle mit CsSb-Kathode zeigt Bild 128, die Kurve für eine Cäsiumoxidkathode ähnelt der Si-Kurve (DIN 44028 Bl. 1).

Zur Messung von extrem kleinen Lichtstärken dienen Photoelektronen-Vervielfacher (photomultiplier) mit CsSb- oder Cs-Kathode und 8 bis 14 Elektroden (Dynoden) zur Auslösung von Sekundärelektronen im Vakuum. Die Anodenlichtempfindlichkeit ist im Vergleich zu Photozellen bis 10^9mal größer, und zwar bis S_E = 0,1 A/lx bis 10 A/lx (DIN 44020 Bl. 2 und 44028 Bl. 2).

9.3. Photoelemente

In diesen aktiven lichtempfindlichen Halbleitern mit Sperrschicht erzeugen bei Lichtabsorption infolge des Sperrschicht-Photoeffekts die freiwerdenden Elektronen eine aktive Photoquellenspannung. Infolge des gleichzeitigen inneren photoelektrischen Effektes ändert sich auch der Innenwiderstand, so daß Photoelemente auch als passive Photowiderstände eingesetzt werden können. Sie werden als Beleuchtungsmesser (Luxmeter), Belichtungsmesser, Trübungsmesser und Reflexionsmesser verwendet.

Silizium-Photodioden werden als aktive Photoelemente verwendet. Sie haben einen energetischen Wirkungsgrad bis η = 11 %, so daß sie sich auch für die Stromversorgung elektronischer Meßgeräte, z.B. als Solarelemente in Quarzuhren, Satelliten usw., verwenden lassen. Sie sind für Betriebstemperaturen bis ϑ = + 150 °C brauchbar. Die Lichtempfindlichkeit ist bis zu einer Beleuchtungsstärke E = 1000 lx konstant mit etwa S_E = 0,1 µA/lx bis 2 µA/lx. Die Anstiegzeit liegt im Bereich T_A = 1 ns bis 500 ns, die relative spektrale Empfindlichkeit zeigt die Si-Kurve in Bild 128.

Bei Silizium-Photoelementen liegt die durch Diffusion erzeugte Sperrschicht dicht unter der Oberfläche. Die Leerlaufspannung steigt logarithmisch und der Kurzschlußstrom linear mit der Beleuchtungsstärke an.

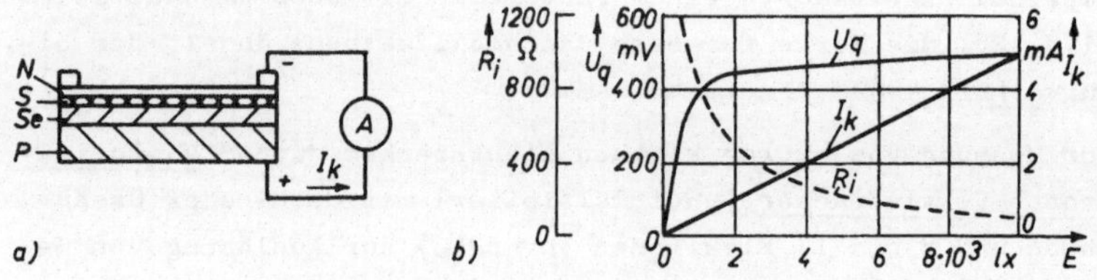

Bild 131 Selen-Photoelement
a) Prinzipaufbau, b) Kennlinien mit Leerlaufspannung U_q, Innenwiderstand R_i und Kurzschlußstrom I_k, abhängig von der Beleuchtungsstärke E
N lichtdurchlässiger Edelmetallniederschlag als negative Elektrode, S Sperrschicht, Se dünne Selenschicht, P Metallplatte als positive Elektrode

Selenphotoelemente, die nach Bild 131a aufgebaut sind, haben lichtempfindliche Flächen A = 1 cm^2 bis 30 cm^2. Nach den Kennlinien in Bild 131b ändern sich Leerlaufspannung U_q und Innenwiderstand R_i mit der Beleuchtungsstärke E nicht linear. Der Kurzschlußstrom $I_k = U_q/R_i$ steigt bis etwa E = 10 000 lx linear mit der Beleuchtungsstärke E bei der Lichtempfindlichkeit S_E = 0,5 µA/lx. Die spektrale Empfindlichkeit ähnelt der des menschlichen Auges nach Bild 128.

9.4. Phototransistoren und -thyristoren

Im Phototransistor wird der durch Lichteinfall erzeugte Photostrom weiter verstärkt, so daß die Lichtempfindlichkeit bis S_E = 300 µA/lx ansteigt. Die Meßgrenzfrequenz liegt über f_M = 200 kHz. Bild 132a zeigt eine Meßschaltung mit dem Phototransistor T ohne Basisanschluß. Als steuerndes Element wirkt das Licht, das über die Emitter-Basis-Strecke des Transistors, multipliziert mit dem Stromverstärkungsfaktor, einen entsprechend großen Kollektorstrom bewirkt. Meßschaltungsbeispiele für Photofeldeffekt-Transistor und Photodiode zeigt Bild 132.

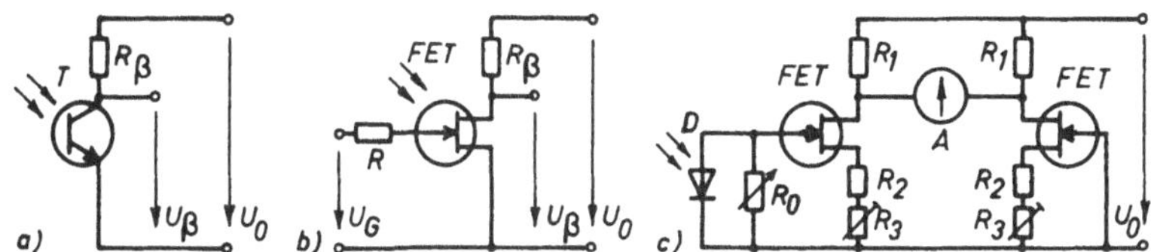

Bild 132 Photoelektronische Transistor-Meßschaltungen
a) Phototransistor T mit Speisespannung U_0 und Ausgangsspannung U_β sowie Arbeitswiderstand R_β
b) Photofeldeffekt-Transistor FET mit Gate-Vorspannung U_G
c) Belichtungsmesser mit aktiver Photodiode D und Mikroamperemeter A

Photo-Darlington-Transistoren mit der Lichtempfindlichkeit S_E = 300 µA/lx haben große Kollektorströme bis I_C = 500 mA, z.B. zum direkten Antrieb eines Mikromotorenrelais.

Photothyristoren mit ihrem binären Speicherverhalten werden entweder mit Gleichspannung mit dem Speichereffekt oder im Wechselspannungsbetrieb, oder in digitalen Schaltungen verwendet.

10. Verfahrenstechnische Messungen

10.1. Füllstandmessung

Für punktförmige oder kontinuierliche Füllstandmessungen von Feststoffen und Flüssigkeiten verwendet man mechanische, elektrische, optische, Ultraschall- und radiometrische Meßverfahren.

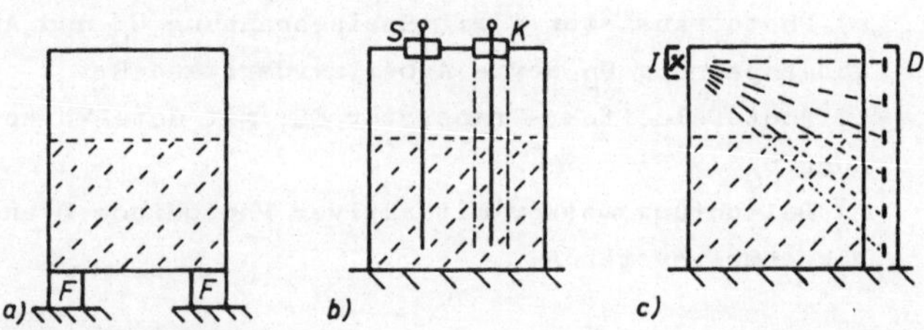

Bild 133 Füllstandmessung

a) Behälterwägung mit Kraft-Aufnehmer F (Wägezelle)

b) kapazitive Füllstandmessung mit Stabsonde S oder Koaxialsonde K

c) radiometrische Meßmethode mit Isotopenstrahler I, z.B. Co 60 oder Cs 137 und Stabdetektor D mit mehreren Geiger-Müller-Zählrohren

Das Niveau in Behältern kann mit elektrischen Verfahren nach dem gravimetrischen Prinzip mittelbar durch Wägung des gesamten Behälters mit Kraft-Aufnehmern F nach Bild 133a (s. Abschn. 7.7), mit kapazitiven Meßverfahren, mit Stab- oder -Koaxialsonde S oder K nach Bild 133b (s. Abschn. 2.4) oder bei Flüssigkeiten mit Leitfähigkeitsmessungen bestimmt werden.

Die kontinuierlichen radiometrischen Meßverfahren zur Füllstandmessung nach Bild 133c enthalten einen radioaktiven Isotopen-Punktstrahler I, z.B. Co 60 oder Cs 137, und auf der Behältergegenseite einen stabförmigen Detektor D mit mehreren Geiger-Müller-Zählrohren. Bei zunehmender Füllguthöhe wird infolge Absorption durch das Füllgut die Intensität der Gammastrahlen zu den einzelnen Zählrohren und somit der Ausgangsstrom der Meßschaltung verringert. Die Meßanordnung kann auch umgekehrt mit einem Stabstrahler und einem punktförmigen Strahlungsdetektor mit Messung der Strahlungsintensität ausgeführt sein. Die Isotopenverfahren haben den Vorteil, daß sie praktisch bei jedem Füllgut verwendet werden können.

10.2. Durchflußmessung

Wirkdruckverfahren. Bei der Strömungsmessung nach dem Wirkdruckverfahren (DIN 19 201) mit Drosselgeräten wird nach Bild 134a eine Normblende, Normdüse oder Normventuridüse in die Rohrleitung eingesetzt und der Druckverlust $\Delta p = p_1 - p_2$ mit Differenzdruck-Meßgeräten, z.B. mit einem Differenzdruck-Aufnehmer (s. Abschn. 7.8), gemessen.

Mit dem Differenzdruck Δp, dem Blenden-Rohröffnungsverhältnis A_1/A_0, der Mediumdichte ϱ sowie einer blendenabhängigen Durchflußzahl α ist die Strömungsgeschwindigkeit

$$v = \alpha(A_1/A_0)\sqrt{2\,\Delta p/\varrho} \qquad (208)$$

Induktionsmethode. Bei der Massendurchflußmessung mit der Induktionsmethode nach Bild 134b fließt das zu messende Medium (mit einer Mindestleitfähigkeit) mit der Geschwindigkeit v durch ein nichtmagnetisches Rohr mit dem Durchmesser D, wobei nach dem Induktionsgesetz zwischen den beiden Elektroden quer zur Richtung der magnetischen Induktion B eine induzierte Spannung $u = B\,D\,v$ entsteht. Diese Spannung u wird mit dem Voltmeter V als Maß für die Geschwindigkeit v bzw. für den Volumendurchfluß Q gemessen. Der Volumendurchfluß (Volumen je Zeit) ist

$$Q = \pi D^2 v/4 = u\pi D/(4B) \qquad (209)$$

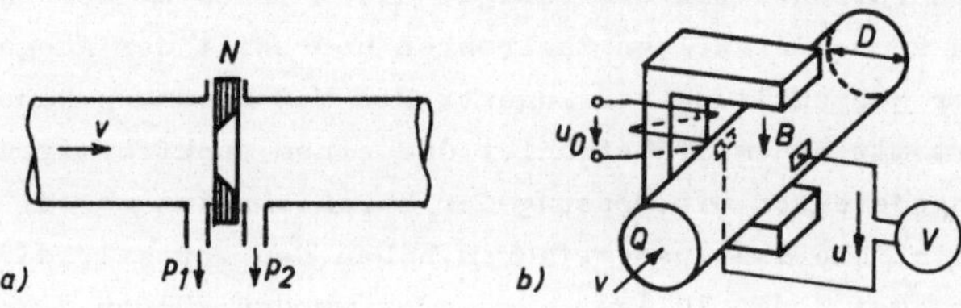

Bild 134 Durchflußmessung

a) Messung der Geschwindigkeit v nach dem Wirkdruckverfahren mit Meßblende N und Messung der Druckdifferenz $\Delta p = p_1 - p_2$

b) Messung des Volumendurchflusses Q mit der Induktionsmeßmethode im Magnetfeld B mit der induzierten Spannung u

D Rohrdurchmesser, U_0 Speisespannung, V Spannungsmesser

Da in einem Gleichfeld Polarisationsspannungen auftreten, wird in der Praxis mit einem durch eine Wechselspeisespannung u_0 erzeugten magnetischen Wechselfeld gearbeitet. Die magnetisch-induktive Durchflußmessung hat den Vorteil, daß im Rohr keine Druckverluste entstehen (VDI/VDE 2641).

10.3. Feuchtemessung

Bei der Messung der relativen Luftfeuchtigkeit mit dem hygrometrischen Prinzip wird als Meßfühler eine Kunststoffolie verwendet, deren feuchteabhängige Längenänderung auf einen Präzisionsdrehwiderstand-Meßfühler von z.B. R = 150 Ω (s. Abschn. 2.2) übertragen wird. Der veränderliche Widerstand wird als Maß für die relative Luftfeuchtigkeit im Bereich 10 % bis 100 % in einer Widerstandsmeßschaltung erfaßt.

Kapazitive Feuchtigkeits-Meßverfahren enthalten als Meßfühler einen dünnen Film-Polymer-Kondensator, dessen Kapazität sich mit der Luftfeuchtigkeit ändert. Hiermit kann in einer Kapazitätsmeßschaltung (s. Abschn. 2.4.3) die relative Luftfeuchtigkeit im Bereich von 0 bis 100 % gemessen werden.

Beim psychrometrischen Prinzip wird die Temperaturdifferenz zwischen einem trockenen und feuchten Thermometer in der Luftströmung mit Widerstandsthermometern (s. Abschn. 8.1) als Maß für die Luftfeuchtigkeit gemessen.

Die absolute Feuchte von Luft oder Gasen wird bestimmt, indem der Partialdruck des in der Luft enthaltenen Wasserdampfs mit dem hygroskopischen Lithiumchlorid LiCl erfaßt wird. Hierbei ist die Umwandlungstemperatur von LiCl-Lösung/LiCl-Salz vom Druck des Wasserdampfanteils der Umgebungsluft abhängig.

10.4. pH-Wert-Messung

Der pH-Wert einer Lösung (lateinisch pondus = Gewicht, Hydrogenium = Wasserstoff) als Maß für den Säuregehalt einer Flüssigkeit entspricht dem negativen dekadischen Logarithmus der Wasserstoffionenaktivität. Reines Wasser ist schon zu einem geringen Bruchteil in H^+- und OH^--Ionen dissoziert. Bei 25 °C sind in 1 l Wasser 0,0000001 = 10^{-7} Gramm-Äquivalente in Wasserstoff- und Hydroxyl-Ionen zerfallen; das neutral genannte Wasser hat pH = 7.

Die pH-Wert-Messung beruht auf der Messung der Zellenspannung U_q einer galvanischen Zelle mit der Glaselektrode GE und der Bezugselektrode BE nach Bild 135. Als pH-Meßelektrode wird die Glaselektrode GE mit ihrer nur auf Wasserstoffionen ansprechenden Glasmembran GM mit der Pufferlösung PL benutzt. Die an den Elektroden entstehende Galvanispannung ist an der Bezugselektrode BE (z.B. Thalamid-Elektrode) vom pH-Wert und der Zusammensetzung der Meßlösung unabhängig, an der Meßelektrode GE wird sie durch den pH-Wert bestimmt. Die resultierende Quellenspannung U_q wird über einen hochohmigen Meßverstärker V mit dem Ausgabegerät AG gemessen. Bei linearer Kennlinie ergibt sich die Quellenspannung U_q = 58,16 mV je ΔpH = 1 bei 20 °C (DIN 19260 - 19267).

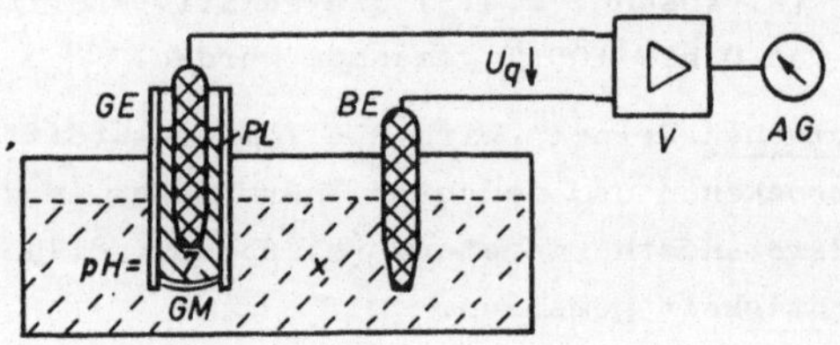

Bild 135 Prinzip der pH-Wert-Messung
GE Glaselektrode als Meßelektrode
GM flüssigkeitsundurchlässige Glasmembran
PL Pufferlösung
BE Bezugselektrode, z.B. Thalamid-Elektrode
U_q Galvanispannung, V Verstärker, AG Ausgabegerät

Die pH-Messung wird bei der Bestimmung des Säure- und Laugengehaltes verschiedener Flüssigkeiten, sowie bei der Überwachung von Nutz- und Abwasser in der Industrie angewendet.

Enthält eine Lösung viele H^+-Ionen, dann wird sie sauer genannt mit pH < 7 bis 0, enthält sie wenige H^+-Ionen, heißt sie alkalisch (basisch) mit pH > 7 bis 14.

11. Umweltschutzmessungen

11.1. Übersicht

Im Zusammenhang mit der Reinhaltung von Luft und Wasser hat die Messung von kleinen Gaskonzentrationen in Gasgemischen eine besondere Bedeutung. Bei der Bestimmung von luftverunreinigenden Stoffen unterscheidet man Immissions- und Emissions-Messungen. [17]

Immission entspricht der Einwirkung von luftfremden Schadstoffen von der Atmosphäre auf Menschen, Tiere und Pflanzen.

Emission bedeutet Ausstoß von luftfremden Schadstoffen durch technische Einrichtungen jeder Art in die Atmosphäre.

Als Luftqualitätskriterien (Air Quality Criteria) für die Beziehungen (Korrelationen) zwischen den meßbaren Immissions- und Emissions-Konzentrationen und der Größe der resultierenden Schadwirkung wurden für eine Reihe von anorganischen und organischen Gasen bzw. Dämpfen sogenannte MIK-Werte (maximale Immissions-Konzentration) festgelegt (VDI 2450).

Interessierende Meßgrößen sind z.B. folgende bei der Verbrennung von Brennstoffen in technischen Feuerungen und in Kraftfahrzeugmotoren entstehenden Abgase: Co, Co_2, SO_2, N_2, N_2O, NO_2, O_2, H, C_nH_m, H_2S, Pb, Staub und Aerosole.

Tafel 20 MIK-Werte in mg/m^3 für Schwefeldioxid SO_2

Schutz	Mittelwerte über		
von	30 min	24 h	1 Jahr bzw. Halbjahr
Mensch	1	0,3	0,1
Vegetation	0,25 bis 0,60	0,15 bis 0,35	0,05 bis 0,12

In Tafel 20 sind als Beispiel die MIK-Werte für Schwefeldioxid SO_2 enthalten.

Für Kohlenmonoxid betragen die MIK-Werte 50, 40 und 10 mg/m^3 über 30 min, 1 h und 12 h. Als Auspuffgrenzmengen für Kfz-Ottomotoren gelten je 100 g Kraftstoffverbrauch für Kohlenmonoxid 25 bis 35 g/Test und für Kohlenwasserstoff 1,5 bis 2,0 g/Test.

Als Einheiten für die Konzentrationen verwendet man Masse/Volumen (g/m^3 oder mg/m^3), Volumen/Volumen (Vol %), ppm (parts per million, 1 ppm = 10^{-6} = 10^{-4} Vol %) oder ppb (parts per billion, amerikanische Bezeichnung für die deutsche Milliarde, 1 ppb = 10^{-9} = 10^{-3} ppm).

Analysenmethoden. Für die Messung von luftfremden Gaskomponenten im Bereich ihrer Immissions- und Emissions-Konzentrationen werden folgende Analysenmethoden benutzt:

Photometrie. Photometrische (oder auch spektrometrische) Messung der Lichtabsorption des zu messenden Schadstoffs im ultravioletten, sichtbaren oder infra- bzw. ultraroten Strahlungsbereich.

Konduktiometrie, Potentiometrie und Kolorimetrie. Messung der Leitfähigkeitsänderung, der Änderung der Ionenaktivität oder Farbänderung einer möglichst spezifisch mit der zu messenden Komponente reagierenden Absorptionslösung.

Amperometrie. Strommessung im Außenkreis eines galvanischen Elementes, das durch elektrochemische Reaktionen der Meßkomponente mit Elektrolyten und der Meßelektrode dieses Elementes gebildet wird.

Coulometrie. Coulometrische Titration (Maßanalyse) des zu messenden Gasbestandteils in einer Faradayschen Elektrolysezelle.

Ionisationsstrommessung. Messung des Ionisationsstromes der durch Verbrennung von zu messenden organischen Verbindungen in einer Wasserstofflamme entsteht, eventuell nach Vortrennung in einer gaschromatographischen Kolonne oder der Ionisationsstromdämpfung durch die zum Aerosol aufbereitete Meßkomponente.

Wärmeleitfähigkeitsmessung. Messung der Wärmeleitfähigkeit des Meßgases in Abhängigkeit von der Konzentration der Meßkomponente.

Wärmetönungsmessung. Messung der bei katalytischer Verbrennung brennbarer Komponenten des Meßgases erzeugten Temperaturerhöhung (Wärmebildung, Wärmetönung) des Katalysators.

Chemilumineszenz. Messung der Intensität der Leuchterscheinung, die bei einer geeigneten chemischen Reaktion der Meßkomponente beobachtbar ist.

Streulichtmessung. Messung der Lichtstreuung, die an einem Laserstrahl in verschmutzter Luft auftritt.

11.2. Photometrie

Bei der Photometrie wird die Schadstoffkonzentration über den Lichtintensitätsunterschied infolge Strahlungsabsorption im Schad- und Vergleichsstoff mit einem elektrischen Ausgangssignal gemessen.

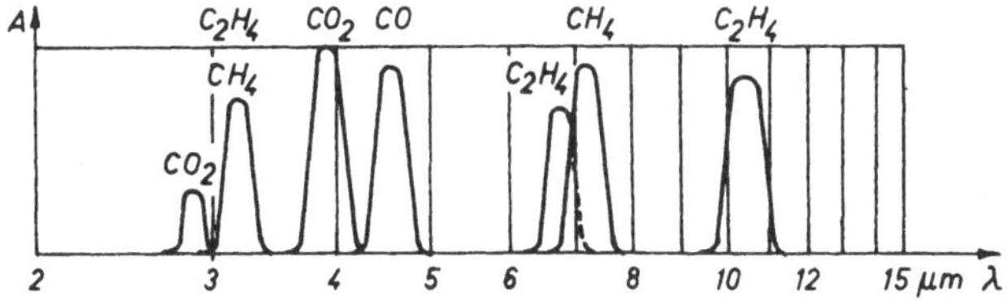

Bild 136 Absorptionsbanden A im Ultrarotgebiet mit der Wellenlänge λ
CO Kohlenmonoxid, CO_2 Kohlendioxid, CH_4 Metan, C_2H_4 Äthylen

Eine selektive Konzentrationsmessung von einzelnen Meßgaskomponenten ist möglich, wenn man nur die im Bereich des Absorptionsspektrums der Meßkomponente liegenden Strahlungsanteile nach Bild 136 mit Filtern, Gasentladungslampen mit passenden

Emissionslinien oder mit abstimmbaren Lasern wirksam werden läßt. Im Infra- bzw. Ultrarotgebiet haben verschiedenatomige Gase, z.B. CO, CO_2, CH_4, charakteristische Absorptionsbanden, gleichatomige Gasmoleküle, wie z.B. H_2, N_2, O_2, Cl_2, zeigen dagegen keine Absorption.

Zweistrahlphotometer. In Zweistrahl-Wechsellichtphotometern nach Bild 137a bis d vergleicht man die durch Absorption in der Meßküvette MK geschwächte Intensität des mit z.B. 12,5 Hz durch das rotierende Blendenrad RB periodisch unterbrochenen Meßstrahls mit der Intensität eines von der Meßkomponente nicht absorbierten Vergleichsstrahls durch die mit einem strahlungsdurchlässigen Gas, z.B. Luft oder Stickstoff, gefüllte Vergleichsküvette VK.

Bei der Methode des Intensitätsvergleichs nach Bild 137a und b wird die Intensität einer charakteristischen Wellenlänge in zwei verschiedenen Stoffen, und zwar im Meßgas in der Meßküvette MK und in einem nichtabsorbierenden Vergleichsgas (z. B. N_2) in der Vergleichsküvette VK verglichen. Dabei wird entweder ein Selektivstrahler SS nach Bild 137a oder ein Selektivmembranempfänger SE nach Bild 137b verwendet. Im Selektivempfänger SE in Bild 137b sind zwei mit einer Membran M getrennte Kammern mit dem Meßgas, z.B. CO bei einem CO-Meßgerät als Absorber gefüllt. Druckänderungen zwischen den Kammern infolge Strahlungsabsorption in der Meßküvette werden über den Meßkondensator C als kapazitiver Meßfühler (s. Abschn. 2.4) und die Anpaßschaltung AS (mit Verstärker und Gleichrichter) mit dem Ausgabegerät AG angezeigt bzw. registriert (VDI 2459, Bl. 1 und 2).

Bei der Methode der Lichtabsorption in zwei verschiedenen Wellenlängenbereichen nach Bild 137c und d werden zwei Filter entweder rotierend im Filterrad nach Bild 137c oder feststehend nach Bild 137d verwendet. Das Meßfilter MF ist für den Meßbereich der Absorptionsbanden des Meßgases durchlässig, das Vergleichsfilter VF läßt einen möglichst wenig absorbierenden Nachbarbereich durch. Absorptionsänderungen im Meßgas werden mit dem Strahlungsempfänger E gemessen.

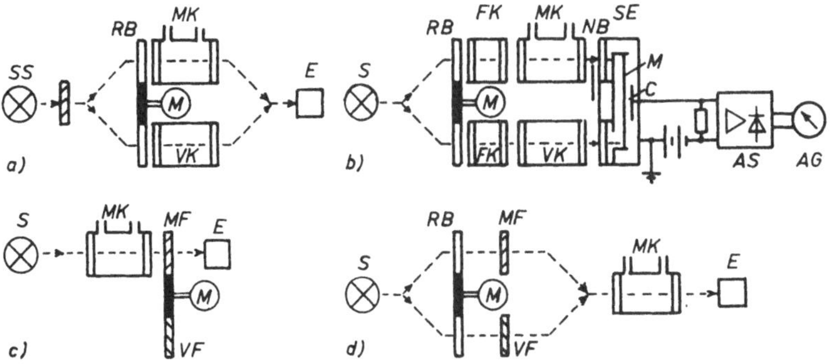

Bild 137 Prinzipaufbau von Zweistrahlphotometern
a) und b) Intensitätsvergleichsmethode einer Wellenlänge mit Selektivstrahler SS (a) und mit Selektivempfänger SE (b)
c) und d) Lichtabsorptionsmethode in zwei verschiedenen Wellenlängenbereichen mit rotierenden (c) und mit feststehenden (d) Meß- und Vergleichsfiltern MF und VF
S Strahler, RB rotierendes Blendenrad,
MK Meß-, VK Vergleichs- und FK Filter-Küvette,
E Strahlungsempfänger, M Membran, C Meßkondensator,
NB Nullblende, M Synchronantriebsmotor,
AS Anpaßschaltung, AG Ausgabegerät

Die verschiedenen Typen von nicht dispersiven (d.h. ohne Strahlenzerlegung) <u>Infrarot-Photometern</u>, die die Absorption der im Durchlässigkeitsbereich der Fenster liegenden Molekülbanden integral erfassen, unterscheiden sich im wesentlichen durch die Konstruktion ihres gasgefüllten Empfängers. Die in Bild 137b gezeigte Empfängerausführung SE hat zwei durch eine sehr dünne Metallmembran getrennte Kammern nebeneinander, die mit einem Gemisch aus dem Meßgas und Argon gefüllt sind.

Der bei der Messung entstehende Differenzdruck kann anstatt mit dem Membrankondensator C nach Bild 137b auch mit einem Hitzdrahtanemometer als Mikroströmungsmesser gemessen werden.

Eine andere Empfängerausführung hat anstatt der nebeneinanderliegenden gleich großen Absorptionskammern zwei verschieden große, hintereinander angeordnete Absorptionsvolumina mit Druckdifferenzmessung.

Beispiel 16: Meßweg-Fernregistrierung. In einer Produktionsanlage soll der zeitliche Verlauf eines quasi-statischen Stellweges von max 50 mm über lange Meßkabelleitungen in der Zentrale registriert werden.
Man zeichne eine Meßschaltung mittels ohmschem Meßfühler, erkläre kurz allgemein den Zusammenhang zwischen Meßweg, Meßsignalspannungen und Ausschlag und nenne einen Vorteil dieser Meßschaltung.
Lösung: Von den vielen Möglichkeiten nach Abschnitt 2.2.5 wird ein Pt-Widerstandsferngeber mit 1000 Ω und einer Speisespannung von 10 V in einer Spannungsteilerschaltung nach Bild 15 mit einem Kompensations-Linienschreiber gemäß Tafel 5 bzw. 8 gewählt. Die Beziehungen der Meßsignale zueinander zeigt die Gleichung 48. Diese Meßanlage hat den Vorteil, daß die Meßkabelleitungs-Widerstände nicht stören, da $I_G = 0$ ist.

Beispiel 17: Beschleunigungs-Zeitdiagramm. In einer Maschine schwingt ein Bauteil translatorisch mit einer Wechselbeschleunigung von max ± 5 g mit einer Frequenz von 25 Hz. Das Zeitdiagramm des Beschleunigungsverlaufs soll über jede Periode sichtbar dargestellt werden, um im Betrieb Abweichungen von der Sollsinusschwingung zu erkennen. Der verwendete Beschleunigungsaufnehmer für ± 5 g hat einen passiven induktiven Meßfühler, der beim Beschleunigungsnennwert eine Meßschaltungs-Ausgangsspannung von ± 50 mV je V Speisespannung abgibt und eine Speisespannung von 4 V hat. Als Ausgeber dient ein Elektronenstrahl-Oszilloskop EO mit der Leuchtschirmhöhe von 8 cm und mit dem Ablenkkoeffizienten von 1 V/cm.

a) Man skizziere den Prinzipaufbau und die Kennlinie des induktiven Meßfühlers und gebe dessen Meßschaltung an.

b) Man nenne den nötigen Anpasser, zeichne dessen Blockschaltplan und erkläre das Verhalten des Anpassers gegenüber Thermo- und Netz-Gegentaktstörspannungen.

c) Man berechne die Aufnehmer-Ausgangs- und Ausgeber-Eingangs-Nennsignale und gebe die Meßketten-Gesamtempfindlichkeit an.

Lösung: Zur Berücksichtigung der maximalen Meßsignal-Wechselwerte wird nachfolgend mit Amplitudennennwerten gerechnet.

a) Prinzipaufbau und Kennlinie des gewählten induktiven Differentialdrossel-Meßfühlers mit Längsanker zeigt Bild 22c, die Fühlermeßschaltung mit der Wechselstrom-Halbbrücke ist in Bild 25 dargestellt.

b) Als Anpasser muß ein Trägerfrequenz-Meßverstärker mit dem Signalflußplan nach Bild 39 verwendet werden. Dessen Unempfindlichkeit gegenüber Thermo- und Netz-Gegentaktstörspannungen zeigt Bild 44a.

c) Aus der Aufnehmer-Katalogempfindlichkeit $S_{AN} = \hat{u}_{AN}/\hat{a} = 50\ mV/(5\ g\ V) = 10\ mV/(g\ V)$ erhält man die wirksame Aufnehmer-Empfindlichkeit $S_{ANw} = U_o S_{AN} = 4\ V \cdot 10\ mV/(g\ V) = 40\ mV/g$. Bei einer Beschleunigungsamplitude $\hat{a} = 5\ g$ entsteht die Aufnehmer-Ausgangsspannungsamplitude $\hat{u}_{AN} = \hat{a}\ S_{ANw} = 5\ g \cdot 40\ mV/g = 200\ mV$. Für den Ausgeber ergibt sich mit dem Ablenkkoeffizienten $C_{AG} = \hat{u}_{AG}/\hat{y}_{AG} = 1\ V/cm$ und bei EO-Vollaussteuerung mit der Ablenkungsamplitude $\hat{y} = 4\ cm$ die Ausgeber-Eingangsspannungsamplitude $\hat{u}_{AG} = \hat{y}_{AG} C_{AG} = 4\ cm \cdot 1\ V/cm = 4\ V$. Die Meßketten-Gesamtempfindlichkeit ist $S_M = \hat{y}_{AG}/\hat{a} = 40\ mm/(5\ g) = 8\ mm/g$.

Beispiel 18: Flüssigkeitsdruck-Registrierung. Ein Flüssigkeitsschwelldruck, der in einer hydraulischen Anlage im Bereich von 0 bis 100 bar mit der größten Harmonischen von 2 kHz schwankt, soll mit einem Druckaufnehmer mit einem aktiven piezoelektrischen Meßfühler mit der Empfindlichkeit 50 pC/bar erfaßt und registriert werden.

a) Man zeichne den Meßketten-Geräteplan.

b) Man erkläre in einer Skizze das piezoelektrische Prinzip und zeichne die Anpasser-Prinzipschaltung.

c) Man wähle einen brauchbaren Ausgeber mit seinen Nenndaten.

d) Man ermittle alle Meßsignal-Nennwerte und Meßglieder-Empfindlichkeiten und trage zur besseren Übersicht alle diese Werte in den Meßketten-Geräteplan ein.

Lösung:

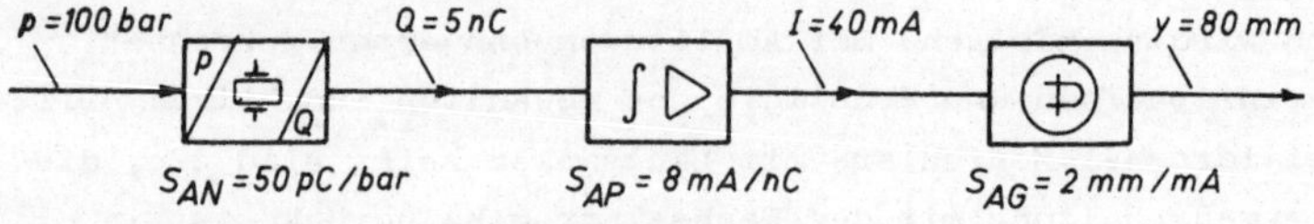

Bild 138 Meßketten-Geräteplan mit Meßsignalen p, Q, I und y und Meßgliederempfindlichkeiten S

a) Bild 138 zeigt die Meßkette mit Druckaufnehmer, Ladungsverstärker-Anpasser und Lichtstrahloszillograph-Ausgeber.

b) Das piezoelektrische Prinzip erkennt man in der SiO_2-Strukturzelle nach Bild 34a, der Ladungsverstärker hat die Prinzipschaltung nach Bild 45.

c) Als Ausgeber wird ein Lichtstrahloszillograph mit einem Galvanometer mit der Eigenfrequenz f_o = 4 kHz, der Stromempfindlichkeit S_{AG} = 2 mm/mA und dem Lichtzeiger-Nennausschlag y = 80 mm gewählt.

d) Für den Aufnehmer erhält man mit $S_{AN} = Q/p$ = 50 pC/bar für p = 100 bar die Ausgangs-Nennladung $Q = p\ S_{AN}$ = = 100 bar·50 pC/bar = 5000 pC = 5 nC. Für den Ausgeber berechnet man aus $S_{AG} = y/I$ den Eingangs-Nennstrom $I = y/S_{AG}$ = = 80 mm/(2 mm/mA) = 40 mA. Aus den Meßsignal-Nennwerten ergibt sich schließlich die Anpasserempfindlichkeit $S_{AP} = I/Q$ = = 40 mA/5 nC = 8 mA/nC. Die Meßsignal-Nennwerte und die Meßkettenglieder-Empfindlichkeiten sind in Bild 138 eingetragen.

Anhang

Weiterführende Bücher

[1] Carter, H. u. Donker, M.: Photoelektronische Bauelemente. Philips, Hamburg 1964

[2] Erler, W. u. Walther, L.: Elektrisches Messen nichtelektrischer Größen mit Halbleiterwiderständen. 2. Aufl. Berlin 1973

[3] Haug, A.: Elektronisches Messen mechanischer Größen. München 1969

[4] Hoffmann, K.: Grundlagen der Dehnungsmeßstreifen-Technik. Hottinger Baldwin Messtechnik, Darmstadt 1975

[5] Jesse, G.: Störspannungen. Hartmann & Braun, Frankfurt 1973

[6] Kautsch, R.: Meßelektronik nichtelektrischer Größen, Teil 1, 2 und 3. Bad Wörishofen

[7] Krauß, M. u. Woschni, E-G.: Meßinformationssysteme. Berlin 1972

[8] Kronmüller, H. u. Barakat, F.: Prozeßmeßtechnik I. Berlin-Heidelberg-New York 1974

[9] Lindorf, H.: Technische Temperaturmessungen. 4. Aufl. Essen 1970

[10] Moeller, F., Fricke, H., Frohne, H., Vaske, P.: Grundlagen der Elektrotechnik. 17. Aufl. Stuttgart 1986

[11] Potma, T.: Dehnungsmessstreifen-Messtechnik. Philips, Hamburg 1968

[12] Profos, P.: Handbuch der industriellen Meßtechnik. Essen 1974

[13] Rohrbach, C.: Handbuch für elektrisches Messen mechanischer Größen. Düsseldorf 1967

[14] Siemens: Messen in der Prozeßtechnik. Berlin 1972

[15] Sonderdruck: automation. AEG, Berlin 1964

[16] Stöckl, M. u. Winterling, K-H.: Elektrische Meßtechnik. 8. Aufl. Stuttgart 1987

[17] ZVEI: Elektrische Meßgeräte für den Umweltschutz. Frankfurt/M. 1973

<u>DIN-Normen und VDI-Richtlinien</u>

Buchseitenangaben in Klammern

DIN 1319 Grundbegriffe der Meßtechnik; Teil 1 bis 3 (14)

DIN 5489 Vorzeichen- und Richtungsregeln für elektrische Netze (20)

DIN 5493 Logarithmierte Größenverhältnisse; Maße, Pegel in Neper und Dezibel (149)

DIN 16160 Thermometer; Teil 1 Allgemeine Begriffe; Teil 5 Begriffe für elektrische Thermoelemente; Teil 6 Begriffe für Strahlungsthermometer (207, 210, 212)

DIN 19226 Regelungstechnik und Steuerungstechnik; Teil 1 bis 5 Begriffe und Benennungen (17, 145)

DIN 19229 Übertragungsverhalten dynamischer Systeme (148)

DIN 19234 Elektrische Wegaufnehmer; Gleichstrom-Schnittstelle für Wegaufnehmer und Schaltverstärker (177)

DIN 19260 bis 19267 pH-Messung; Allgemeine Begriffe... (225)

DIN 32876 Elektrische Längenmessung; Teil 1 mit analoger, Teil 2 mit digitaler Erfassung der Meßgröße (177)

DIN 40040 Anwendungsklassen und Zuverlässigkeitsangaben für Bauelemente der Nachrichtentechnik und Elektronik (151)

DIN 40041 Zuverlässigkeit; Begriffe (152)

DIN 40900 Graphische Symbole für Schaltungsunterlagen; Teil 2 Symbolelemente und Kennzeichen für Schaltzeichen; Teil 4 Schaltzeichen für passive Elemente; Teil 5 Schaltzeichen für Halbleiter und Elektronenröhren; Teil 8 Schaltzeichen für Meß-, Melde- und Signaleinrichtungen; Teil 10 Schaltzeichen für die Nachrichtentechnik; Teil 13 Analoge Informationsverarbeitung (18, 19, 69, 105, 109, 111)

DIN 43710 Elektrische Temperaturaufnehmer; Grundwerte der Thermospannungen (210)

DIN 43732 Elektrische Temperaturaufnehmer; Thermopaare für Thermoelemente (210)

DIN 43745 Elektronische Meßeinrichtungen; Angabe der Betriebsgüte in Datenblättern und Normen (143)

DIN 43760 Elektrische Thermometer; Grundwerte der Meßwiderstände für Widerstandsthermometer (207)

DIN 43780 Elektrische Meßgeräte; Direkt wirkende anzeigende Meßgeräte und ihr Zubehör (77)

DIN 43781 /VDE 0410 VDE-Bestimmungen für elektrische Meßgeräte; Teil 1 und 2 Direkt wirkende elektrische Schreiber einschließlich elektrischem und elektronischem Zubehör (77)

DIN 43782 Elektrische Meßgeräte; Selbstabgleichende elektrische Kompensationsmeßgeräte (78)

DIN 43812 Berührungslose Drehzahlmeßanlagen; Teil 1 Schematischer Aufbau; Teil 2 Drehzahlaufnehmer; Teil 3 Drehzahlanzeiger mit Meßumformer; Teil 4 Meßumformer (186)

DIN 44020 Photoelektronische Bauelemente; Teil 2 Begriffe für Photovervielfacher (215, 219)

DIN 44021 Spektralkurve für Photozellen; Teil 1 Mit Cäsiumoxydkathoden; Teil 2 Mit Cäsium-Antimonkathoden (215)

DIN 44028 Messung photoelektronischer Bauelemente; Teil 1 Meßbedingungen für Photozellen; Teil 2 Meßbedingungen für Photovervielfacher (218, 219)

DIN 44070 Temperaturabhängige Widerstände; Heißleiter, direkt geheizt; Technische Werte und Prüfbestimmungen (208)

DIN 44080 Temperaturabhängige Widerstände; Kaltleiter; Technische Werte und Prüfbestimmungen (208)

DIN 44302 Informationsverarbeitung; Datenübertragung, Datenübermittlung; Begriffe (84, 88)

DIN 45661 Schwingungsmeßgeräte; Begriffe, Kenngrößen, Störgrößen (188)

DIN 45667 Klassierverfahren für das Erfassen regelloser Schwingungen (114)

DIN 55302 Statistische Auswertung; Teil 1 Häufigkeit (114)

DIN 55303 Statistische Auswertung von Daten; Teil 2, 5 Testverfahren und Vertrauensbereiche (113)

DIN IEC 65B(CO)60 Thermopaare; Grundwerte der Thermospannungen (210)

DIN IEC 319 Darstellung von Zuverlässigkeitsangaben von Bauelementen der Elektronik (151)

DIN IEC 381 Analoge Signale für Regel- und Steueranlagen; Teil 2 Analoge Gleichspannungssignale (16)

DIN IEC 625 Ein Schnittstellensystem für programmierbare Meßgeräte (byteseriell, bitparallel) (84)

DIN IEC 746 Angabe des Betriebsverhaltens von elektrochemischen Analysatoren; Teil 1 Allgemeines; Teil 2 Messung des pH-Wertes; Teil 3 Elektrolytische Leitfähigkeit (225)

DIN IEC 770 Methoden der Beurteilung des Betriebsverhaltens von Meßumformern zum Steuern und Regeln (16)

DIN VDE 0411 Sicherheitsbestimmungen für elektrisch betriebene Mess-, Steuer-, Regel- und Laborgeräte (62)

VDI 2056 Beurteilungsmaßstab für mechanische Schwingungen für Maschinen (193)

VDI/VDE 2192 Meßumformer für Größen der Starkstromtechnik; Beschreibung und Untersuchung (16)

VDI 2306 Maximale Immissions-Konzentration (MIK); Organische Verbindungen (227)

VDI 2310 Maximale Immissions-Werte (227)

VDI 2450 Messen von Emission, Transmission und Immission luftverunreinigender Stoffe; Bl. 1,2,5 (227)

VDI 2455 Messung der Kohlenmonoxid-Konzentration; Bl. 1 Ultrarot-Absorptionsverfahren (URAS 1 und 2) (228)

VDI 2459 Messen gasförmiger Emissionen; Messen der Kohlenmonoxid-Konzentration; Bl. 1 bis 6 (230)

VDI/VDE 2600 Metrologie (Meßtechnik); Bl. 1 bis 6 Grundbegriffe, Gerätetechnische Begriffe, Begriffe zur Beschreibung der Eigenschaften von Meßeinrichtungen (15, 143, 145)

VDI/VDE 2620 Fortpflanzung von Fehlergrenzen bei Messungen; Bl. 1 Grundlagen, Bl. 2 Beispiele (144)

VDI/VDE 2635 Dehnungsmeßstreifen mit metallischem Gitter; Bl. 1 Kenngrößen und Prüfbedingungen (76, 156)

VDI/VDE 2637 Wägezellen; Kenngrößen (222)

VDI/VDE 2638 Kenngrößen für Kraftaufnehmer; Begriffe und Definitionen (196)

VDI/VDE 2641 Magnetisch-induktive Durchflußmessung (224)

VDE/VDI 3511 Technische Temperaturmessungen (209, 211, 212)

VDI/VDE 3516 Gasanalytische Betriebsmeßeinrichtungen und -anlagen (227)

VDI/VDE 3540 Zuverlässigkeit von Meß-, Steuer- und Regelgeräten; Bl. 1 bis 3 Erfassung von Ausfalldaten (152)

VDI/VDE 3551 Empfehlungen zur Störsicherheit der Signalübertragung beim Einsatz von Prozeßrechnern (128)

Formelzeichen

Die Formelzeichen sind nach DIN 1304 (Allgemeine Formelzeichen) gewählt und nach DIN 5483 und DIN 5488 (Zeitabhängige Größen) geschrieben. Formelzeichen für Größen, deren Werte verändert werden, erhalten einen Strich (Apostroph). Hinter den aufgeführten Formelzeichen stehen in Klammern die Seitenzahlen der Einführung der Zeichen.

Formelzeichen, die nur auf wenigen aufeinanderfolgenden Seiten benutzt werden, sind im Text erläutert und werden hier nicht aufgeführt. Die zusammengestellten Indizes geben verschiedenen Formelzeichen die angegebene Bedeutung.

Index

AG Ausgeber
AN Aufnehmer
AP Anpasser
F absoluter Fehler
i Innenwiderstand
j laufende Nummer
K Kompensation
L Meßleitung
M Meßbereich
Q absolute Auflösung
q Quelle
S Störung
tr Trägerfrequenz
VW Vorwiderstand
α Eingang
β Ausgang
ϑ temperaturabhängig
0 Speisung
1,2,3,... fortlaufende Numerierung

Formelzeichen

A Amplitudenfaktor (191)
A Querschnittsfläche (18)
A Verfügbarkeit (153)
a Beschleunigung (13)
B Brückenfaktor (166)
B Gerätebestand (151)
B magnetische Induktion (54)
C Kapazität (49)
C Koeffizient (mit Meßgrößenindex (139)
c Bewertungsfaktoren (103)
c Längsfederkonstante (188)
D Dämpfungsgrad (189)
d Abstand (49)
E Beleuchtungsstärke (218)
E Elastizitätsmodul (169)
F relativer Fehler (mit Meßgrößenindex) (22)
F Kraft (13)
f Frequenz (23)

g	Erdbeschleunigung (194)
H	Häufigkeitssummen (115)
h	Klassenhäufigkeit (115)
I	Strom (19)
j	Stufenanzahl (100)
L	Induktivität (43)
l	Länge (18)
M	Drehmoment (201)
m	Masse (188)
N	Windungszahl (43)
n	Binärstellen (99)
n	Drehzahl (13)
P	Leistung (203)
p	Drehdämpfungsfaktor (195)
p	Flüssigkeits- und Gasdruck (13)
Q	elektrische Ladung (57)
Q	relative Auflösung (mit Meßgrößenindex) (100)
R	Widerstand (17)
r	Relativbewegung (189)
S	Empfindlichkeit (mit Meßgrößenindex (34)
s	Weg (13)
T	absolute Temperatur (160)
T	Periodendauer (92)
T_A	Anstiegzeit (79)
T_E	Einstellzeit (79)
t	Zeit (13)
U	Spannung (19)
V	Verstärkung (69)
v	Längsgeschwindigkeit (13)
x	Meß- und Eingangsgröße (15)
y	Ausgangsgröße, Meßsignal (15)
α	Drehwinkel (13)
α	Temperaturkoeffizient (18)
β	Zeigerausschlag (36)
γ	elektrische Leitfähigkeit (18)
Δ	kleine Änderung oder Zahl (23)
δ	Längsdämpfungskonstante (188)
ε	Dehnung (13)
ε	Dielektrizitätskonstante (49)
η	normierte Kreisfrequenz (191)
Θ	Massenträgheitsmoment (195)
ϑ	Temperatur (13)
λ	Wellenlänge (215)
Λ	magnetischer Leitwert (43)
μ	Permeabilität (43)
ϱ	spezifischer Widerstand (18)
σ	mechanische Spannung (168)
σ	Standardabweichung (113)
τ	Verschiebungszeit (120)
τ	Zeitkonstante (58)
Φ	Korrelationsfunktion (120)
Φ	magnetischer Fluß (54)
φ	Phasenwinkel (48)
ω	Kreisfrequenz (47)
ω	Winkelgeschwindigkeit (55)

Sachverzeichnis